21世纪高等学校计算机
应 用 技 术 规 划 教 材

移动Web应用开发教程

——HTML 5+JavaScript框架全栈App开发

◎ 周化钢 编著

清華大学出版社
北 京

内容简介

本书全面介绍了Web移动应用开发的基本技术，从HTML 4.01＋CSS＋JavaScript的网站开发基础到最新的HTML 5的移动特性，CSS 3新特征，增强的JavaScript API，流行的Web移动应用开发框架BootStrap，jQuery Mobile，AngualrJS，NoSQL的MongoDB数据库和Node.js全栈开发，及Web混合(Hybrid)应用开发框架PhoneGap/Cordova，把Web的应用重新打包编译成为Android App或iOS App。

全书共分为5篇：第1～4章为基础篇，着重介绍HTML的结构和基本元素，CSS样式布局和JavaScript语言的编程技术；第5～17章为进阶篇，着重讨论最新发布的HTML 5标准的特性，语义化元素，微数据/微格式，新的表单元素和属性，Web字体，画图，文件与拖放技术，音频视频播放技术，客户端数据存储和数据库技术，离线应用，Web Socket通信与多线程技术。同时，也介绍了CSS 3的新特征，包括透明度、圆角、阴影、背景图、渐变、过渡和变换特效，及复杂的CSS 3选择器；第18～24章为移动篇，重点介绍与Web移动开发相关的主要技术，包括移动Web响应式设计和BootStrap框架，移动UI设计与jQuery Mobile类库，移动测试方法，及移动硬件接口编程，例如，地理位置信息、移动设备方向接口、屏幕方向接口和摄像头接口的编程；第25章为全栈篇，利用前面所学的知识(HTML＋CSS＋JavaScript)，通过MEAN(MongoDB＋Express＋AngularJS＋Node.js)框架整合技术，介绍了一个完整的Web应用开发过程，包括浏览器端和服务器端的开发(B/S模式)及MVC架构的开发方法；第26～36章为实训篇，介绍了10个Web移动开发实验，包括移动开发环境搭建与测试，地理位置与地图，WebSocket通信，浏览器、多媒体播放器制作，响应式Web移动设计，UI设计，游戏，PhoneGap/Cordova及MEAN全栈开发实验。本书提供了大量应用实例代码，每章后均有拓展练习。

本书适合作为应用技术型高等院校计算机、软件工程专业高年级学生选用教材，同时也适合从事C/S软件开发人员转行到B/S模式的Web应用开发，或从传统的网站开发转行到Web移动应用开发，及广大软件编程爱好者作为参考学习用书。

图书在版编目(CIP)数据

移动Web应用开发教程：HTML 5＋JavaScript框架全栈App开发/周化钢编著.—北京：清华大学出版社，2018(2024.1重印)
(21世纪高等学校计算机应用技术规划教材)
ISBN 978-7-302-50149-7

Ⅰ.①移… Ⅱ.①周… Ⅲ.①超文本标记语言－程序设计－教材 ②JAVA语言－程序设计－教材
Ⅳ.①TP312.8 ②TP312.8

中国版本图书馆CIP数据核字(2018)第112377号

责任编辑：闫红梅　薛　阳
封面设计：刘　键
责任校对：徐俊伟
责任印制：刘海龙

出版发行：清华大学出版社
网　　址：https：//www.tup.com.cn，https：//www.wqxuetang.com
地　　址：北京清华大学学研大厦A座　　**邮　　编**：100084
社 总 机：010-83470000　　**邮　　购**：010-62786544
投稿与读者服务：010-62776969，c-service@tup.tsinghua.edu.cn
质量反馈：010-62772015，zhiliang@tup.tsinghua.edu.cn
课件下载：https：//www.tup.com.cn，010-83470236
印 装 者：三河市龙大印装有限公司
经　　销：全国新华书店
开　　本：185mm×260mm　　**印　　张**：17.75　　**字　　数**：437千字
版　　次：2018年9月第1版　　**印　　次**：2024年1月第6次印刷
印　　数：7001～7500
定　　价：49.00元

产品编号：070457-01

序

PREFACE

互联网的出现可谓改变人类历史进程的重大发明之一，这个比以前所有技术都要强悍无数倍的新发明正在改变着人类活动的方方面面。从经济结构到社会组织，从管理制度到生活方式，人类都面临着互联网技术强大的冲击和挑战。从互联网技术的发展历程看，正从传统的 Web 1.0 通过 Web 2.0 向 Web 3.0 方向发展，云（计算）、物（联网）、移（动互联网）、大（数据）、智（慧城市）正促使新的互联网生态的形成。

随着智能手机的普及，移动端开发越来越受到业界的关注。早在 2012 年，爱立信就预测全球智能手机用户数量到 2017 年将达到 30 亿，移动设备的数量将增长到 90 亿。据中国互联网络信息中心（CNNIC）发布的第 40 次《中国互联网络发展状况统计报告》统计，截至 2017 年 6 月，我国手机网民规模达 7.24 亿，较 2016 年底增加 2830 万人。网民中使用手机上网的比例由 2016 年底的 95.1%提升至 96.3%，手机上网比例持续提升。各类手机应用的用户规模不断上升，场景更加丰富。其中，手机外卖应用增长最为迅速，用户规模达到 2.74 亿，较 2016 年底增长 41.4%；移动支付用户规模达 5.02 亿，线下场景使用特点突出，4.63 亿网民在线下消费时使用手机进行支付。因此，手机系统的应用开发正逐渐从传统的安卓、iOS，转向了移动端 Web 开发或者是混合开发。《Web 移动应用开发教程——HTML 5＋JavaScript 框架全栈 App 开发》的出版可谓恰逢其时、应运而生。

作为应用技术型高等院校的计算机类教程，该书结构合理、内容丰富、讲练结合、阐述细致。其特色体现在：

(1) 全面性。该书分为 5 篇，分别是基础篇、进阶篇、移动篇、全栈篇和实训篇，内容涉及 Web 移动开发的几乎所有内容，无论是传统网站开发的技术，还是 HTML 5 的知识，直至 Web 混合（Hybrid）应用开发框架等知识都完整展现。

(2) 易读性。该书的编写结构由文字、图表和代码组成，图表有标题注释，代码配合文字说明。并且提供完整的源代码，每一个章节的案例代码都有清晰的标注位置，方便读者很快找到源码做演示。

(3) 实用性。该书并无枯燥的理论阐释，特别注重可操作性，通过简明扼要的语言表述，详细讲解移动 Web 开发技术中各个知识点的主要内容。不仅提供了大量应用实例代码，每章后还有拓展练习。

自 1981 年 9 月起我就与化钢老师一起在南京大学学习、工作，尤其是 1987 年工作后他的重心一直围绕系统开发、软件设计展开，参与过多项信息系统的开发项目，并获得了省部级奖励。20 世纪 90 年代，化钢老师赴澳大利亚进修访问，在加拿大 UBC 求学并获得了计算机硕士学位，还在加拿大著名的黑莓手机公司(Research in Motion)工作过。随着祖国改革开放的不断深入，化钢老师毅然决然放弃了加拿大的一切待遇回国创业。难能可贵的是，化钢老师不忘初心，最终还是选择教书育人这一崇高职业，当了一名高校教师，一直从事计算机类专业教学和研究，开设多门计算机类课程。该书的出版正是他这几年来从事教学、科研工作成果的集大成之作。

相信该书的出版不仅有益于应用技术型高等院校计算机、软件工程专业高年级学生的课程学习，而且同样适用于从事 C/S 软件开发人员转行到 B/S 模式的 Web 应用开发，或从传统的网站开发转行到 Web 移动应用开发的软件开发人员，他们均可通过该书的学习快速掌握 Web 移动应用开发的方法和技巧，特此推荐。

是为序。

朱庆华

国务院学科评议组成员

南京大学信息管理学院教授、博士生导师

2018 年 1 月

前言

FOREWORD

自从1981年IBM公司的PC问世，到1990年Internet从校园走向商业化，及2007年第一代Apple iPhone智能手机问世，计算机给人们的社会生活带来了新的革命，计算机已经不是仅作为数学运算的工具，它可以处理文字，处理图形数据，进行数据分析等各种工作，甚至可能成为智能机器人的核心部件。随着计算机的发展，也不断地产生各种学科领域。本书就是针对Web移动应用领域的一门新课程，基于互联网在移动设备上的Web应用开发教程。

早期的互联网仅用来传递信息、电子邮件，或者是网上阅读。在互联网上，浏览器看到的内容，也仅能叫作网站，根本不能与C语言或C++语言开发出来的应用程序相提并论。例如，Sina网站、163网站，都是以内容服务为主的门户网站，更多的Web应用也就是博客和论坛及电子邮件服务。由于Web开发的网站所用的语言也是基于排版的标记语言，称为HTML，虽然加入了其他高级语言的支持来作为服务器端的脚本语言，例如基于Java的JSP、PHP、Ruby等，但是由于互联网带宽的影响，一直没有能达到传统应用系统的技术要求。

但是到了今天，情况大大不一样了。首先，网络技术的发展使得互联网带宽不断提高，移动技术的发展使得无线网络的带宽和有线网络带宽接近。同时，计算机的硬件发展，使得计算机性能不断提高，特别是移动CPU速度，运行一般的普通应用程序已经不是什么障碍了。今天一台智能手机的性能，都已经大大超过十年前的一个台式计算机。况且，现在的硬件设备和上网成本越来越低。更重要的是，人类社会的生活已经完全依赖于互联网，例如，网络购物、在线支付、在线银行等应用已经完全融入人们的生活。早期基于浏览器的Web网站是以内容为管理的系统，已经不适应社会的发展需要。人们开始要求更多的以浏览器为中心的互联网服务，所以，Web应用开始流行。人们开始习惯于用浏览器去网络商店购物，通过浏览器订机票火车票，通过浏览器处理个人的银行业务。到2007年，第一台智能手机iPhone问世，人类迈入移动互联网时代。今天，智能手机已经超越台式计算机，逐步普及，许多的基于台式计算机的Web应用开始移植到智能手机上。但是，由于基于浏览器的计算机语言的滞后发展，很多移植到智能手机上的应用都放弃了基于浏览器的框架应用(B/S)，而重新回到传统的C/S应用框架上，并放弃了以HTML为主流语言的Web编程，而改用手机原生语言编程，例如，安卓的Java、苹果的C-Objective。而作为浏览器的厂商，移动Web应用面临严重的生死存亡的考验。他们开始组建联盟，修改HTML规则，使

HTML 有着与其他高级计算机语言同样的功能,从而促使了 HTML 5 的诞生。所以说,本书提到的 HTML 5 技术,就是为移动设备而生的。这是一个新的领域,虽然还有许多问题需要解决,例如,基于浏览器应用的性能问题。HTML 5 的新标准在 2014 年 12 月刚刚公布,就已经有很多 IT 巨头公司开始关注这一个领域,并把自己的很多移动应用采用基于 HTML 5 的框架来重写,例如,Facebook、Twitter 等社交应用软件。

本书分为 5 大部分:基础篇、进阶篇、移动篇、全栈篇和实训篇。基础篇主要回顾和巩固学习 HTML+CSS+JavaScript 传统网站开发的三种语言基础知识。为进一步更好地深入学习理解 HTML 5 做好准备。进阶篇,主要学习 HTML 5 的新特征,例如,语义化标签、微数据、微格式、Web 字体、强大的表单元素和增强的属性。还介绍了 CSS 3 的新技术,例如,盒子模式的特效,有透明度、圆角、阴影、背景图、渐变、过渡和变换,这些特技以前都是靠复杂的 JavaScript 编程实现的,现在用一行 CSS 代码就可以了。在进阶篇还介绍了强大的 JavaScript 的编程接口扩展,例如,浏览器的音频视频播放 API,完全可以替代传统的 Flash 外置播放器,WebSocket 通信机制编程接口和 Workers,JavaScript 的多线程技术,及浏览器端本地数据库接口,解决了早期仅靠容量有限的 Cookie 存储技术。甚至,HTML 5 的标准制定了 JavaScript 可以访问客户端的文件。移动篇主要讨论针对移动设备的 JavaScript 编程接口及方法,移动设备的优化,例如,响应式布局。还介绍了移动 UI 设计思想,及一些流行的 JavaScript 框架,如 BootStrap 和 Mobile jQuery 等,介绍移动 Web 应用的测试手段和方法。最后,介绍 PhoneGap/Cordova 混合(Hybrid)应用开发,把基于 Web 的应用转换成移动设备的原生应用,例如,Android App。全栈篇涉及服务器端脚本的编写。得益于 Node.js 的推出,让 JavaScript 这个前端辅助计算机语言成为一个全能语言,实现了让 JavaScript 在服务器上运行。结合前面学习的知识,利用最流行的 MEAN 开发架构,来开发一个完整的 B/S 架构的 Web 应用。MEAN 是由 MongoDB(NoSQL 数据库)+Express(Web 模块)+AngularJS(前端 MVC 框架)+NodeJS(JavaScript 服务器端运行环境)4 个组合形成的 Web 开发架构,是对传统 Web 开发的 LAMP(Linux+Apache+MySQL+PHP)架构的新挑战。实训篇中,我们会鼓励学生组建学习小组,按照企业团队开发模式学习项目的开发,首先学会自己动手搭建移动开发环境,学习利用浏览器的开发工具,根据前面四个部分的学习内容,动手编写、修改和运行课程里面的应用实例代码,及做一些小的 Web 应用软件项目。有许多 Web 项目是开源的,可以在网上下载,通过修改这些开源代码来学习。通过实验,可以让学生接触更多的最新技术,掌握最新编程技能,达到培养应用型的人才的目标。

作为应用型技术大学的教程,本书侧重于编程技能的培养。所以,每一章都有大量的案例代码来辅助学习。与传统课程不同,应用技术型课程不是以应试为目的的,而是侧重于掌握实际技能,所以,每一章还有结合本书案例的课堂编程练习,让学生一边学习一边动手写代码,基本是以代码为驱动的学习模式。本书的读者对象,要求是具有面向对象编程基础及数据库知识的学生,准备提升进入 Web 移动应用领域开发的传统 Web 网站开发人员。

由于 HTML 5 在正式发布标准前,许多浏览器厂商如 Firefox、Google Chrome、Opera、Safari 4+、IE 9/10/11 都已经有不同程度的支持 HTML 5,但是并没有统一标准,所以在代码演示时,可能出现兼容问题,希望本书的学习者检查自己的开发环境,把浏览器安装版本升级到 2015 年以上,如果发生兼容问题,可以尝试用不同的浏览器做测试。大多数的代码都可以在台式计算机上完美运行，如果有些测试需要在手机上完成，也希望手机操作系统的版本是 2015 年以后发行的。由于本书引用了一些流行的 JavaScript 框架，例如，BootStrap、AngularJS 等，这些新技术更新很快，作为新技术的入门引导，让学习者接触和了解行业的一些流行 Web 开发框架技术，虽然涉及这些框架的演示代码都是经过精心调试，可以正常运行，但是，如果遇到问题，可能是框架版本有重大变动，请到官网阅读更新文档，给代码做出相应调整，同时也锻炼自己分析问题、解决问题的能力。

本书的编写结构是由文字、图表和代码组成，图表有标题注释，代码配合文字说明，没有标题注释。课程提供完整的源代码，每一个章节的案例代码都有清晰的标注位置，方便读者很快找到源码做演示。

编　者

2018 年 5 月 1 日

目录

CONTENTS

基础篇

进　阶　篇

移 动 篇

全 栈 篇

实 训 篇

基础篇

早期的计算机显示是字符方式，所以，早期的计算机语言和用户界面比较简单，也就是以命令行方式进行人机交互。一直到Windows图形操作系统出现以后，程序的用户界面才得到了改善。这种界面不以字符行的形式出现，而是以图形界面出现，也就是有了菜单、按钮工具栏等控制界面。计算机语言擅长于数据处理，而文字处理由另外一种排版语言完成。互联网和浏览器的出现，让人们的软件开发观念产生革命。我们不仅要求软件有漂亮的外观，还要有强大的数据处理能力。今天，随着网络速度的提升，基于Web的应用有可能会替代所有传统的软件应用。

早期的互联网主要通过网络传送文字信息，浏览器作为一个接收信息并显示信息的工具，为了让文字的显示更像报纸，引入了排版风格的语言，这种语言最早用在DOS操作系统下的文字处理程序WordStar中，排版格式由Ctrl键加几个其他键组合控制，到了Windows时代，微软的Word采用了“所得即所见”的技术，这样在文本里面的组合键被隐藏起来。今天我们还能看到的这种排版语言是由W3C组织定义的HTML。

在基础篇里，将学习什么是基于Web的应用，了解Web的跨平台开发架构，学习Web开发最基本的HTML、CSS和JavaScript语言和JavaScript常用的Ajax异步通信技术，简洁的jQuery库和流行的JSON数据交换格式。

书山有路勤为径，学海无涯苦作舟

第 1 章

Web开发概念和构架

1.1 静态网页与动态网页

HTML 作为描述语言，只是描述网页显示的格式，早期的网站只提供阅读，所以将可以从互联网读取 HTML 格式文件的程序称为“浏览器”。动态网页是在 HTML 中嵌入程序，达到人机交互，数据动态更新，如聊天室、论坛，所有浏览器都引入 JavaScript 作为交互语言。

1.2 描述标记语言与脚本语言

HTML、XML(Extensible Markup Language)、参数文件等都称作描述语言，它们只做数据的描述，而没有行为发生。

脚本(Script)语言，是可以执行的命令集，与 C 和 Java 语言比，它没有复杂的语法结构，在特殊的应用程序支持下运行，如 MS DOS 命令、UNIX 的 C Shell、Perl、运行在浏览器里的 JavaScript。

1.3 解释语言与编译语言

解释语言是通过“翻译引擎”一边读取源程序代码，一边执行程序命令。大多数脚本语言是解释语言，如 JavaScript、Perl、PHP、Ruby。

编译语言是将源程序预先编译成目标代码(机器编码)，称之为可执行程序，大多可执行程序可以直接在操作系统下运行，如 C/C++、Java 必须在虚拟机下运行。

编译语言程序的执行速度要比解释语言的快。

1.4 跨操作系统平台语言

由于计算机存在不同的操作系统，如 UNIX、Linux、Windows 和 Mac OS X，不同语言开发的程序会与操作系统存在兼容性问题。例如，Windows 下用 C++开发的程序不可能在 UNIX 下运行。

所以，跨平台计算机语言是指不用修改源程序，就可以在不同类型操作系统下运行，如 JavaScript、HTML、Java。

其实，互联网的跨平台网络，造就了跨平台计算机语言的诞生。

1.5 软件开发构架

1.5.1 服务器端与客户端软件构架(C/S)

计算机网络的模式是把每个节点的计算机分成服务器和客户机。服务器是集中处理信息、存储文件、集中计算的机器，服务器将所有来自客户机的服务处理后，把结果送回客户机，如图 1-1 所示。

图 1-1　C/S 软件构架

这种基于服务器应用程序和客户端应用程序的软件构架，形成我们今天看到的瘦客户机终端，由于客户端无须做大量的运算处理，客户端的硬件要求不高，从而节约了硬件成本。例如，QQ 聊天软件以及需要下载安装在客户端的网络游戏都是基于 C/S 的应用构架。

1.5.2 Web(B/S)的软件构架

互联网的兴起也让计算机语言按机器类型分家。所以，有了运行于服务器端的计算机语言，如 ASP(Active Server Pages)、JSP(Java Server Pages)、PHP 和专门运行于客户机的计算机语言，如 HTML(CSS)、JavaScript。这种基于服务器(Server)和浏览器(Browser)的软件构架就是本书要学习的软件开发方式 Web(B/S)的软件构架。

基于 Web 的应用系统工作原理如图 1-2 所示。

客户端通过互联网发出 HTTP 请求，服务器将 HTML 页面文件上传给客户端，客户端浏览器处理收到的 HTML 页面，并显示格式化的 Web 页面。

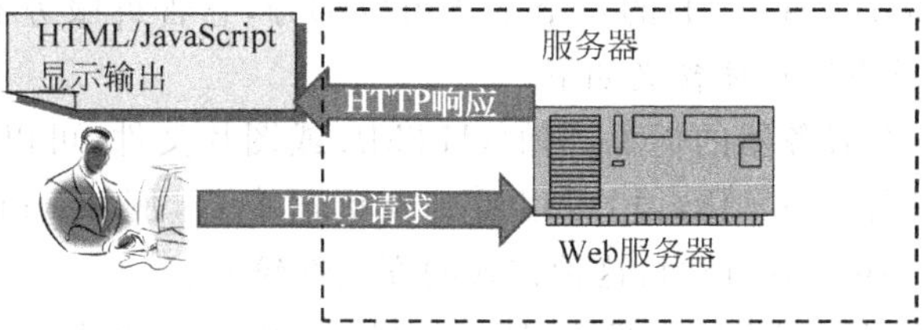

图 1-2　B/S 软件构架原理

1.6　HTTP

每个网站服务器都有一个存放网页文件的地方，称为 Web 根目录(Root Web Directory)。在浏览器端，通过输入 URL(Unified Resource Location)就可以从 Web 服务器端加载网页文件到客户端的浏览器里，URL 格式：protocol://hostname/locator，如图 1-3 所示。

图 1-3　URL 格式说明

index. html 或 index. htm 是默认的首页，如果只输入 URL 的域名地址，例如 www. ibm. com，就直接打开 index. html。当然，WWW 服务器可以修改默认的首页文件设置。

HTPP 通过 Internet 的 TCP 可靠连接和协议端口 80 在服务器和浏览器间建立传输。HTTP 最新版本是 HTTP/1. 1。

1.6.1　HTTP 请求包

HTTP 请求(Request)包是浏览器向服务器发送的数据包，其基本构成是：方法＋URI (Uniform Resource Identifier)＋请求头＋正文。一个具体的包头如图 1-4 所示。

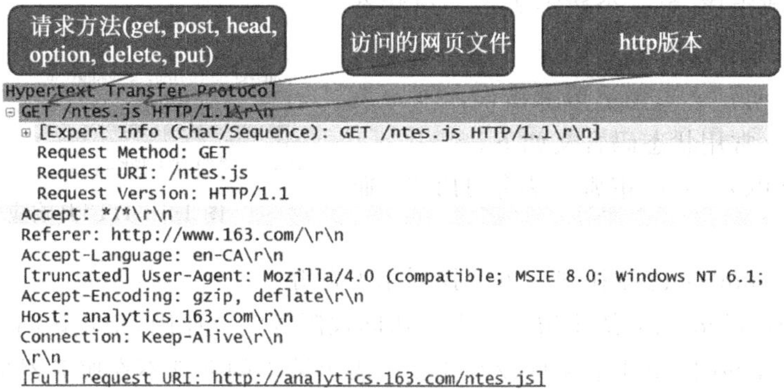

图 1-4　HTTP 的请求包结构

请求方法(Method)是HTTP的一个主要组成部分,它告诉服务器这个请求让服务器做什么事情,部分请求方法具体含义如下。

(1) get:请求一个服务器的资源,例如,HTML或图片文件,可以在URL地址中带查询参数,并且在浏览器端的URL栏可以看到查询的参数,例如:http://www.domain.com?name=Joe? password=1234,这种方式的安全性较差。

(2) post:与get方法相同,动态访问服务器的资源,但是略有不同的是,get方法的数据是直接写在URL里面,而post的数据参数是在请求包的正文里面。post方法安全性较好,适合带复杂、量大的数据的请求。

(3) put:修改服务器资源,如果服务器不存在请求修改的资源,服务器会创建新的资源,如果资源被修改,服务器返回状态码200(ok),201(创建新内容)或204(没有内容修改)。

(4) delete:请求服务器删除URI指定的资源,202状态码表示指定的资源没有被删除。

(5) head:相当于get的请求方法,但是服务器只返回响应包的头,不带正文。这个方法适合查询资源的信息,而不需要资源的具体内容。

(6) option:查询服务器的服务功能,而不是请求一个资源,服务器返回可以支持的HTTP请求方法。

在请求包头里面的一个重要参数是用户代理(user-agent),里面包含客户端的一些计算机信息和浏览器信息。Web开发最常用的方法是通过user-agent提供的信息来知道客户端的请求是来自于桌面计算机,还是移动设备,以及时切换移动服务。user-agent包括的信息如下。

(1) 浏览器名称/版本:例如,Mozilla/4.0。

(2) 操作系统及版本:例如,Windows NT 6.1。

(3) 历史及兼容浏览器:例如,兼容IE 8.0。

(4) HTML引擎:例如,AppleWebKit/535.2、Tredent/3.3。

1.6.2 HTTP响应包

HTTP响应(Response)包是服务器发回浏览器的数据包,其基本构成是:协议版本+状态码+状态描述+应答头+正文,如图1-5所示。

响应包包含一个重要的信息是通信的状态码和状态描述,来告诉浏览器请求完成的情况。状态码由三位数组成,第一个数字表示一组状态的含义,1××表示临时响应,2××表示成功,3××表示重定向,4××表示请求错误,5××表示服务器错误。常用状态码含义如下。

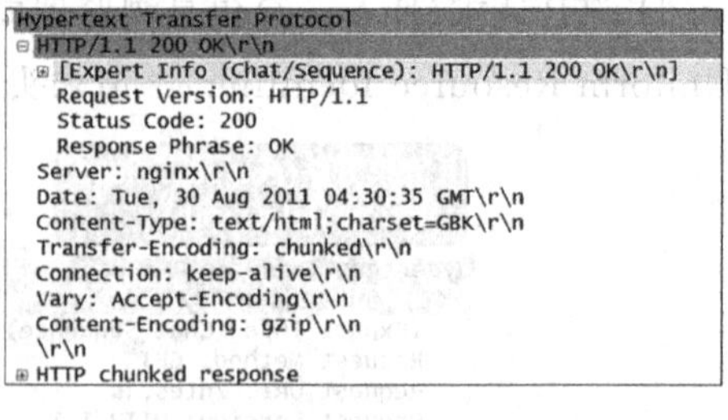

图1-5 HTTP响应包结构

(1) 200(OK):一切正常。表示HTTP通信正常。

(2) 302(Found):已经找到。表示找到相关资源。

(3) 403(Forbidden):禁止访问。由于访问权限等安全原因,禁止访问一些资源文件。

(4) 404(FilenotFound):文件没有找到。表示请求的文件不在服务器里面。

(5) 500(InternalServerError):服务器内部出错。一般表示服务器端脚本运行错误。

1.7 Web 应用的开发环境

1.7.1 Web 服务器

许多 Web 服务器是开源或是免费的，用得最多的是 Apache Web 服务器，可以安装在 Windows 和 Linux 操作系统，除了 Web 服务器，一般网站还要有数据库，例如用得最多的 MySQL 数据库，以及服务器端的脚本运行环境，例如 Java Web(JSP)、PHP，所以要安装这些脚本的运行环境。产品级的服务器需要做很多设置，这是服务器管理员的事情，作为 Web 应用的开发人员，也要了解基本的 Web 服务器的搭建，来满足代码的开发测试。但是，在开发阶段，一台机器既可以是服务器也可以是客户端，所以，开发阶段的服务器搭建，越简单越好，这里有很多一次性安装而无须进行复杂设置的 Web 服务器集成软件，而且很多是免费的。例如，Apache Tomcat、集成 JSP 运行环境、WAMP（Windows 操作系统，Apache Web 服务器，MySQL 数据库，PHP 解释引擎），及 XAMPP 都是非常容易安装使用的，在 Windows 操作系统下运行的 Web 服务器工具。如果喜欢 Linux 的 Web 开发环境，可以用 LAMP(Linux＋Apache＋MySQL＋PHP)搭建 Web 开发环境。本书使用 WAMP，在 Windows 操作系统下搭建 Web 的开发环境（具体的安装使用请看实训篇）。

1.7.2 浏览器

浏览器是运行 Web 应用的平台，通过 HTTP 网络协议与服务器建立联系，构建整个 Web 应用系统。在开发阶段，建议使用微软的 IE、Google（谷歌）的 Chrome 和 Mozilla 的 Firefox（火狐），最好下载安装最新版本的浏览器。以上浏览器都会带 Developer（开发者）插件，这是用来调试网页的一个常用工具（具体使用请看实训篇）。Chrome 和 Firefox 还内置了 web 移动开发的插件工具来模拟移动设备的浏览器环境。

1.7.3 代码编程工具

最简单的 Web 代码编辑器可以是任何文本编辑器，例如，微软 Windows 系统自带的 Notepad（记事本），但是不推荐使用。这里推荐一些常用的、简单的专业程序编辑器，很多也是免费的。例如，Notepad＋＋（免费）、Adobe Brackets（免费）、EditPlus（付费）、SubLime Text（评估版，试用版或付费）、Pspad（免费）、TextPad（评估版，试用版或付费）。

当然还有更强大的软件集成开发工具，例如 Eclipse 和 Netbeans。另外，还有所见即所得的网页编辑器 Adobe Dreamweaver。但是，本书推荐使用 Notepad＋＋或 Sublime 代码编辑器，目的就是希望读者可以直接编写，接触源代码，而不是所见即所得的网页编辑。

练习

1. 下载安装两个本书推荐的代码编辑器，分别比较其功能差别，了解什么是语法加亮和语法提示，它们支持哪些计算机语言。

2. 下载安装一个最新版的 Firefox 浏览器，访问 www.baidu.com，通过开发者工具，查看 https://www.baidu.com 的请求头和响应头的包结构。

3. 下载安装 WAMP 服务器，启动服务器，通过浏览器访问 http://localhost，用浏览器的开发者工具的网络(Network)选项卡，查看哪些文件从服务器下载到浏览器端。到 WAMP 安装目录下的 www 目录中找到对应的文件。

第 2 章

HTML基本结构

2.1 最简单的 HTML 页面结构

HTML(HyperText Markup Language)是一种排版语言，也叫超文本标记语言。HTML 文档由标签和属性组成。标签有开始标签和结束标签配对，每个开始标签都可以包含属性设置。代码如下：

```
<! DOCTYPE html >
< html >
< head ></head >
< body >你好 HTML! </body >
</html >
```

从以上代码可以看到，HTML 文档主要由以下 4 大部分组成。

(1) <! DOCTYPE html>文档声明标签，浏览器检测到这个文档声明后会启用标准 HTML 解释引擎，否则浏览器采用非标准 HTML 解释。HTML 4.01 版本的声明比较复杂，这里用的是 HTML 5 版本的声明格式。

(2) <html>标签，也是 HTML 文档的根节点，是 HTML 文档必须有的第一个标签，所有其他标签都在这个标签内嵌套。

(3) <head>标签也叫文档头，用来放置文档的一些参数定义，例如，CSS 样式定义、JavaScript 代码等。这些内容都不在页面里显示。

(4) <body>标签也叫文档正文，所有在文档中显示的内容都放在这个标签下。包括 JavaScript 代码的执行结果都在这里显示。

标签可以嵌套，上一层标签称为父标签，下一级标签称为子标签，如图 2-1 所示。

标签不可以交叉嵌套，如图 2-2 所示。

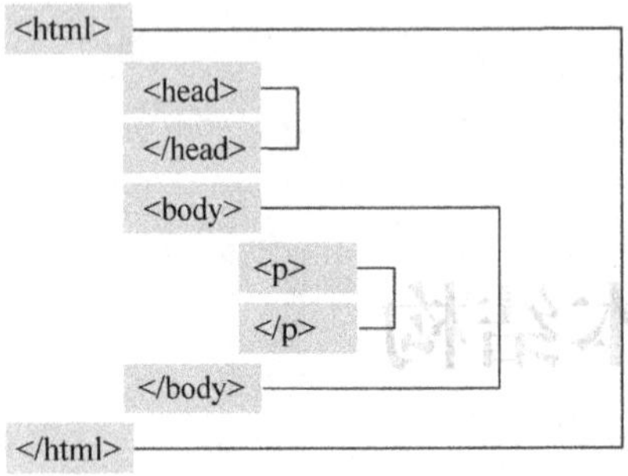

图 2-1　HTML 的嵌套格式

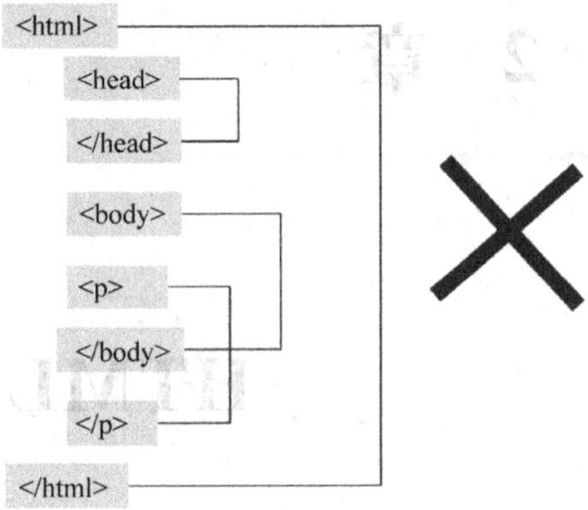

图 2-2　HTML 错误的嵌套

2.2　HTML 基本语法

HTML 不实施严格的语法规则，大多数浏览器不会显示 HTML 的语法错误，但是，HTML 的语法错误可能会造成不正常的显示内容。HTML 主要语法规则如下。

(1) 标签和属性不区分大小写。

(2) 属性值可以不加引号“”，但是属性值含有空格时要加引号。

```
<p class = " rqd rd">你好!</p>
```

(3) 一个属性可以有多个值，例如 class 属性可以有多个值，每个值用空格分开。

(4) 布尔值属性可以不赋值，定义就表示真。

```
<input type = "checkbox" checked >红色</input >
```

(5) 可以省简略关闭标签，但是要在开始标签右括号前加闭合符号“/>”。

```
<meta charset = "utf - 8" />
```

(6) HTML 不认识回车换行，要用换行标签< br >，< br >是没有关闭标签的特殊标签，又可以表示为< br/>。

(7) 注释，也是以标签的形式出现的：<!--注释内容-->。

2.3　HTML 标签与属性

HTML 基本上是由标签与属性组成。标签（元素）可以带属性，属性用来描述标签的特征，属性必须放在开始标签里面定义，如图 2-3 所示。

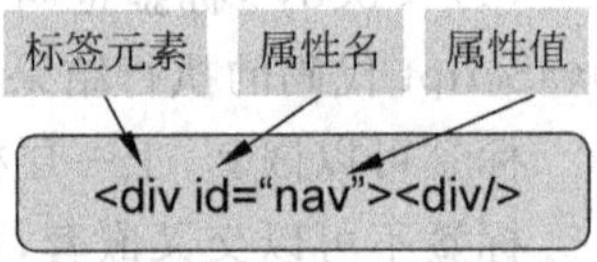

图 2-3　HTML 标签和属性结构

标签元素属性基本可以分成以下三类。

(1) 全局属性：适合任何标签元素，例如，class、id、style。

(2) 只针对某个元素的属性：例如 href，< a href="www. qq. com">腾讯</a >。

(3) 事件属性：例如 onmouseover，< a href="www. qq. com"onmouseover =function () {alert("www. qq. com")；} >腾讯</a >。

2.4 HTML 特殊符号与转义符

在网页中的内容不允许使用与 HTML 语法中相同的符号。

(1) 由于 HTML 语法使用了一些符号，要显示这些符号必须用转义字符"&"，加上英文缩写及分号"；"。例如"<"用"&lt"，">"用"&gt"表示。

(2) HTML 页面只认识一个空格，加入多个空格可用" "表示一个空格。

(3) 特殊符号，无法用键盘输入的字符比如版权符号可用"&copy"表示，会自动转换成版权符号©。

2.5 HTML 网页的语言定义

以下代码设定网页内容所使用的主要语言，例如，其中，lang="zh"，zh 表示中文，英文是 en，设定字符集 charset="utf-8"。

```
<html lang = "zh" >
<head>
<meta charset = "utf - 8"/>
</head>
```

其实，在网页里面不定义 lang 属性一样可以显示各种文字，lang 属性主要是让搜索引擎知道网页的主要语言。最早的计算机字符编码是 ASCII 码，只能支持英文和标点符号、功能符。计算机在中国应用后，中国制定了中文字符集编码，有 GB2312(国标简体字)、GB5(繁体)、GBK(简繁体)。国际标准化组织制定了 UTF-8(世界统一字符集)，将世界上的主要语言一起编写到一个字符集里面。设定字符集很重要，浏览器通过这个属性正常显示不同的文字，否则会出现乱码。

2.6 HTML 标签元素的属性详解

标签的属性基本有以下几个特点。

(1) 最常用的就是通过标签属性改变文本外观，见例子 2-1。

```
<body text = "red">给所有文字加红色
<p><font color = "yellow">文字加黄色</font></p>
<p><font color = "blue">文字加蓝色</font></p>
```

例子 2-1:
part1/ch2/properties/prop1.html

(2) 通过 src 属性来引用外部文件。如下是引用图形文件 qq.jpg，引用外部 JS 文件 my.js。

```
<img src = "imges/qq.jpg"></img>
<script src = "js/my.js"></script>
```

(3) 子标签可以覆盖父标签定义的属性。

(4) 通过<meta>元数据标签给网页设置参数，例如字符编码设置。

```
<head>
<meta charset = "utf - 8"></meta>
<meta name = "author" content = "Joe Zhou"></meta>
<head>
```

(5) <meta>标签还可以通过 name 属性定义数据类型，通过 content 属性声明值。互联网的搜索引擎可以检索到这些参数，meta 还有针对移动设备的属性定义。

2.7 HTML 常用标签

2.7.1 <form>表单标签

表单用来接收用户输入的数据，提交给服务器处理。

```
<form action = "login.php" method = "post">
用户：<input type = "text" name = "user">
<br />
密码：<input type = "password" name = "password">
</form>
```

<input>标签定义输入域，其 type 属性定义输入的数据类型，name 定义输入域的名字(相当于计算机语言的变量名)，用 value 给 name 预赋值。主要数据类型有以下几种。

(1) text：文本行，如果要输入多行文本要用<textarea>。

(2) password：密码，在密码域中输入字符时，仅显示项目符号"●"。

(3) button：按钮。

(4) checkbox：复选框□。定义属性 checked 表示勾选。

(5) radio：单选框○。定义属性 checked 表示勾选。

2.7.2 <table>表格标签

表格用于在网页上显示格式化的数据，见例子 2-2。

```
<table>
<tr>
  <th>姓名</th><th>性别</th><th>电话</th>
</tr>
<tr>
  <td>李明</td><td>男</td><td>5643221</td>
</tr>
<tr>
  <td>王英</td><td>女</td><td>5655662</td>
</tr>
</table>
```

例子 2-2:
part1/ch2/table-form/table.html

表格由以下主要标签组成。

(1) <tr>：表的水平栏标签。

(2) <td>：表数据格标签。

(3) <th>：表头格标签。

2.7.3 <div>和<span>区块标签

在一个网页中，可以把网页分成不同的物理区块，并有固定的位置，这就用到区块标签。DIV+CSS 常常用来表示一种页面的布局方式，也就是相对于用表格的布局方式。DIV+CSS 布局方式比较流行，是因为它的灵活性，特别是在移动应用中，可以根据智能设备的屏幕宽度来灵活改变布局。区块使用规则如下。

(1) 任何元素都可以看作区块，并可以定位。定位属性是 CSS 属性而不是 HTML 元素属性。

(2) 可以通过<div>标签将页面分成几个区块，让每个区块显示不同内容，或把几个元素封装成一个块，见例子 2-3。

```
<div id="header">网站标题栏</div>
<div id="nav">导航栏</div>
<div id="content">正文栏</div>
<div id="footer">页脚栏</div>
```

例子 2-3:
part1/ch2/css-div/div.html

(3) <div>和<span>作为 HTML 的范围标签，将内容分成语义性的块，div 块之间有物理换行，span 块没有物理换行，它是行内(inline)块。

(4) <div>定位的 CSS 属性有 position、float、z-index、visibility。

① position 的 5 个取值如下。

- static，按文本流顺序定位。left、top、right 及 bottom 属性无效。
- relative，相对于它在文档中的原始位置定位。以 left、top、right 及 bottom 属性的相对值进行定位。例如，left:15px 表示在元素左边添加 15 个像素，也就是向右边移动 15 个像素。
- absolute，在父容器内，以像素坐标的 left、top、right 及 bottom 属性进行定位。

- fixed，区块固定在浏览器的某一位置，不随页面移动。以 left、top、right 及 bottom 属性进行定位。
- inherit，继承父容器 position 的属性值。

② float，区块浮动方向值 top、right、left、bottom。

③ z-index，层的顺序，值越大层越靠上。

④ visibility，层的显示，值为 visible 可见，值为 hidden 隐藏。

⑤ clear，取值有 4 个 both、left、right、none；用来消除 float 属性的影响，恢复区块文档流的特性。例如，clear:both 表示清除前面区块左右浮动的影响，相当于新定义的区块会另起一行，重新按文档流的方式排列。

2.7.4 <img>图像标签

网页中可以插入多媒体文件，其中最常用的多媒体文件就是图片。

(1) 通过图像标签在页面引入图形文件。

(2) 通过<img>标签除了显示照片之外，还可以让表单按钮、超级链接由平面的文字效果变成图形化的立体效果。

(3) 基本格式<img src="url"></img>，其中，src 为图片的位置，可以是相对地址(本地)，或互联网上的一个图像 URL 地址。

(4) 以下为某图像的属性设置。

```
<img src = "mypic.gif" width = "30" height = "60" align = "left" />
```

2.7.5 <a>超级链接标签

我们常常看到网页会带下画线的标识，将光标移动到被标识的内容上，鼠标指针会变成手形，并可以单击，这就是超级链接标签。

(1) 超级链接是通过鼠标单击链接对象(可以是文字或图片)，跳转到目标页面。

(2) 基本格式：<a href="url" title="显示链接说明">显示链接</a>。

(3) 链接分类：

① 外部链接：<a href="http://www.qq.com">进入 QQ 网站</a>。

② 内部链接：<a href="../index.html">返回主页</a>。

③ 下载链接：<a href="doc/mydoc.doc">单击下载</a>。

④ 邮件链接：<a href="mailto:hgzhou@msn.com">联系我们</a>

⑤ 锚链接：<a name="C2">第二章</a><a href="#C2">参见第二章</a>。

(4) <a>超级链接标签可与图像<img>结合。<a>链接是以字符方式显示链接，加入图像链接会让链接的外观看起来像按钮，见例子 2-4。

```
<a href = "http://www.qq.com">< img src = "qq.png"></img>
</a>
```

例子 2-4:
part1/ch2/a-img/a-img.html

<img>图像的链接是用 src 属性，而<a>的链接属性是 href，和 src 属性值类似，href 的值可以是远程的页面链接地址 URL，或本地页面文件的相对地址。

2.7.6 <ul>和<ol>列表标签

列表一般用来作清单，由子标签<li>作列表清单值。见例子 2-5，其中，通过 ol-ul. html 观察 ul 和 ol 标签定义的区别，通过 ol-ul-nav. html 看到在列表中加入图片，超级链接做成导航栏的效果。

例子 2-5:
part1/ch2/ul-ol/ol-ul. html

(1) <ul> unordered lists，无序列表。

(2) <ol> ordered lists，有序列表，在列表值前加数字或字母编号。

(3) 列表也可以加入图形，超级链接。

(4) 作侧面导航栏，<a>链接加<ul>，<ol>列表可作导航栏。

```
<div id="nav">
<ol>
        <li><a href="#">早餐</a></li>
        <li><a href="#">午餐</a></li>
        <li><a href="#">晚餐</a></li>
</ol>
<ul>早餐
        <li><a href="#">牛奶</a></li>
        <li><a href="#">奶茶</a></li>
        <li><a href="#">咖啡</a></li>
</ul>
</nav>
```

```
<ol>
        <li>早餐</li>
        <li>午餐</li>
        <li>晚餐</li>
</ol>
<ul>早餐
        <li>牛奶</li>
        <li>奶茶</li>
        <li>咖啡</li>
</ul>
```

练习

1. 通过 http://访问服务器端的页面文件和直接通过浏览器打开运行一个本地 HTML 文件，来认识 http://协议和 file://的区别。

2. 编写一个表单，分别用 method 的 get/post 提交方法，查看浏览器 URL 地址的变化。说明这两个方法的区别。

3. 作一个登录表单，再作一个 action 的跳转页面，提示“欢迎登录”。

4. 用 div 标签把表格和表单分成两个块，定位到页面的不同位置。

第 3 章

HTML+CSS样式

3.1 CSS样式表

CSS(Cascading Style Sheets,层叠样式表)是从 HTML 分离出来的技术,所有 HTML 标签的样式都集中到这个样式表定义,无须再在标签中定义属性了。这样做的目的是对网页的样式维护更简单,因为所有样式外观的定义都集中在一个样式文件里面,文件扩展名为".css"。只要修改一个地方,就可以应用到引用这个样式的网页中。

3.2 CSS 的语法

CSS 是一个独立的技术,它有自己的样式属性定义和语法结构,虽然有些属性和 HTML 的属性相似。所以,这里的 CSS 属性并不等同于 HTML 的属性,例如,p{color: red}并不可以换成< p color="red">。

(1) CSS 属性用值对表示,即"属性:值",用冒号":",而不是等号"="来给属性赋值。用";"结束一个属性。

(2) 样式的定义要加大括号{}。

(3) 一个样式定义可以同时定义多个属性值,每个属性值用";"分离。

```
p {color:red; background:yellow; }
```

(4) 一个属性可以设置多个值,每个值用空格分开。

```
p {border: 2px  solid #FF2211;}
```

(5) 具有相同样式的选择器用逗号分隔定义。

```
h1,p{font-family:arial,sans-serif}
```

(6) CSS属性命名是不区分大小写的，但是惯例是使用小写，属性名如果由两个以上英文单词组成，使用连字符，例如，background-image表示背景颜色。

(7) 注释语法：

```
/* 注解注释内容 */
```

(8) 在一条CSS规则后加入!important这个关键字，表示这条CSS规则将覆盖已定义的所有规则。并防止动态修改已加入! important关键字的规则。要把有!important的CSS定义在< style >标签里面，不能定义在标签的属性里面，见例子3-1。

例子3-1:
part1/ch3/important/impor.html

```
p{color:red !important;}
p {color:blue;}
```

3.3 CSS样式结构

定义CSS有三种方式，可以在HTML标签里定义style属性，或者将CSS定义放在< style >标签里面，也可以将CSS定义放在外置文件里。

3.3.1 内联样式表

内联样式表即去掉标签元素里面的有关样式属性，将样式定义直接通过style属性来集中定义。用style属性方式定义样式，例子如下：

```
<p style=" color:red; background-color:yellow; ">我是红色字黄色背景</p>
```

3.3.2 内部样式表

在每一个标签中加入style样式是一个很烦琐的事情，也不便于代码维护，其实，可以把内部样式表写在网页的文件头< head >里面，所有的样式修改都在文件头完成。用< style >标签在< head >标签内定义CSS样式，例子如下：

```
<head>
<style type="text/css">
p {color: red;}
</style>
</head>
```

3.3.3 外部样式表

内部样式表解决了单个网页的样式定义,但是,如果想在多个网页上实施同样的网页样式就只有重复复制 CSS 代码到另一个网页。

所以,为了让多个网页可以使用统一的样式定义,应该把 CSS 定义作为独立文件存放,文件扩展名是“.css”,用< link >标签在< head >内声明样式文件的存放路径和文件名,需要有同样风格的网页都可以调用这个样式文件。

```
<head>
<link rel = "stylesheet" type = "text/css" href = "mystyle.css">
</head>
```

前面两种方式——内联样式表和内部样式表,尽量不要使用,除非调试代码,作为临时写的 CSS 样式。流行的 CSS 定义采用外部样式,这也是为了 CSS 代码维护方便。

3.4 CSS 选择器

我们可以通过 CSS 技术改变所有< p >标签的颜色,但是如何让其中某一个< p >标签的颜色不一样呢? id 选择器就派上用场了。对其中一个< p >标签加入 id 标识,在样式表中给这个 id 定义样式,这样,这个< p >标签就会通过加入 id 标识与众不同。如何让网页中的所有< h1 >和< p >具有统一的颜色呢? 简单的方法是可以重复定义 h1 和 p 来获得同一种颜色,class 选择器可以把一组不同的标签归类,所以叫作类选择器,再给这个类定义统一样式,这样的定义更简洁、清晰,减少重复代码。

定义 CSS 样式,必须指定一个选择器才能形成一个完整的语法结构:

```
选择器{属性 1:值;属性 2:值…}
```

CSS 选择器包括 HTML 的标签、id 选择器、class 选择器、伪选择器、HTML 标签属性选择器等。以下说明每一种选择器的使用方法。

(1) HTML 标签选择器是指直接用 HTML 标签作为选择器名称。例如:

```
p {color:red;}
```

(2) id 选择器是在 HTML 标签中定义 id 属性来区别相同的标签,用 id 属性值前面加“#”作为 CSS 选择器。例子如下:

```
<p id = "first_line">我是第一行</p>
<p id = "second_line">我是第二行</p>
```

```
#first_line{color:red;}
#second_line{ color:green; }
```

(3) class 选择器是在多个 HTML 标签中定义有相同值的 class 属性,来获得同样的样

式定义,用 class 属性值前面加“.”作为 class 选择器。例子如下:

```
<h1 class = "clolor_dark">我是标题</p>
<p class = "clolor_dark">我是内容</p>
```

```
.color_dark { color:black;}
```

例子 3-2 中,在 mycss css 看到定义 class 和 id 的区别。

例子 3-2:
part1/ch3/class-id/class-id.html

(4)“*”表示所有 HTML 标签元素的选择器。

```
*{font-family:arial,sans-serif}
```

3.5 选择器组合定义

CSS 选择器可以用多种方式组合使用,以下列出几个例子。

(1) 把多个选择器作为一条规则定义,每个选择器用“,”分隔。

```
h1, h2, h3{color:red;}
```

(2) 父与子选择器组合,用空格分隔,选择器在 HTML 页面是嵌套关系,可以从上一级(父)选择器查询到下面多级(子)选择器,也叫后代选择器。

```
table th h1{color:red;}
```

(3) 父与子的第一级选择器。用“>”表示第一级子选择器。例如,以下例子只有第一个 <em>标签的字变红。

```
<p>这是<em>红色</em>的字,
这是<span><em>红色</em>的字吗?</span></p>
```

```
p>em {color:red;}
```

(4) 两个选择器处于同一级,并且相邻,叫相邻兄弟选择器,两个标签选择器之间用“+”表示。以下代码有三个 em 标签中,只有后面两个是相邻兄弟,它们共有一个父标签 span,所以只有第三个 em 标签变红色字,见例子 3-3。

例子 3-3:
part1/ch3/multi-css/multi.html

```
<p>这是<em>红色</em>的字吗?
<span>
        <em>这是红色</em>
        的字吗?
        <em>这个也是红色</em>
        的字吗?
</span>
</p>
```

```
em + em {color:red;}
```

3.6 CSS 颜色、长度和字体单位

3.6.1 颜色单位

颜色属性在 CSS 定义中使用最多，例如，文本颜色、网页背景颜色、线条的颜色等。颜色值可以用以下几种方式表示。

(1) 纯英文表示：例如{color:red}。

(2) 用三原色的十六进制表示：#RGB(红绿蓝)。#号代表十六进制，每一原色由两位十六进制数组成。例如，#FF0000 表示红色，#00FF00 表示绿色，#0000FF 表示蓝色。

(3) 用十进制表示：rgb(255,255,255)。表示红蓝绿的取值范围是 0～255，所以，共有 256×256×256=16 万种颜色组合。

3.6.2 长度单位

长度属性的值常常用屏幕像素 px 表示，也可以用%百分比表示与上一级标签(元素)的相对值，例如：

```
#box{width:30%; height:200px;}
```

3.6.3 字体单位

字体尺寸单位可以是 px、pt、em 和%，em 和%都是相对值。它们的意义如下。

(1) px 是以屏幕像素为单位的字体单位。

(2) pt(point)等于出版印刷的 1/72 英寸物理单位作为字体单位，所以跟 DPI 有关系。在网页设计中，这个 DPI 与物理设备的 DPI 无关，跟浏览器的默认 DPI 有关。例如，Firefox 浏览器默认的 DPI 都是 96px/inch，那么实际上 9pt=9×1/72×96=12px。

(3) em 字体单位是相对值，相对于上一级字体单位的值，而 px 和 pt 都是绝对值。例如，HTML 文档默认字体大小为 16px，1em 相当于 16px 大小的字体，所以，12px=12/16=0.75em，10px=10/16=0.625em。

(4) 用%为字体单位，如果 font-size=62.5%，意味着字体定义是以上一级的字体的百分比放大或缩小。如果上一级的默认字体是 16px，那么，相当于 1em=16px×62.5%=10px，12px=1.2em。

3.6.4 CSS 字体定义

字体的属性很多，基本的属性有以下几个。

(1) font-size/line-weight(尺寸/行间距)。

(2) font-weight(粗细)。

(3) font-style(风格，斜体，下画线)。

(4) font-variant(小写)。

(5) font-family(字体族)。

字体属性可以单独定义,也可以通过 font 属性一次赋值。font-family 可以一次定义多个候选字体,用“,”分隔。例如:

```
p{font:font - style font - variant font - weight font - size/line - height font - family;}
```

```
p{ font:italic bold 12px/20px arial,sans - serif; }
```

3.7 CSS 盒子模型

HTML 所有标签元素都有盒子的特性,例如,高宽、边框等。图 3-1 中,盒子模型的属性适用于所有标签元素。两个标签元素的内容可以通过这些盒子的属性调节距离感。

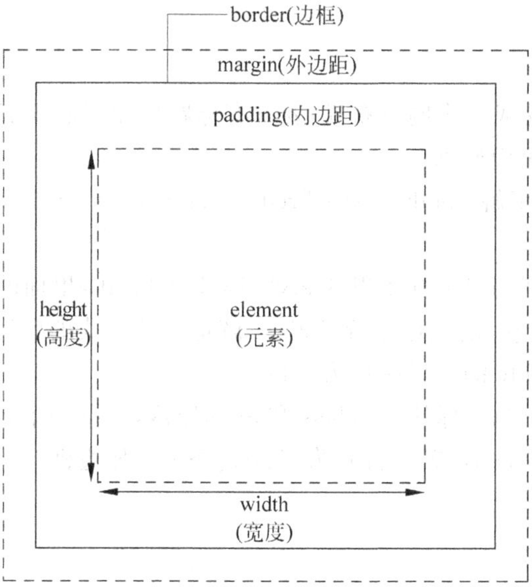

图 3-1 盒子模型

(图片来源:http://www.w3school.com.cn/css/css_boxmodel.asp)

在例子 3-4 如下代码中,有两个<p>标签,通过盒子模型,给第一个<p>设置了盒子属性,可以看到盒子的效果。

例子 3-4:
part1/ch2/css-box/cssbox.html

```
<p id = box >你好!HTML5 </p>
<p>你好!CSS </p>
```

```
#box {background: black; color:white; height: 90px;
  width:100px; margin: 10px; padding:
5px;border - style:solid; border - color:red;}
```

3.8 网页设计的忠告

HTML＋CSS 就可以制作一个静态网页，也是网站开发的基础，网页设计时应尽量遵守以下原则。

(1) 网页设计中，尽量用 CSS 来改变样式，不要用标签的属性来改变样式。

(2) 尽量用外部样式文件来定义样式。

(3) 尽量用 CSS 选择器：id、class 来标识标签的样式。

(4) 使用 DIV＋CSS 的网页布局，避免用表格布局。

(5) 保持良好的代码写作风格，使用 Tab 键来体现标签的嵌套关系。

(6) 要在 meta 标签中定义字符集，例如：charset＝utf-8，及在 HTML 标签中定义语言属性，例如：lang＝"zh"。

(7) 使用 meta 标签来描述网页的关键字，内容概要，让搜索引擎理解你的网页。

练习

1. 用 DIV＋CSS 完成一个网页布局，要求有标题栏在页面顶部，导航栏在页面左边，内容栏在中间，页脚栏在页面底部。

2. 通过编写代码，了解< body text＝"red">、< p color＝"red">、< font color＝"red">的区别。

3. 定义 CSS 有三种方式：标签里的 style 属性，< head >里面的< style >标签和 CSS 外置文件。编写代码，对< p >的颜色进行设置，了解这三种方式的区别。

4. 编写代码，让 table 的边界颜色为红色。

5. 网页里面有三个< p >标签，用 class 和 id 选择器，给第一个< p >标签加红色(red)，第二个< p >标签加绿色(green)，第一行和第三行< p >标签加边框。

第 4 章

HTML+CSS+JavaScript

4.1 JavaScript 语言

为了让网页有更多的交互性，早期著名的浏览器开发商 Netscape（景网公司）在 1995 年发行的 Netscape Navigator 2.0 浏览器中，加入了一个称之为 LiveScript 的脚本语言。当时 Sun 公司也刚刚创建一个新的 Java 语言，而 Java 语言的发明跟互联网没有太多关系，但是，由于 Java 当时太时髦，Netscape 公司便将 LiveScript 改名成 JavaScript。虽然，JavaScript 与 Java 语言相差甚远，更像是 C 语言的计算机编程语言，但是，它是运行在浏览器里面的解释型语言，而不是像 C 语言那样的编译型语言。

1997 年，JavaScript 1.1 的标准化 ECMAScript 草案提交给欧洲计算机制造商协会（ECMA），随后，国际标准化组织及国际电工委员会（ISO/IEC）也认可了 ECMAScript 作为标准（ISO/IEC-16262）。目前，所有浏览器都支持 JavaScript 语言。

4.2 JavaScript 的基本语法

像其他计算机高级语言一样，JavaScript 的语法规则如下。

（1）JavaScript 语言是区分大小写的，语句之间用“;”分隔。

（2）JavaScript 的内置变量、函数命名采用驼峰命名方法，即如果是由两个以上英文组成的名字，第二个以后的单词首字母大写，例如，getElementById()。

（3）变量须先定义，才能使用。

（4）变量可以不声明类型，通过赋值才转换相应类型。

（5）变量类型有：布尔（boolean）、数字（number）、字符串（string）、数组（array）、时间（date）、对象（object）、函数（function）、正则表达式（regExp）。

（6）基本变量用 var 定义，布尔、数字、字符串是基本变量。

（7）JavaScript 是面向对象编程的语言，但是它没有类（class）的定义，是基于原型

(prototype)的,函数定义就相当于一个类定义。

(8) JavaScript 表面看上去是函数驱动型语言,但是,它其实是基于对象的语言,所有的系统属性、函数都是封装在对象里面。有些系统(内置)函数,例如 isNaN()可以直接调用,是因为它可以忽略封装它的对象 Global。再如 alert()函数也是忽略 window 对象,而直接调用。用户自定义函数其实也是一个对象。其实,JavaScript 已经过渡到完全的面向对象语言,它已经不像 C 语言那样有独立的函数。JavaScript 的一切函数都是一个对象下的方法,只不过是在调用一些系统函数的时候,把对象名省略了。

(9) JavaScript 可以声明匿名函数,即没有函数名。因为没有函数名,所以这个函数是不可被调用的。可以作为赋值,或直接执行。例如:var f=function () { document. write ();}。

(10) JavaScript 注释和其他计算机语言一样,//表示单行注释,/ ** /表示多行注释。

4.3 JavaScript 的结构

JavaScript 语句是写在< script >标签里面,需用 type 属性说明脚本的 MIME 类型,如果不写 type 类型说明,默认是 JavaScript 文件类型。放在< body >标签内的脚本会在网页打开的时候马上执行。例子 4-1 是将 JavaScript 代码写在< body >标签中。

例子 4-1:
part1/ch4/js/js1.html

```
<body>
  <script type= "text/javascript"> document.write("你好!javaScript");</script>
</body>
```

但是,如果脚本不想马上被执行,而是在某种事件发生的时候执行,在< body >标签下写的代码就不适用了。还有,如果脚本在一个页面中被多次重复执行,这些重复代码写在< body >标签中会让执行效率降低。所以,JavaScript 语句也可以先在< head >内写好,一般是定义好函数,再在< body >标签内直接调用,如例子 4-2(part1/ch4/js/js2.html 和 part1/ch4/js/js3.html)是事件处理调用函数方法。下面的代码可以通过 onload 网页加载事件,调用 message 函数对象,或右边代码直接调用 message()函数。

例子 4-2:
part1/ch4/js/js2.html
part1/ch4/js/js3.html

```
<head>
<script type= "text/javascript">
      function message()
        { document.write("你好!JavaScript");}
</script>
</head>
<body onload= "message">
<body>
```

```
<body>
<script>
      message();
</script>
<body>
```

但是,如果脚本需要被多个页面调用,但其他页面是不能访问写在某一页面的脚本的。因此,为了解决这个问题,JavaScript 语句也可以先写在外部文件里,扩展名为".js",在网页< head >内,通过< script >标签的 src 属性引用外部文件脚本。注意,写在外部的脚本文件不再需要写< script >标签。下面是例子 4-3 的代码,左边代码是外部 JavaScript 文件,文件名是 ext.js,右边代码是网页加载 ext.js 文件。

例子 4-3:
part1/ch4/js/js4.html

```
window.onload = message;
  function message()
        { document.write("你好!JavaScript");}
```

```
<head>
<script src = "/js/ext.js">
</script>
</head>
```

4.4 JavaScript 函数详解

函数是一种特殊对象,相当于用户自定义的对象。JavaScript 语法非常灵活,虽然说是一个面向对象的语言,却很少看到对象的出现,甚至很多地方忽略了对象,我们更多的是看到独立的函数。而函数具有两面性,一是本身它就是对象,其二它就像 C 语言的函数。作为对象,函数名就不要加括号,例如,var add1=add;传递的是对象,可以用新对象完成加法 var sum=add1(1,2);如果加括号,等式传递的是函数执行后的返回值。

(1) 函数声明。

① 直接声明函数对象 mm。

```
var mm = function () {document.write("你好,函数!");}
```

② 声明函数体。

```
function mm() {document.write("你好,函数!");}
```

(2) 函数的调用与赋值。

① 直接执行函数。

```
mm();
```

② 函数对象赋值,直接使用函数名,没有圆括号,赋值给事件对象,当事件发生时,执行函数。如下代码中,第二行代码中的 hello 变量就是函数对象,执行 hello()和执行 mm()的结果是一样的。

```
window.onload = mm;
var hello = mm;
```

③ 函数体赋值，函数名带圆括号，这种赋值是先调用函数，再把函数返回值赋值。

```
var m = mm();
```

(3) 函数带参数及返回值。

```
function add(x, y) { return x + y;}
var sum = add(1,2);
```

(4) 用 Function 构造函数创建函数对象。Function 参数必须是字符串，最后一个参数是函数体。注意：Function 构造函数第一个字符是大写，与普通函数定义关键字 function 有区别，见完整例子 4-4。

例子 4-4: part1/ch4/func/func1.html

```
var addxy = new Function ("x","y"," return x + y;");
var sum = addxy(1,2);
```

4.5 JavaScript 的 DOM 技术

DOM(Document Object Model)就是文档对象模型，在 DOM 技术里面，HTML 标签称为元素或节点，JavScript 把 HTML 的所有标签元素看成对象。所有的 HTML 标签元素都是通过 document 对象的属性方法来添加、删除和操作 HTML 的节点标签。

W3C 组织于 2000 年 11 月发布 DOM-2 规范，2004 年 4 月发布 DOM-3 规范。DOM 独立于平台和编程语言，它可被任何编程语言诸如 Java、JavaScript 和 VBScript 使用。

JavaScript 的 DOM 技术将 HTML 页面看作树结构，树结构就有节点，节点为标签的称为元素节点，否则称为文本节点(标签里的文本)。元素节点可以包含其他元素节点和文本节点，如图 4-1 所示。

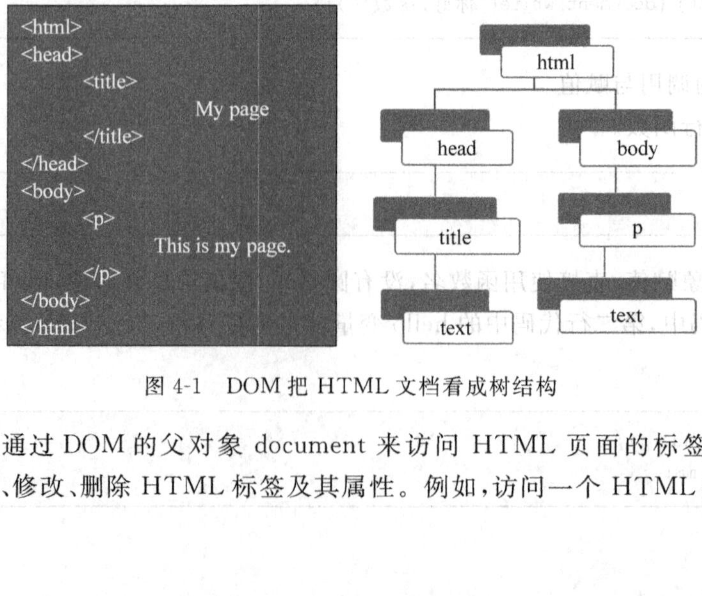

图 4-1 DOM 把 HTML 文档看成树结构

JavaScript 通过 DOM 的父对象 document 来访问 HTML 页面的标签元素或文本元素，并可以添加、修改、删除 HTML 标签及其属性。例如，访问一个 HTML 标签对象，动态修改它的字体属性。下面是一些常用的 DOM API 例子。

（1）通过 id 选择器访问 HTML 标签，返回一个标签对象。

```
var id = document.getElementById("id");
```

（2）通过标签名访问 HTML 标签，返回一个标签数组对象。例子 4-5 通过 DOM 技术来控制 HTML 页面标签的属性。

例子 4-5:
part1/ch4/dom/dom1.html

```
var tag = document.getElementsByTagName("p");
tag[0].style.color = "red";//给第一个 p 标签文本设置红色
```

（3）DOM 技术创建 HTML 标签，例子 4-6 是通过 DOM 技术来创建一个< p >标签元素，在 div 标签下插入"段落 3"。

例子 4-6:
part1/ch4/dom/dom2.html

```
<div id = "d1">
  <p id = "p1">段落 1 </p>
  <p id = "p2">段落 2 </p>
</div>
<script>
   var para = document.createElement("p");
   var node = document.createTextNode("段落 3");
   para.appendChild(node);
   var ele = document.getElementById("d1");
   ele.appendChild(para);
</script>
```

（4）通过 DOM 技术直接访问节点标签元素对象。下面的例子 4-7 是访问第一个表单对象 forms[0]下面的第一个标签元素 elements[0]，也就是第一个< input >标签，并显示它的 type 值和输入的值。

例子 4-7:
part1/ch4/dom/dom3.html

```
<script>
    function tt() {var tt = document.forms[0].elements[0];
    var type = tt.type; value = tt.value;alert("type is: " +
    type + "value is: " + value);}
</script>
<form>
<input type = "text" onblur = "tt()"></input>
</form>
```

4.6 JavaScript 的面向对象编程

JavaScript 语言是面向对象编程语言，在 JavaScript 世界里，一切事物皆对象。因为 JavaScript 的运行与浏览器环境有关，我们把 JavaScript 运行的环境叫作宿主环境，由这个环境提供JS引擎来执行解析JavaScript代码。JavaScript的对象类型较为复杂，基本可以分成三种：内置对象、原生(本地)对象和宿主对象。

4.6.1 内置对象

内置对象是由ECMAScript标准实现提供的、独立于宿主环境的所有对象，这些对象已被实例化，可以直接调用。这里只有两个内置对象：Global和Math。

Global对象其实并不被实际引用，Global对象包含的函数isNaN()，用来检查一个变量是不是非数字，可以直接调用，而不要写成Global.isNaN()。

Math对象常常用来处理数学运算，例如，Math.ceil()数上舍入，Math.round()四舍五入。

4.6.2 原生对象

原生(本地)对象在ECMA-262标准中也是指"独立于宿主环境的ECMAScript实现提供的对象"。原生对象和内置对象的唯一区别是，可以使用new来创建实例化，或者直接可以调用对象的静态方法。

已经定义好的常用原生对象有以下几种。

(1) Object：一个抽象的对象原型，Object对象中的所有属性和方法都会出现在其他对象中，所以它是原生对象的顶级父对象。

(2) Function：函数的引用类型(类)。

(3) Array：数组引用类型(类)。

(4) String：String原始类型的引用类型(类)。

(5) Boolean：Boolean原始类型的引用类型(类)。

(6) Number：Number原始类型的引用类型(类)。

(7) Date：日期对象引用类型(类)。

(8) RegExp：正则表达式引用类型(类)。

(9) Error：错误处理对象引用类型。

以下代码是通过Array()构造函数创建一个数组对象。

```
var car = new Array();
```

4.6.3 宿主对象

宿主对象是由ECMAScript实现的宿主环境提供的对象。

所有BOM(Browser Objective Model)和DOM(Document Objective Model)对象都是宿主对象。BOM对象是处理、访问、控制浏览器窗口的API，DOM是W3C制定的标准，DOM对象是用来处理HTML标签元素的API。

这两个宿主对象的顶级对象是window，window对象包含对象属性和方法，及其他BOM和DOM的子对象，见图4-2。

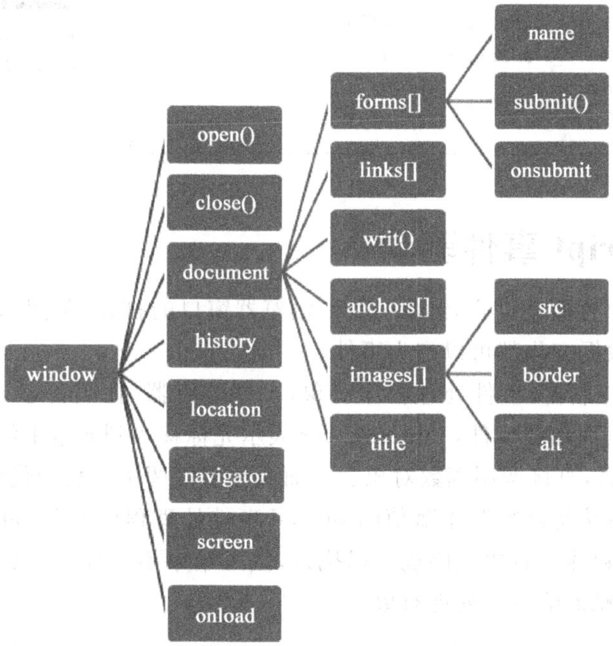

图 4-2 BOM 和 DOM 的对象,属性,方法

其中,BOM 对象有以下几个。

(1) history:与浏览器的浏览历史有关。

(2) navigator:与客户浏览器有关。

(3) screen:与客户端显示屏有关。

(4) location:与域名、URL 地址有关。

DOM 对象的父对象是 document,document 对象包含 HTML 的元素对象及其属性方法,这些对象已经实例化,可以直接引用。以下是部分 DOM 对象。

(1) forms:表单对象数组。

(2) anchors:链接对象数组。

(3) images:图像对象数组。

(4) links:links 标签对象数组。

window 对象作为顶级的父对象,往往在调用它的函数时可以忽略不写对象名。例如,可以写成 window. alert(),或直接写 alert()都是对的。

4.6.4 创建对象和访问对象属性方法

其实,JavaScript 提供的对象已经足以完成基本编程任务,而用户创建最多的是函数,这是一个特殊的对象,创建函数时给人的感觉是在做 C 语言编程。

我们多数情况下是通过原生对象的构造函数创建一个对象实例,注意,所有的构造函数命名都是第一个字母大写。例子 4-8 的代码是通过构造函数创建一个字符串对象(也可以声明一个字符串变量),访问对象的属性 length 获得字符串的长度,再调用这个对象的方法将字符串转成大写。

```
var ss = new String("你好! JavaScript!");
/* var ss = "你好! JavaScript!"; */
var ll = ss.length;
ss = ss.toUpperCase();
```

例子 4-8:
part1/ch4/oo/oo1.html

4.7 JavaScript 事件驱动

JavaScript 是事件驱动语言，键盘，鼠标，浏览器窗口的打开、关闭、移动，窗口的大小变化，表单输入栏的数据变化都可以产生事件。

(1) 所有事件控制器(事件处理程序对象，事件监听器)命名都以 on 开头，一律小写。例如，onload 表示页面加载事件，onmouseover 表示光标移入到元素上触发。

(2) 事件触发后，直接调用函数对象。下面两种事件调用函数的代码是有区别的，第一种写法是正确的，直接将函数对象赋值给 onload 事件处理程序对象，再由事件处理对象在事件发生时执行函数体。右边代码也可以执行，但是结果不一样，先执行函数体，再把函数的返回值作为对象赋值给事件处理对象。

```
window.onload = mm;
```

```
window.onload = mm();
```

(3) JavaScript 的事件处理程序可以作为 HTML 标签里的一个事件属性。例子 4-9 是通过 onclick 的单击事件属性来调用函数 showPic()，打开图片。注意，在 HTML 标签里的事件属性赋值的是函数体，而不是函数对象。

```
<head>
<script>
    function showPic() {window.open("mypic.jpg", "newwin");}
</script>
<head>
<body>
<a href = "#" onclick = "showPic()">查看图片</a>
</body>
```

例子 4-9:
part1/ch4/event/evt1.html

(4) 例子 4-10 是通过 DOM 技术给第一个<p>标签设置单击事件。

```
<head>
<script>
    document.getElementsByTagName("p")[0].onclick = showPic;
    function showPic() {window.open("mypic.jpg", "newwin");}
</script>
<head>
<body><p>单击查看图片</p>
        <p>单击没反应</p>
</body>
```

例子 4-10:
part1/ch4/event/evt2.html

(5) 可以通过 DOM 改变 CSS 样式，例如，例子 4-11 是通过一个按钮的单击事件来改变 id=d1 的<h1>标签颜色。

```
<h1 id = "d1"> DOM 改变 CSS 样式</h1>
<button type = "button"
onclick = "document.getElementById('d1').style.color = 'red'">
单击将文字变成红色</button>
```

例子 4-11:
part1/ch4/event/evt3.html

4.8 JavaScript 的 AJAX 异步通信技术

AJAX 即 Asynchronous JavaScript and XML(异步的 JavaScript 和 XML)，它不是新的编程语言，而是一种使用现有技术的新方法和思想。AJAX 是与服务器交换数据并实时更新部分网页的技术，而不用重新加载整个页面。AJAX 的目的是提高网页的响应性，改善基于 Web 应用程序的界面效果。

2005 年，Google 通过 Google Suggest 使 AJAX 变得流行起来。Google Suggest 使用 AJAX 产生一种动态性的搜索关键词建议，当用户在谷歌的搜索框中输入关键字时，JavaScript 会把这些正在输入的字符发送到服务器端，然后服务器会不断地返回和修正一个搜索建议的关键词列表。Google 地图也是 AJAX 技术的受益者，我们知道地图的数据量很大，但是，通过 AJAX 技术，用户打开一个地图，可以看到页面是局部不断地显示出来，而不是等待一张地图加载完再打开，使用户的体验得到了改善。

AJAX 技术是通过内置的 XMLHttpRequest 构造函数，创建一个 HTTP 通信对象实例，向服务器发送 HTTP 的 request(请求)，接收服务器传送的任何格式的数据文件，常用的 Web 文件是 XML 格式或文本格式。例子 4-12 是通过 AJAX 技术将一个文本文件 text1.txt 从服务器端传递到客户端。注意，演示这个例子要在 Web 服务器下运行，通过浏览器访问查看结果。

例子 4-12:
part1/ch4/ajax/ajax.html

AJAX 编程方法有以下几步骤。

(1) 创建 HTTP 通信对象实例 xmlhttp。

```
var xmlhttp = new XMLHttpRequest();
```

(2) 用 get 或 post 方法提交一个 HTTP 请求包，send()向服务器发出 request 请求包。

```
xmlhttp.open("GET","test1.txt",true);
xmlhttp.send();
```

(3) 通信事件监听，一旦发生通信变化，异步检测通信状态。

```
xmlhttp.onreadystatechange = function () {…}
```

(4) 通信状态属性 readyState 有 5 个值：0—通信没有初始化，1—通信在加载数据，2—通信数据加载完成，3—可以访问 xmlhttp 对象，4—xmlhttp 通信完成。服务器返回状态属性 status 就是 HTTP 的状态码：200—ok，404—找不到文件，500—页面出错。

```
if (xmlhttp.readyState == 4 && xmlhttp.status == 200)
```

(5) xmlhttp.responseXML：服务器返回的 XML 数据包。

(6) xmlhttp.responseText：服务器返回的文本包。

4.9 JSON：JavaScript 对象表示法

JSON(JavaScript Object Notation)是一种轻量级的数据交换格式，虽然 JSON 使用 JavaScript 语法来描述数据对象，但是 JSON 是独立于语言和平台的数据格式，构建的 JSON 解析器和 JSON 库可以支持许多不同的编程语言。

JSON 可以是一个独立的文本，在网络中传输，一个简单的 String、Number、Boolean 值对或数组，甚至一个复杂的 Object 对象，例如，JavaScript 的函数。

4.9.1 JSON 的特性

类似于 XML 格式，JSON 具有以下特点。

(1) JSON 是基于纯文本的数据格式。

(2) JSON 具有“自我描述性”(键值对)。

(3) JSON 具有层级嵌套结构(JSON 格式再嵌套 JSON 格式)。

(4) JSON 是 JavaScript 的一个对象，可通过 JavaScript 进行解析。

(5) JSON 数据可以像 XML 一样通过使用 AJAX 进行传输。

4.9.2 JSON 的语法

通过 JSON 可以声明对象和数组，JSON 语法规则如下。

(1) 声明对象使用“{…}”，括号里面存放的是数据值对。以下是声明一个 student 对象。

```
var student = {};
```

(2) 数据值对表示法是由名称(变量名，必须加双引号)+“:”+值组成，多个值对用“,”分隔。

```
var student = {"name":"Joe", "age":20 };
```

(3) JSON 值可以是：

① 数字(整数或浮点数)。

② 字符串(在双引号中)。

③ 逻辑值(true 或 false)。

④ 数组(在方括号中)。

⑤ 对象(在花括号中)。

⑥ null。

(4) JSON 使用"[…]"声明数组,括号里面是数组的值,数组元素可以是任意的数据类型,可以嵌套 JSON 的对象。

```
var students = [
{ "name":"Joe" , "age":19 },
{ "name":"Mark" , "age":21 },
{ "name":"Mary" , "age": 18 }
];
```

(5) 对象可以封装属性和方法,在 JSON 中加入 JavaScript 函数对象来访问 JSON 的属性。例 4-13 定义了一个 allstudent 的 JSON 格式的 JS 对象,包含 student 属性和一个函数对象 showStudent。

例子 4-13:
part1/ch4/json/json1.html

```
var allstudent = {
students : [{ "name":"Joe" , "age":19 },{ "name":"Mark" , "age":21 },],
showStudent: function (i) {alert("第一个学生名字: " + allsdudent.student[i].name + "年龄: " +
allstudent[i].age);} }
```

(6) 通过 JavaScript 的 eval()函数将服务器传送的 JSON 文件转换成 JavaScript 对象。

4.10 JavaScript 的 jQuery 框架

jQuery 是 JavaScript 流行的开发框架,是一个用 JavaScript 编写的函数库,通过 CSS 选择器,加强 Web 界面外观和交互效果,它强调 write less,do more。它的框架改变了 JavaScript 的编码风格,通过 DOM 和 CSS 选择器操作页面。jQuery 的语法设计使得许多操作变得简单,如操作文档对象(document)、选择 DOM 元素、创建动画效果、处理事件,以及开发 AJAX 程序。使用 jQuery 框架开发的另一个优势是对大多数浏览器做了兼容性优化。

jQuery 编程首先要下载或远程引用 jQuery 库文件,jQuery 提供 uncompressed(非压缩版)和 minified(压缩版,文件名会加×××.min.js),在线引用可以考虑压缩版库来提高下载速度。

(1) 远程 CDN 加载 jQuery 库。

```
<script src = " http://ajax. googleapis. com/ajax/libs/jquery/1. 10. 2/jquery. min. js" >
</script>
```

(2) 或从官网先下载到本地,从本地加载。

```
<script src="jquery/jquery/jquery.min.js"></script>
```

例子 4-14:
part1/ch4/jquery/jquery-css.html

(3) jQuery 的最常用的函数是 CCS 选择器函数 $("CSS 选择器"),函数 $()的参数就是 CSS 的选择器,语法跟 CSS 样式一样。例子 4-14 是通过 id 选择器 # but 得到 input 对象,并调用 click()单击事件方法,再通过 $("h1")将 h1 标签的文本颜色改成绿色。

```
<h1 id="d1">改变 CSS 样式</h1>
<input type="button" id="but" value="变色"></input>
```

```
$("#but").click( function() { $("h1").css ("color","green"); } );
```

例子 4-15:
part1/ch4/jquery/hide.html

例子 4-16:
part1/ch4/jquery/toggle.html

(4) 常用函数如下。

① click(),一个标签元素的单击事件处理,包含一个函数参数作为事件处理的调用。

② hide(),标签元素隐藏。可以带特效参数来决定元素消失的速度。见例子 4-15。

③ show(),标签元素显示。可以带特效参数来决定元素出现的速度。

④ toggle(),切换事件。例如,用 toggle()方法来切换 hide()和 show()方法。见例子 4-16。

⑤ css(),修改标签元素样式。

4.11 JavaScript 和 jQuery 代码风格

JavaScript 融合了传统 C 语言和面向对象编程的编码风格,jQuery 更偏向于函数风格。

(1) 网页:

```
<h1 id="d1">改变 CSS 样式</h1>
<input type="button" id="but" value="变色"></input>
```

(2) 脚本,C 语言编码风格:定义函数,定义变量。

```
window.onload = change;
function change() {
        var button = ducoment.getElementById("but");
        button.onclick = colorChange;
        function colorChange() {
```

```
                var h1 = document.getElementsByTagName("h1");
                h1[0].style.color = "red";
        }
}
```

(3) JavaScript 面向对象编码风格:"对象.对象….属性=值"。

```
window.onload = function () {
      document.getElementById("but").onclick = function () {
        document.getElementsByTagName("h1")[0].style.color = "red";
          }
}
```

(4) jQuery 函数型风格:函数(函数(函数()))。

```
$ (document).ready(function() {
                    $ ("button# but").click(function() {
                    $ ("h1").css("color","green");
                    });
            });
```

练习

1. 简述把代码 document.write("你好! JavaScript")写在< head >和< body >标签中的区别。

2. 修改例子 4-8,将< a >标签的单击事件 onclick 属性变成 JavaScript 的事件 onclick 代码。

3. 使用 DOM 技术和 onclick 事件,编写代码,单击文字可以改变颜色,同时也改变文字的字体大小。

4. 用 jQuery 日期控件做一个日期输入。

5. 修改例子 4-11,将 text1.txt 改成 JSON 格式文件 text1.json,将例子 4-12 中的 allstudent 对象保存为 JSON 文件,通过 AJAX 技术将 text1.json 文件从服务器传送到浏览器端,并转换成 JS 对象。

进阶篇

互联网创造出由无数网页＋数据组合而成的一个大应用系统，而网页的最基本的结构仍然是HTML，随着HTML 5标准的发布，它将颠覆传统的编程语言，成为构造互联网的基石语言。

HTML 5的规则制定是为了解决Web应用问题而提出的。早期定义的HTML＋CSS＋JavaScript标准是无法完成一个复杂的应用系统的，而不得不借助服务器端的脚本语言来完成一些复杂的应用，例如，PHP、JSP、Ruby、Perl等。特别是移动智能手机、平板电脑时代到来，浏览器厂商开始给自己的浏览器添加更强健的功能来完成Web应用，由此引发了HTML 5的革命。

网络技术的发展也促进了Web应用的普及。光纤实现了最后一千米的有线网络速度从100Mb/s逐步过渡到1000Mb/s，随着移动4G网络的普及及WiFi技术的提升，无线网络的速度也达到300～500Mb/s，网速提升改变了Web应用的实时交互障碍。同时，移动智能设备硬件已经逐步接近桌面计算机，HTML 5就是针对富互联网应用而提出的，改善B/S结构应用的用户体验，是互联网应用的趋势之一。

进阶篇

2016 年，Google 开始彻底放弃 Flash 技术，Google 的广告平台和视频服务平台 YouTube 改用 HTML 5 作为默认视频格式。美国 HTML 5 开发者利用 WebGL 和 WebSocket 技术，将一个方程式赛车场搬到了互联网上。虚拟现实、IoT 物联网、3D、在线游戏是 HTML5 开发者目前所关注的焦点。

本篇中将学习什么是 HTML 5，了解 HTML 5 的新特征。HTML 5 的最亮点之一是 WebUI 设计，HTML 5 可以制作很酷的应用界面，通过 HTML 5 的 JavaScript API 可以在浏览器里绘图、看视频、听音乐、离线缓存、访问本地文件、实现数据库技术等，让 Web 应用实现跟本地应用同样的功能。

欲穷千里目，更上一层楼

第 5 章

HTML 5 概要

5.1 HTML 标准制定时间表

1968 年，美国国防部高级研究计划署（Defence Advanced Research Projects Agency，DARPA）开始研究 Internet，当时称之为 ARPAnet。1982 年，ARPAnet 采用 TCP/IP。1983 年，美国国家科学基金会（National Science Foundation，NSF）继承 ARPAnet 的技术，发展民用的 NSFnet，并于 1990 年建成开放的 Internet 主干网。

当时的互联网主要用来发送电子邮件和文件下载，真正把互联网用来阅读的是得益于浏览器的发展。1991 年，美国国家超级计算应用中心（National Center for Supercomputing Applications，NCSA）开始开发 UNIX 浏览器，但是，直到 1994 年，Mosaic 公司发布 Netscape Navigator 这款运行于微软 Windows 95 操作系统的浏览器，才改变了互联网的应用现状，Netscape Navigator 让互联网家喻户晓。也就是一个小小的浏览器，让普通老百姓通过互联网看到文字和图片，从而改变了几千年人类的阅读习惯。1995 年，网页流量达到 21%，超过了 FTP 文件下载应用的流量（14%）。

浏览器最早使用的是简单的超文本语言，并没有形成统一规范，浏览器厂商各自为政。到 1993 年 6 月，互联网工程工作小组（IETF）成立并发布了 HTML 工作草案（非标准）。到 1995 年，万维网联盟（W3C）成立，才开始规范 HTML 标准。表 5-1 是 HTML 的制定时间表。

表 5-1　HTML 发展史

年　代	版　本	主 要 事 件
1990 以前	HTML	SGML（标准通用标记语言），文本黑白显示，浏览器为 Lynx
1993	HTML 1.0	互联网工程工作小组（IETF）成立，图片，列表，表单，浏览器有 Mosaic
1995	HTML 2.0	W3C 在 MIT 成立，作为 HTML 标准组织
1996	HTML 3.2	CSS 1，JavaScript 出现，Mosaic 的元素，属性和数学公式的支持
1997—1998	HTML 4.0	CSS 2

续表

年　代	版　本	主 要 事 件
1999	HTML 4.01	W3C 推荐标准
2000	XHTML 1.0	HTML 4.01+XML，严格的语法检查
2003	XHTML 2.0	DIV+CSS 网页布局流行，强制浏览器拒绝无效的 XHTML 2.0 页面
2004—2005	HTML 5 筹备	AJAX 技术出现，WHATWG 成立，筹备制定 HTML 5
2008	HTML 5	W3C 放弃 XHTML，采纳 HTML 5
2014	HTML 5	正式发布

5.2 HTML 5 的发展

HTML 5 开始由 Opera、Mozilla，Apple 一群思想自由的团队（WHATGW）设计，他们突破过去的网页设计禁区，通过调用更多的本地资源，提升页面表现性能，让 JavaScript 语言与 HTML 功能增强。例如，增加绘图功能，文件操作功能，无需第三方插件（Flash 和 Silverlight）播放视频，这将被大量应用于移动应用程序和游戏，达到像 Java、C/C++的应用程序的功能效果。

同时 HTML 5 放弃了严格的 XHTML 标准，遵循 HTML 4.01 的非严格语法检查，无须关闭标签，不区分大小写，属性值无需引号，向下兼容 HTML 4.01 标准。

HTML 5 是开放式 Web 标准（Open Web Standard），它支持所有被废弃的标签元素，如< font >、< frame >、< b >等。

HTML 5 规范又分成两部分，针对 Web 开发人员的标准，要求不使用被放弃的元素和不良的 HTML 编码习惯，提供 HTML 5 验证器规范这一标准。同时，又提出针对浏览器开发人员的标准，鼓励向后兼容，包容所有的标签。

HTML 5 标准制定的目的就是让 Web 开发更简单，交互性更强，通过 HTML 5+CSS 3+JavaScript 完成所有高级计算机语言能完成的功能。

HTML 5 正在成为下一代移动互联网应用的主流开发语言，各种基于 HTML 5 的移动互联网平台开发框架开始形成移动应用的生态开发环境，移动互联网厂商纷纷布局 HTML 5 发展战略，如 Facebook、Amazon、Google 三大巨头领军 HTML 5 行列。2008 年，HTML 5 草案诞生，同时，浏览器业界 IE、Chrome、Firefox、Safari 开始支持 HTML 5。到 2014 年 12 月，W3C 终于正式发布 HTML 5 标准。

5.3 HTML 5 在移动领域的应用

通过 HTML 5+CSS 3+JavaScript 的新特征，可以实现：

(1) Web App 与原生态 App 的功能相似，例如，拖放、硬盘存储、交互；外观上相似，例如，菜单。

(2) 跨硬件应用，Web App 兼容桌面、智能手机、平板电脑和其他具有浏览器的设备。

(3) Web App 直接应用客户端，无须通过 Apple App Store、Google Play 等应用商店下载。

(4) 跨平台应用，Web App 兼容于所有移动操作系统平台，如 iPhone、iPad、Android、Windows Phone、Firefox OS。

(5) 通过应用缓存和本地存储实现离线应用，响应速度与原生 App 一样。

(6) iPhone、iPad、iPod 不支持 Flash 插件，但是 HTML 5 编写的 App 完全可以通过 iOS 的 Safari WebKit 浏览器播放视频。

(7) 智能手机诞生的时候(2009)，其所带的浏览器已经支持 HTML 5。

5.4 HTML 5+CSS 3+JavaScript 规范新特性

到 2009 年已有很多现代浏览器支持 HTML 5 规范。HTML 5 包含的新特征如图 5-1 所示。

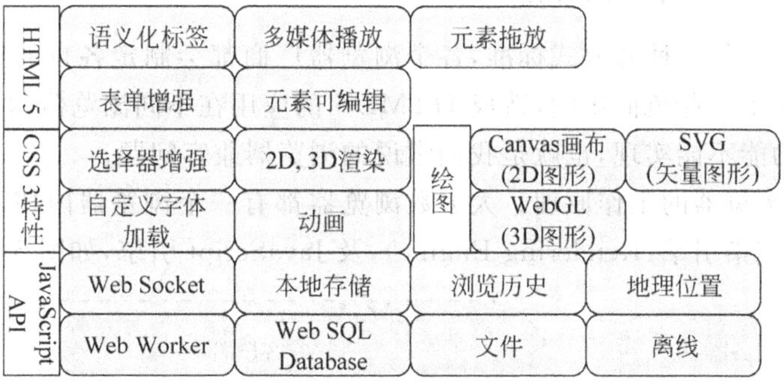

图 5-1 HTML 5 新特征

HTML 5 新标签如下。

(1) 标签语义化，如< article >、< header >、< footer >；形象化，如< meter >、< progress >。

(2) 增加表单< input >标签的 type 属性，如：type=tel、type=email。

(3) 非英文文档支持，如下面的代码用< ruby >标签来显示汉语拼音注音。

```
< ruby >< rp >< rt > ruby text </rt ></rp ></ruby >
```

(4) 淘汰跟 CSS 样式有关的标签，如< font >、< center >、< u >…。

HTML 5 新属性如下。

(1) 修改、淘汰一些标签、属性，增加 JavaScript 的接口属性。

(2) 增加更多的事件属性，如 onerror、onscroll。

(3) 适用于所有元素的属性(全局属性)，如 hidden、draggable、contenteditable。

(4) 放弃框架< frame >。

强大的 JavaScript API 功能如下：

(1) 加强对移动设备的支持，如地理位置、加速度计、陀螺仪等。

(2) 本地数据库支持。

(3) 离线应用。

(4) 多线程。

(5) WebSocket 通信协议支持。

CSS3 新功能如下。

(1) 把功能分成颜色模块、选择器模块、背景模块、边框模块。

(2) 颜色：增加透明度、亮度、饱和度。

(3) 边框：有圆角、边框图形、轮廓。

(4) 背景：文本、盒子阴影、动画、三维变换。

(5) 选择器：在原有选择器 id、class、标签基础上，增加了更多的伪类，增加属性选择器和正则表达式计算。

(6) 字体：自定义。

5.5 HTML 5 与浏览器

由于 HTML 5 是一种开放式标准，各个浏览器厂商都会制定各自的标准，这种激励创新的同时，也产生了一些负面影响，造成 HTML 5 的应用在不同浏览器运行时，得到的效果不一致，或一些功能不能实现，也就是我们常说的浏览器兼容问题。

首先来看看浏览器的工作原理。大多数浏览器都有一个浏览器内核，也就是所谓的排版引擎或者网页渲染引擎(Rendering Engine)，及 JavaScript 引擎，如图 5-2 所示。

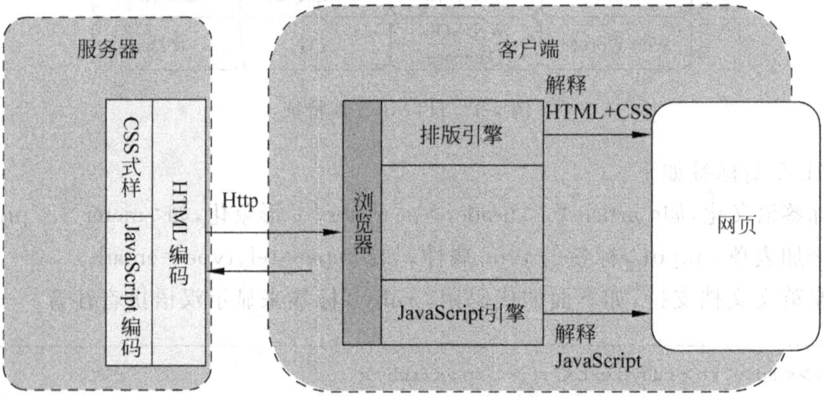

图 5-2 浏览器的工作原理

而各个浏览器都有自己独立的内核，由于内核的区别，Web 应用在不同浏览器下会产生一些差异。流行的浏览器内核如表 5-2 所示。

表 5-2 浏览器内核比较

排版引擎	JavaScript 引擎	浏 览 器
Trident	Chakra	Windows 的 IE 浏览器
Gecko	JagerMonkey	Mozilla Firefox 浏览器
KHTML	KJS	Linux KDE 图形桌面的浏览器内核，Konqueror 浏览器
WebKit	V8(Android，Chrome) Nitro(iOS Safari)	WebKit 是由 Apple 公司从 KHTML 演变而来，iOS Safari，Android Chrome 浏览器
Presto	Carakan	Opera 7.0 及以后版本的内核

WebKit是最著名的开源Web引擎，来自于Linux的Konkeror浏览器，V8是Google开发的开源JavaScript引擎，这一新引擎采用了预编译来加快JavaScript的执行速度，所以，也称之为JIT(Justing In Time)编译器。

自从2014年12月W3C联盟正式发布HTML 5标准后，各个浏览器厂商都会在2015年以后的发行版中支持HTML 5标准，所以，最新版本的浏览器(移动和桌面版)除了向下兼容HTML 4.01、XHTML、CSS 2.1外，基本支持大部分HTML 5及CSS 3标准，支持JavaScript、AJAX、DOM2技术。今天，支持HTML 5的常用浏览器有Windows Internet Explorer 9、Apple Safari 5、Google Chrome、Mozilla Firefox、Opera，及来自中国的浏览器360、QQ、搜狗、遨游等。UC浏览器一直在移动市场上加强HTML 5支持，在2013年发布了高性能的HTML5游戏引擎X-Canvas。

对于老版本浏览器问题，例如，IE 6、7、8版本的浏览器，可以安装Google Chrome Frame插件来支持HTML 5标准，或在Web代码中添加HTML 5验证及回退机制来解决。

浏览器是否支持HTML 5，及哪些功能支持，都可以通过浏览器打开下面的URL地址来检查。

http://html5test.com/

http://caniuse.com/

html5test网站用于检查浏览器对HTML 5功能支持的详细信息，如图5-3所示。

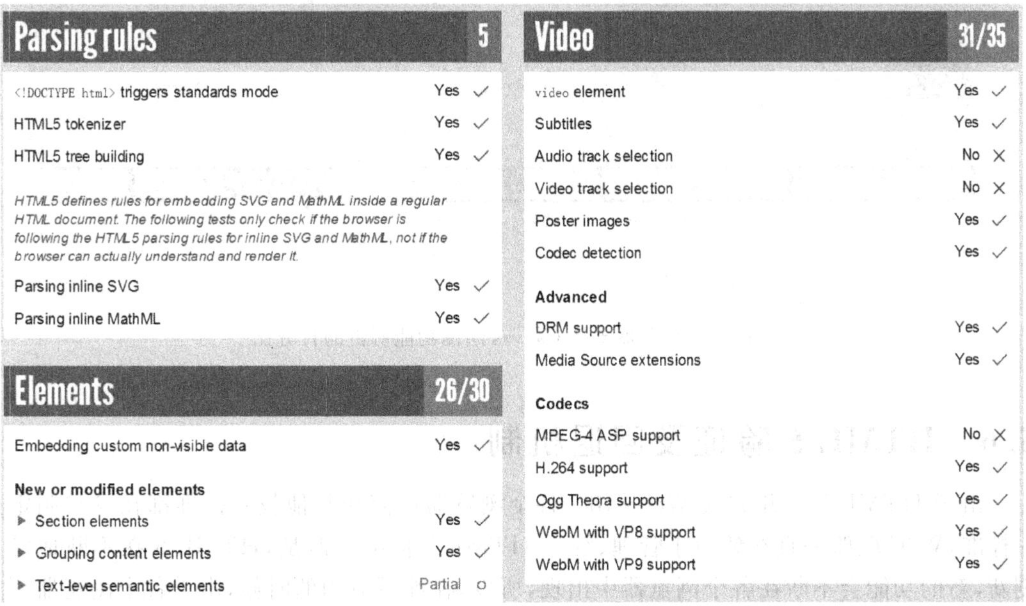

图5-3 html5test网站的检查结果

caniuse网站甚至可以检查HTML 5某一功能在全世界和中国的使用率，如图5-4和图5-5所示是< canvas >绘图功能的浏览器支持情况。

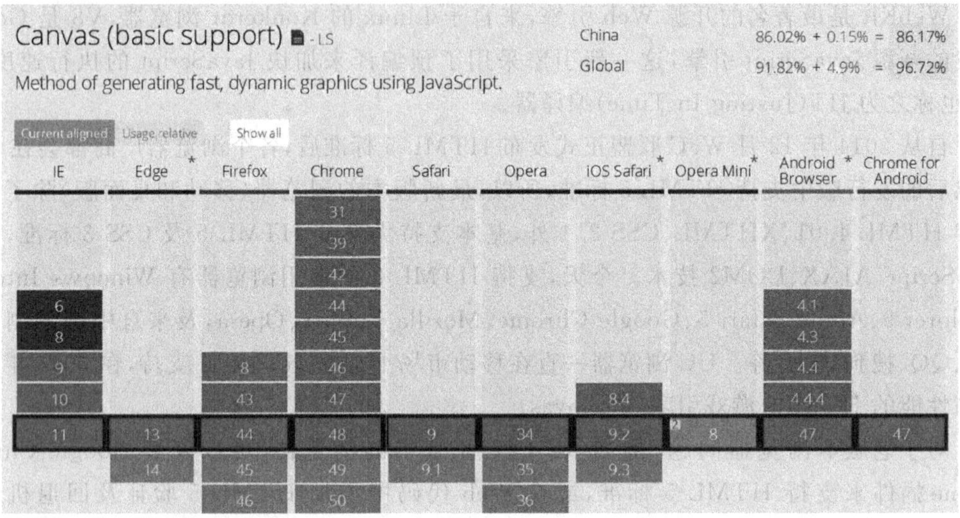

图 5-4　浏览器支持 Canvas 绘图功能的版本(IE 6/8 不支持)

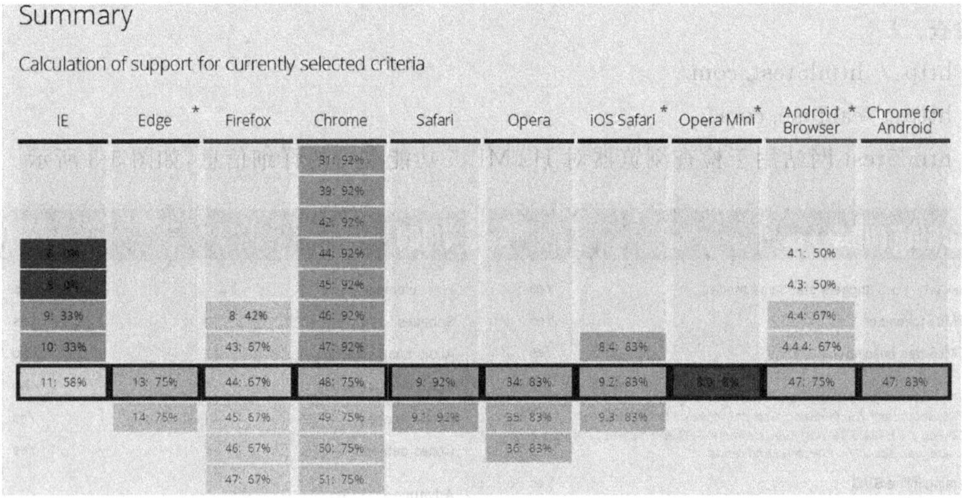

图 5-5　浏览器支持 Canvas 绘图功能所占的百分比

5.6　HTML 5 验证及回退机制

由于 HTML 5 是开放式 Web 标准，各个浏览器厂商和其他技术标准都在参与制定这一标准，W3C 联盟一直在致力于管理、统一 HTML 5 标准。但是，HTML 5 在不断地发展创新，新的功能会不断在各个浏览器中出现，所以，在编写应用的时候，由于各个浏览器厂家的标准不同，应该在代码中加入 HTML 5 功能检测，以便实施回退机制。

5.6.1　HTML 5 功能验证

HTML 5 功能检测主要通过以下方式。

(1) 对象检测。

（2）创建 HTML 5 新元素检测新元素属性。

（3）检测新元素的方法是否能返回“true”。

（4）检测新元素返回的属性是否正确。

例子 5-1：检测不同浏览器是否支持 HTML 5 功能，可以在代码中添加不同的 HTML 5 功能检测。

例子 5-1：
part2/ch5/html5 function check/chk1.html

5.6.2 HTML 5 的回退机制

IE 6/7/8 浏览器问题解决方案如下。

通过远程调用 html5shiv JavaScript 脚本来创建 HTML 5 新标签，让老版本 IE 认识新标签，并能套用 CSS 样式，但不能使用新标签的功能及属性，例如< canvas >的绘图功能。例子 5-2 中，用 IE 6/7/8 版本打开下面的文件。

（1）ie678.html，< article >标签被 CSS 识别。

（2）ie678-diy.html，用 JS 创建的< article >标签被 CSS 识别。

（3）ie678-not.html 中，< article >标签不能被 CSS 识别。

例子 5-2：
part2/ch5/ie678/

检测 HTML 5 的目的就是为无法支持的功能提供降级、回退机制。当发现浏览器不支持时：

（1）忽略错误或显示错误信息。

（2）提示用户换浏览器或升级浏览器。

（3）使用回退措施，采用其他编码方案。

（4）采用回退机制的第三方方案。

Modernizr 是比较常用的回退机制的第三方方案。

回退的基本方法是写代码判断浏览器是否支持 HTML 5 新特征，而 Modernizr 为我们提供了自动检测新特征，并帮助解决回退功能（兼容不支持 HTML 5）的浏览器。

下载 Modernizr 脚本（www.modernizr.com），在网页中嵌入 Modernizr 脚本。网页加载时会自动对 HTML 5 的新特征进行检测，并自动在< html >标签加入 class 来说明支持的特征和加功能前缀 no-表示不支持的特征，见如下代码。

```
<html class = "js flexbox canvas canvastext webgl no - touch geolocation
postmessage no - websqldatabase indexeddb hashchange history
 draganddrop no - websockets rgba hsla … ">
```

Modernizr 通过检查这个 class 值来决定是否创建一个基于 JS 的回退，如果有不支持的特征，它会自动进行简单的优雅降级，给不支持的新样式设置一个替代样式。另外，Modernizr 还可以通过创建 HTML 5 的新标签来实现 CSS 3 样式。

通过 Modernizr 在页面文件< html >中设置的 class 属性来定义不支持的回退方案。例如，圆角边框 border-radius 支持和不支持的 CSS 设置。例子 5-3 是用回退方案来模拟 CSS 3 的圆边角，代码如下。

```
header {background - color: #6454fe;
        text - align:center;}
.borderradius header {
        border: thin #233445 solid;
        Border - radus: 18px;
}
.no - borderradius header {
        border: 6px #233445;}
```

例子 5-3:
part2/ch5/mm.html

练习

1. 使用 http://html5test.com/和 http://caniuse.com/检查你的浏览器支持 HTML 5 的情况。

2. 用不同浏览器打开例子 5-1，检查它们支持 HTML 的情况。

3. 参考例子 5-3 中的代码，定义一个 header 标签（作为标题区），用 Modernizr 回退框架及 CSS 编码定义圆角样式，及浏览器不支持圆角功能的降级方案。

第 6 章

HTML 5网页布局新元素

6.1 语义化标签元素

HTML 5 的一个重要规则就是制定了语义化的标签来替代传统的 DIV＋CSS 的布局方式，也就是说，有了语义化标签，可以减少在每个 div 里面的 id 属性。因为语义化标签本身包含某一个网页块的含义，例如，< header >标签就是用来制作一个页面的标题栏或一个文章的标题栏。语义化标签使搜索引擎更容易理解网页内容的含义。

网页是结构化的文档，一个普通的网页会包括标题栏、导航栏、主信息栏、边栏、页脚栏。HTML 4 通过< table >、< div >和 CSS 结合完成网页文档的结构化布局。例如，HTML 4 的布局代码< div id＝"nav">、< div class＝"header">或< div id＝"footer">。

HTML 5 引入语义化的新元素，来完成布局（如图 6-1 所示），而不用依赖< div >和< table >。文档用语义化元素布局，元素不会因为语义而定位于浏览器的某一位置，还要通

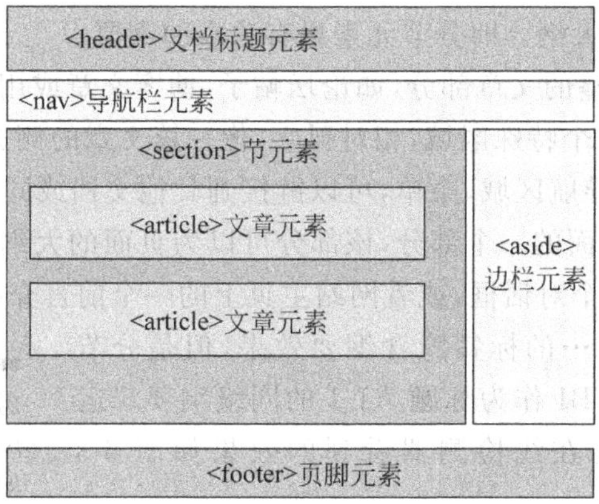

图 6-1　HTML 5 的语义化标签元素

过CSS样式定位,但是语义化元素可以生成文档大纲的层次结构,便于搜索引擎搜索。当搜索引擎搜索该网页时,知道这个标签语义理解文本内容。此外,语义化元素提高了辅助技术(WAI-ARIA)可访问性,例如,屏幕阅读机。便于SEO搜索引擎优化,简化HTML代码,提高代码可维护性和阅读。

6.2 HTML 5文档纲要

为了阅读方便,文档被分成不同的章节。HTML 4采用标题级别标签H1～H6隐含地创建相应的章节大纲。而div标签是无法形成大纲效果的,如果文档用< div >嵌套,章节会出现混乱。

目前,大多数浏览器还不能提供生成纲要的功能,但是可以在线检查纲要的编排是否合理。在线纲要生成器:

http://gsnedders.html5.org/outliner

Chrome和Opera浏览器要加入扩展插件。

例子6-1是用div和h1,h2…产生的纲要效果,h1、h2产生默认的纲要,div没有形成纲要,如图6-2所示。

例子 6-1:
part2/ch6/section/div-h1h2.html

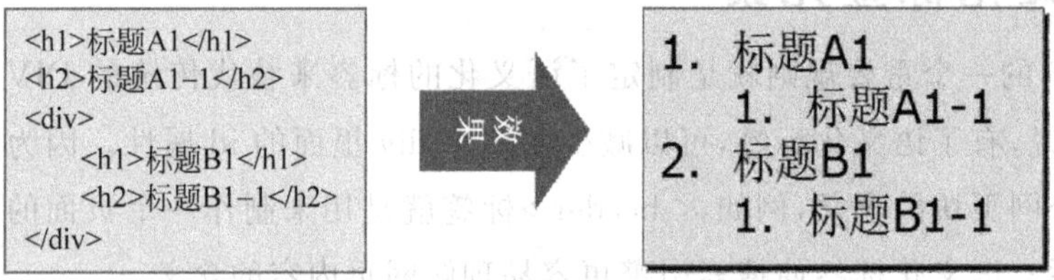
<h1>标题A1</h1>
<h2>标题A1-1</h2>
<div>
<h1>标题B1</h1>
<h2>标题B1-1</h2>
</div>
效果
1. 标题A1
1. 标题A1-1
2. 标题B1
1. 标题B1-1

图6-2 用div嵌套产生的纲要

6.3 分节(分块)元素

在这些语义化新元素中,有4个具有分节的性质,它们是< article >、< aside >、< nav >和< section >。也就是说,把文档分成不同的小节(块),根据节在文档中的位置来使用这些语义化的元素,并产生嵌套大纲。即分节元素里有独立的纲要。

(1) article:一个完整的文章部分,如论坛帖子、博客文章或用户的评论。

(2) aside:网页的一个特殊区域,相对孤立,像一篇文章的侧边栏引言。

(3) nav:文档中的导航区域,菜单,可以链接到其他文档或同一文档其他部分。

(4) section:定义页面的一个部分,该部分可以为页面的大纲创建一个新节。例如,书中的一个章节,页面的一个对话框,或者网站主页上的一个前言介绍。

例子6-2包含h1,h2…的标签隐含纲要效果,但是分节元素< section >能把标题B1作为标题A1-1的同级纲要。运行例子6-2,再通过纲要在线检测器看到的效果如图6-3所示。

例子 6-2:
part2/ch6/section/ section-h1h2.html

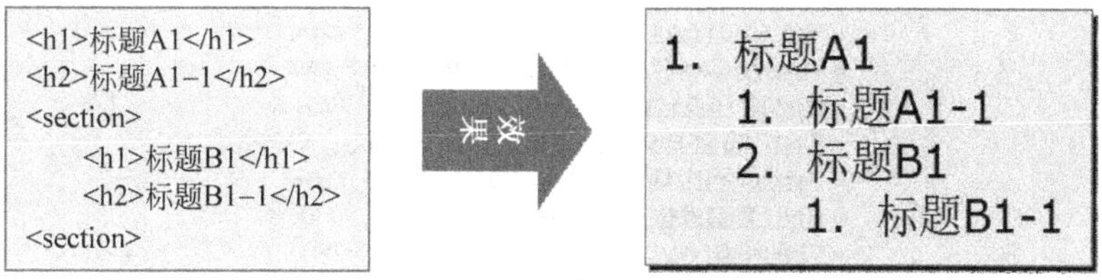
<h1>标题A1</h1>
<h2>标题A1-1</h2>
<section>
<h1>标题B1</h1>
<h2>标题B1-1</h2>
<section>
效果
1. 标题A1
1. 标题A1-1
2. 标题B1
1. 标题B1-1

图 6-3　用 section 产生的纲要效果

6.4　section 元素

网页的文档是一个具有主题分类的内容，通常拥有至少一个标题，通过 section 生成文档大纲中的节，也就是说把文档分成有层次的节。相当于 HTML 4 中的< div >< span >块元素。但是 div 和 span 没有节的属性。

文档进行块分类时，也可以用< section >标签把相对独立的部分分离出来。section 标签比作为段落的< p >标签富有更多的属性。例子 6-3 是用分节元素做出的文章结构。

例子 6-3:
part3/ch6/section/sect.html

6.5　article 元素

一个可以完整的、独立存在的文档，可以用 article 标识，这样有利于搜索引擎和无障碍阅读设备识别网页的主要内容，进行索引和朗读。例子 6-4 是用 article 元素制作出的文章。

例子 6-4:
part3/ch6/section/article.html

6.6　aside 元素

与主要内容关系不大的东西可以放到< aside >标签里，作为附属说明的内容。例子 6-5 是用 aside 元素制作出的作者相册。

例子 6-5:
part2/ch6/section/aside.html

6.7　nav 元素

nav 用来作网页的菜单导航。其实，在一个网页中导航的意义很广泛，例如，一篇文章的末尾会有相关文章(如图 6-4 所示)，一个新闻的末尾也会有相关新闻链接，这些都可以用导航< nav >标识。

例子 6-6 是用 nav 元素制作出的导航菜单。

例子 6-6:
part2/ch6/section/nav.html

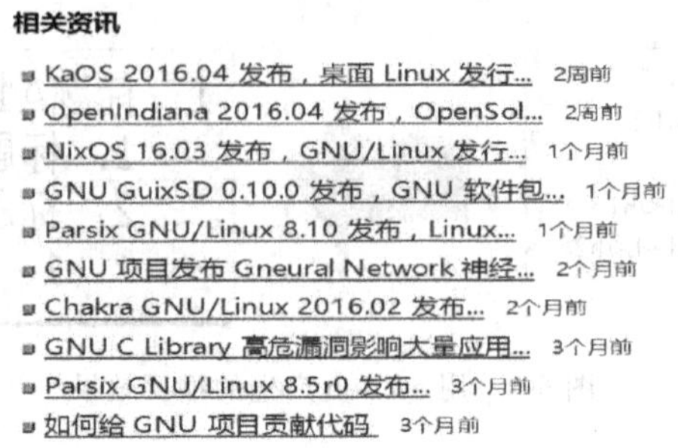
相关资讯
KaOS 2016.04 发布，桌面 Linux 发行... 2周前
OpenIndiana 2016.04 发布，OpenSol... 2周前
NixOS 16.03 发布，GNU/Linux 发行... 1个月前
GNU GuixSD 0.10.0 发布，GNU 软件包... 1个月前
Parsix GNU/Linux 8.10 发布，Linux... 1个月前
GNU 项目发布 Gneural Network 神经... 2个月前
Chakra GNU/Linux 2016.02 发布... 2个月前
GNU C Library 高危漏洞影响大量应用... 3个月前
Parsix GNU/Linux 8.5r0 发布... 3个月前
如何给 GNU 项目贡献代码 3个月前

图 6-4　一篇“AryaLinux 2016.04 发布”文章后的相关资讯链接

6.8　<details>和<summary>元素

<details>和<summary>需结合使用，单击<summary>标签可以展现<details>的内容，相当于折叠框的效果。下面是部分代码，具体见例子 6-7。

```
<details>
<summary>邮件地址</summary>
<p>中国广西南宁市…</p>
</details>
```

例子 6-7：
part2/ch6/section/detail-summ.html

如果浏览器不支持该元素，还可以用 JavaScript 实现同样的效果，见例子 6-8。

```
var details = document.getElementById("details"); details.
onclick = details.style.display = "none";          //隐藏
 details.style.display = "block";                  //显示
```

例子 6-8：
part2/ch6/section/detail-summ-js.html

6.9　<figure>和<figcaption>元素

在文章中常常引用图片，而 img 标签需要定义属性 title 或 alt 来说明图片的内容，HTML 5 中的<figure>和<figcaption>结合 img 使用，可以让图片更具有可识别性。如例子 6-9 的代码。

```
<figure>
<img src = "images/qq_logo.png"
alt = "QQ"height = "100" width = "100">
<figcaption>
<p>作者头像</p>
</figcaption>
<figure>
```

例子 6-9：
part2/ch6/section/fig-capt.html

6.10　< address >与< footer >元素

< address >地址标签，顾名思义，表示联系地址，一般放在< footer >页脚标签里面。代码如下。

```
<footer><address>南宁学院龙亭路 8 号</address></footer>
```

6.11　< meter >元素

< meter >用来标记一个测量范围。所以测量对象必须有最小值 min 和最大值 max。如果浏览器不支持< meter >，将不显示棒形条，仅显示< meter >标签之间的文字。测量值的状态可以通过棒形条的颜色绿、黄、红来表示，颜色变化是通过测量值 value 与 optimum 最佳值的 low 和 high 值的对比来决定的，规则如下：

(1) 当定义 low≤optimum≤high 时：

① 绿色：low≤value≤high

② 黄色：value < low，value > high

(2) 当定义 optimum < low 时：

① 绿色：value < low

② 黄色：value≥low

③ 红色：value≥high

(3) 当定义 optimum > high 时：

① 绿色：value > high

② 黄色：low≤value≤high

③ 红色：low < value

例子 6-10 的代码如下：

```
CPU 温度<meter low = "80" hight = "88" max = "90" optimum =
"70" title = "degrees" value = "75" >正常</meter>
```

例子 6-10:
part2/ch6/section/meter.html

meter 元素属性见表 6-1，meter 的外观可以通过自定义 CSS 来改变。

表 6-1　meter 元素属性

属　性	说　明	属　性	说　明
min	测量最小值范围，默认 0	optimum	最佳值，如果 optimum > high，实际值越大越好，optimum < low，实际值越小越好，该值必须在 min 与 max 之间
max	测量最大值范围，默认 1		
high	最高边界值	value	当前值
low	最低边界值	titles	单位

6.12 <progress>元素

<progress>表示任务进度，它用来表示动态的进度条，例如，文件下载、观看视频的进度等。progress 具有的属性见表 6-2。

<progress>元素的默认外观样式决定于浏览器，我们可以通过 CSS 来自定义<progress>的样式，JavaScript 可以抓取并修改这些标签的语义化数据。如下是例子 6-11 的代码。

```
文件下载中<progress max = "1000" value = "120" title = "mb">12 %</progress>…
```

表 6-2　progress 元素属性

属　性	说　明
max	完成任务需要的值
title	单位
position	只读属性，当前的进度位置＝value/max
value	当前值，可以是整数或浮点型
label	只读属性，返回 label 集

例子 6-11：
part2/ch6/section/progress.html.

<progress>与<meter>元素的区别在于，<meter>的最小值和最大值必须是确定的，而<progress>的 max 可以不定义。另外一个区别是，<meter>元素的最小值可以是一个浮点数，包括负数，例如表示温度的值。此外，meter 和 progress 都是内联元素(inline)，它用图形来代替文字，标签间的文字是不会显示出来的。

6.13 <time>元素

<time>表示日期或时间，其属性见表 6-3。

表 6-3　time 元素属性

属　性	说　明
datetime	格式化编辑的日期时间，可以被搜索引擎和 JavaScript 抓取
pubdate	bool 类型，标记上一级文档，例如，<article>元素为整体的发布出版时间。加上这个属性就把时间作为发布时间
label	只读属性，返回 label 集

<time>无法标记公元前时间，datetime 日期、时间格式如下。

(1) 日期：YYYY-MM-DD。

(2) 时间：HH:MM:SS＋时区(时:分:秒＋时区)。

(3) UTC：HH:MM:SSZ(时:分:秒时区)。

(4) 日期时间：YYYY-MM-DDTHH:MM:SS。

演示见例子 6-12。

例子 6-12：
part2/ch6/section/ timedate.html.

6.14 非英语的国际化元素

通过< bdo >、< rp >、< rb >、< rt >、< ruby >这些标签，可以给非英语的语言标注。例子 6-12 显示了中文的汉语拼音。

```
<p>Hello,
<ruby>
<rb>信息工程学院</rb>
<rp>(</rp>
<rt>xīn xī gōng chéng xúe yūan </rt>
<rp>) </rp>
</ruby>
</p>
```

例子 6-13 中，把文本倒写的代码如下。

```
<p>
用 bi - directional override (bdo),从右向左输出(rtl);
</p>
<bdo dir = "rtl">
Here is some Hebrew text
</bdo>
```

例子 6-13:
part2/ch6/section/ruby.html

6.15 其他语义化元素

< hgroup >标签已经被 HTML 5 放弃，还有一些语义化标签，如< mark >用于加亮文本，< em >用于定义被强调的文本，< strong >用于定义重要的文本，< small >用于附属细则，< cite >用于定义引用内容(作品标题)，相当于文档中有书名号或加引号的内容，< wbr >用于软换行，及第 7 章将提到的通过 microformats(微格式)来自定义语义化标签。

6.16 语义化标签小结

语义化分成两部分：布局语义，文档内容语义。

这是一个语义化布局首页：part2/ch6/newsemantic/home.html。

没有定义 CSS 样式的一个博客页面：part2/ch3/newsemantic/template.html。

加入 CSS 样式的博客页面：part2/ch3/newsemantic/templated.html。

回退，降级问题：为了不兼容 HTML 5 的浏览器，可以加入 Modernizr，针对 IE 6/7/8，还可以加入以下代码。

```
<! -- [ if lt IE 9 ]>
<script type = "text/javascript">
```

```
        document.createElement("nav");
    document.createElement("header");
    document.createElement("footer");
    document.createElement("section");
    document.createElement("aside");
    document.createElement("article");
    </script>
    <![endif]-->
```

练习

1. 例子 6-1 中的 div-h1h2. html，有两个包含 h1，h2…的< div >标签，修改代码，让< div >嵌套与不嵌套，查看分节标签的效果。

2. 在例子 6-6 代码基础上修改布局，通过设置 CSS，将 article 标签内容布局在页面中间，aside 和 nav 分别布局在左右。

3. 修改例子 6-7 中 detail-summ-js. html 的代码，要求有三角图标，来模仿< details >和< summary >标签的效果。

4. 例子 6-10 中，调整 CPU 参数值，当 CPU 温度低于 70℃正常，显示绿色，CPU 温度高于 70℃显示黄色，温度高于 80℃显示红色。

第 7 章

微格式与微数据的语义化布局

7.1 格式化数据

网页的数据包括文字、图片、视频、音频信息等非结构化数据，由于机器无法识别这些数据的内容信息，造成搜索引擎的搜索结果不够准确。虽然人工智能在不断地发展，对自然语言甚至图片识别的理解有所进步，但是，最快捷的方法就是在数据的源头进行数据的结构化，网页信息通过微数据、微格式、自定义数据格式的 HTML 规范来给现有的 Web 内容添加语义，这就是称为"语义网"(Semantic Web)的下一代互联网。这样可以让搜索引擎精准识别内容信息，并利用这些信息提供更好的浏览体验。网页数据格式化也是 SEO 的目标之一。

7.2 微数据

由于机器很难识别网页里面内容的意义，例如，哪些是人名，哪些是地名，为此，可以通过微标记来给特定内容加标识，让机器识别，及让搜索引擎抓取有意义的内容。

微数据的标准首先是由 Google、Bing、Yahoo 三家搜索引擎巨头发起，谷歌关于微数据的定义是"HTML 5 微数据规范是一种标记内容以描述特定类型的信息，例如评论、人物信息或事件。每种信息都描述特定类型的项，例如人物、事件或评论。例如，事件可以包含场地、时间、名称和分类属性"。

7.2.1 微数据标记

微数据是通过 HTML 标签添加属性来标识的，并没有专用的标签。大多数 HTML 标签都可以标记微数据属性。例子 7-1 中使用微数据属性标识的代码如下。

例子 7-1:
part2/ch7/microdata.html

```
<section itemscope itemtype = "http://data-vocabulary.org/Person">
<span itemprop = "name">周化钢</span>
<span itemprop = "title">高级工程师</span>
<span itemprop = "affiliation">南宁学院</span>
</section>
```

微数据定义方法如下。

(1) 首先在父标签标记数据项 itemscope,是一个布尔值,表示下面的标签开始定义微数据。

(2) itemtype 定义一个远程的 URL 字典库,例如描述评论的词汇,描述事件的词汇,用来定义数据类型。

(3) 然后数据项的子标签说明数据属性 itemprop,它的值就是在 Person 数据字典里面定义好的,不能修改。

(4) itemid 属性,用于给数据项指定唯一序号,以便被其他数据项引用。

(5) itemref 属性,通过使用 html 标记或 itemid 来引用另一个微数据,如下面代码所示。

```
<div itemscope itemref = "location"></div>
```

7.2.2 微数据词汇表

目前,微数据有三个词汇表: schema.org 词汇表,Google 富摘要词汇表(www.data-vocabulary.org)和 WHATWG/microformats.org 词汇表。通过 itemtype 的值指向词汇表的 URL 地址,词汇表提供了互联网上常用的词汇。以下是 Google 常用的词汇表。

(1) Breadcrumbs——定义整个网站的面包屑结构。

(2) Businesses and Organizations——定义公司结构和相关联系信息。

(3) Events——事件时间。

(4) Product Information——定义产品分类数据。

(5) People——关于人及其联系信息。

(6) Recipes——定义烹调菜谱,营养成分,食材制作方法。

(7) Reviews and ratings——描述评价和评分的通用格式。

下面是关于出版书的部分词汇集。

itemprop=name 书名

itemprop=image 封面

itemprop=isbn 国际通用标准书号

itemprop=author 作者

itemprop=publisher 出版社

itemprop=datePublished 出版日期

itemprop=bookEdition 版次

itemprop=bookFormat 装帧

itemprop=numberOfPages 页数

itemprop＝inLanguage 使用文字

7.2.3　微数据取值

以上例子的微数据定义，它的值都是标签里的文本，例如，name＝"周化钢"。根据不同的标签元素，微数据取值是不同的，例如，<a>里面定义了 itemprop＝"url"，它的值 url 应该是 href 的值，即 www.nnxy.cn，如以下代码所示。

```
<a href = "http://www.nnxy.cn/" itemprop = "url">南宁学院</a>
```

更多的微数据取值见表 7-1。

表 7-1　微数据取值

标签元素	微数据值
<meta>	content 属性
<audio>、<embed>、<iframe>、<img>、<source>、<video>	src 属性
<a>、<area>、<link>	href 属性
<object>	data 属性
<time>	datetime 属性
其他标签元素	文本内容

7.2.4　访问微数据

HTML 5 定义了一些 DOM API，用来从 Web 页面中提取微数据的属性值，也就是通过 JavaScript DOM API 访问微数据，见表 7-2。但是，目前支持这些接口的浏览器还不多。

表 7-2　访问微数据的 JavaScript DOM API

属性、方法	说　明
document.getItems([types])	返回包含 microdata[types]的元素数组
element.properties	返回 HTMLPropertiesCollection 对象的所有元素属性
element.itemValue [= value]	返回一个元素的值

通过微数据的值对集合接口 HTMLPropertiesCollection 的实例 collection 对象访问 itemprop 的属性、方法，见表 7-3。

表 7-3　通过 collection 对象访问微数据

属性、方法	说　明
length	集合中元素对象和
item(index)	通过 index 索引 index 访问元素
nameditem(name)	使用 itemprop 中的 name 属性来访问对象
nameditem(name).getValues()	访问 itemprop 中指定的 name 中的属性值
names	返回所有 itemprop 的属性名的数组
names.item(index)	使用 itemprop 属性值的对象值

7.2.5 微数据的应用

微数据用于互联网搜索引擎抓取精确数据，例如，通过微软 Bing 可以搜索到带有微数据格式的网页效果。下面是大众点评网站使用面包屑(breadcrumb)微数据格式代码。

```
<div class = "breadcrumb">
<a href = "http://www.dianping.com/shanghai/food" itemprop = "url">
上海餐厅</a>&gt;
<a href = "http://www.dianping.com/search/category/1/10/r5" itemprop = "url">
浦东新区</a>&gt;
<a href = "http://www.dianping.com/search/category/1/10/r802" itemprop = "url">
八佰伴</a>&gt;
<a href = "http://www.dianping.com/search/category/1/10/g113r802" itemprop = "url">
日本菜</a>&gt;
<a href = "http://www.dianping.com/search/category/1/10/g225r802" itemprop = "url">
日式烧烤/铁板烧</a>&gt;
<span>和彩精致海鲜铁板烧(商城路店)</span>
</div>
```

如图 7-1 所示的大众点评是通过 Bing 搜索的结果，其中通过微数据加入了面包屑格式的效果：

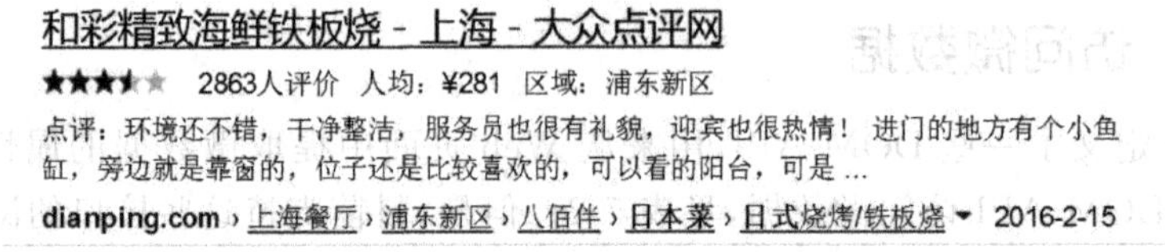

图 7-1 大众点评微软搜索结果

微数据还可以在不同应用之间进行数据交换，例如，可以将微数据的联系人转换成 JSON 数据格式，将从 Web 应用获取的联系人发给原生应用软件。Opera 浏览器工程师开发的检测工具 Live Microdata (https://foolip.org/microdatajs/live/)，可以把微数据格式转换成 JSON 格式。例子 7-2 是通过 event.js 将 Hevent 转换成 Vcalendar。

> **例子 7-2:**
> *part2/ch7/vevent.html*

下面是谷歌的微数据工具，为开发微数据提供帮助。

(1) https://www.google.com/webmasters/markup-helper/?hl=en，在线帮助，给一个网页提供添加微数据的建议。

(2) http://www.google.com/webmasters/tools/richsnippets，在线检测网页的微数据。

(3) https://developers.google.com/search/docs/guides/search-gallery#reviews，微数据的一些样例。

7.3 微格式

为了在不同应用程序中分享数据，微格式是给软件定义统一的数据格式规范，例如，通讯录，可以制作成 Vcard，Hcard(Web)的数据格式，这样就可以在微信、QQ、电子邮件、Android、iOS 手机之间分享。和微数据有点儿类似，微格式的一些例子如 hcalendar(日历)，hreview(评论)。

7.3.1 标记微格式数据

微格式是通过 HTML 的 class 属性来标识数据的，而且是一个数据集，例如，hcard 表示通讯录或名片，用 HTML 标识的电子名片称为 hCard，通用的电子名片为 vCard，文件扩展名为.vcf。在 HTML 中定义微格式，也有一个标准的字典，例如，描述名片的词汇有：

(1) fn：名字。

(2) org：单位。

(3) title：头衔。

(4) adr：地址。

例子 7-3 中用微格式描述数据代码如下。

```
<strong class = "fn">周化钢</strong>
<span class = "org">XX 学院</span>
<span class = "title">软件高级工程师</span>
<span class = "adr">…</span>
```

例子 7-3：
part2/ch7/microformat.html

7.3.2 微格式工具

可以通过微格式官方网站的工具(http://microformats.org/code/hcard/creator)创建 hCard 微格式的 HTML 代码。

目前许多浏览器(包括手机移动浏览器)都支持微格式，例如浏览器 Firefox 和 chrome。浏览器一旦检测到有微格式的页面如 hCard 的信息，通过单击就可以自动保存到手机或电脑的通讯录，或导出为 vcf 格式文件与其他移动设备进行名片交换。通过安装微格式的浏览器插件也可以帮助开发者检查网页的微格式，例如，Chrome 的插件 Microformats。

http://h2vx.com 是在线微格式转换工具，将网页的微格式标记转换成 vcf 格式文件并下载，作为数据交换的通用文件。

7.3.3 微数据与微格式比较

微数据是通过一组自有的(词汇表)属性来语义化数据，数据可以转换成 JSON 格式，用来进行数据交换和可视化数据的参数定义。微格式是一组约定好的数据结构，在 HTML 网页中，用 class 来描述数据，可以通过把 hCard、hEvent 网页定义的微格式转换成通用的 vCard、vEvent，来进行数据分享和交换。

微数据和微格式可以简单地互换，把定义微数据的数据类型 itemtype 改成 = http://microformats.org/profile/hcard，将 class 改成 itemprop 即可。下面是微格式的代码。

```
<section class = "vcard">
<img class = "photo" src = "images/qq.png" />
<strong class = "fn">周化钢</strong>
<span class = "org">南宁学院</span>
<span class = "title">软件高级工程师</span>
</section>
```

将上面的微格式代码转换成微数据代码，如下。

```
<section id = "vcard" itemscope itemtype = "http://microformats.org/profile/hcard">
<img itemprop = "photo" src = "images/qq.png" />
<strong itemprop = "fn">周化钢</strong>
<span itemprop = "org">南宁学院</span>
<span itemprop = "title">软件高级工程师</span>
</section>
```

7.4 data-* 自定义数据

在 HTML 5 中增加了 data-* 的方式来自定义属性，就是 data-前缀加上自定义的属性名，相当于在一个 HTML 的标签元素内进行数据存放。使用 data-* 相当于编程语言的变量定义，让 JavaScript 更好地访问自定义的数据。例子 7-4 是用自定义数据属性描述数据的代码。

例子 7-4:
part2/ch7/customdata.html

```
<div id = "profile" data - age = "34" data - gender = "男" data - my - name = "周化钢"
data - title = "高级工程师">
我的简单信息</div>
```

7.4.1 用 dataset 对象访问自定义数据

dataset 是 HTML 5 引入的一个新对象，用“.”来获取属性，需要去掉 data-前缀，前缀后面的属性名如果有连字符需要转化为驼峰命名。下面的代码分别是 JavaScript 和 jQuery 简单访问 data-* 属性的代码。

```
//JS 代码
var profile = document.getElementById('profile');
alert("姓名:" + profile.dataset.myName + "年龄:" + profile.dataset.age);
//jQuery 代码
$('#profile').data('age');     //读年龄
```

下面的代码是通过 dataset 给自定义数据赋值，及添加一个新的自定义属性 data-org。

```
//js 代码
var profile = document.getElementById('profile');
profile.dataset.age = "46";
profile.dataset.org = "南宁学院";                    //添加新属性 org
//jquery 代码
$ ('#profile').data('age', "46");                    //修改年龄
```

7.4.2　用 getAttribute()和 setAttribute()访问自定义数据

getAttribute()和 setAttribute()可以访问 HTML 元素的所有属性，包括自定义属性，因为是访问元素的属性，自定义属性当然包括 data-的前缀名。例子 7-5 的代码如下。

```
//JS 代码
var profile = document.getElementById('profile');
profile.setAttribute("data-age","46");
alert("姓名:" + profile. getAttribute("data - my - name")
 + "年龄:" + profile.
```

例子 7-5:
part2/ch7/customdata-atr.html

7.4.3　dataset 和 getAttribute()的区别

dataset 是一个 DOMStringMap 类型的键值对集合，getAttribute/setAttribute 可以访问所有的 dataset 内容，dataset 只能访问 data-* 的内容，所以只是 attribute 的一个子集。如果用 setAttribute()创建一个属性不是 HTML 默认的属性，它会在新属性名上自动加 data-。下面的代码会在 id=profile 的 HTML 元素中添加属性 data-org="XX 学院"。

```
//JS 代码
var profile = document.getElementById('profile');
profile.setAttribute("org","XX 学院");
```

并不是所有浏览器都支持 dataset，所以用 getAttribute/setAttribute 的兼容性会更好。

7.4.4　data-* 自定义属性与 CSS

通过 querySelectorAll 函数，可以根据自定义的 data-属性来选择元素，如以下代码所示。

```
// 选定所有包含 data-age 属性的元素
document .querySelectorAll ( '[data-age]' ) ;
// 选定所有包含 data-age 属性值为 34 的元素
document .querySelectorAll ( '[data-age="34"]' ) ;
```

通过自定义属性定义 CSS，代码如下。

```
<style type = "text/css">
        [data - age] {background - color: red;} </style>
```

7.4.5 data-* 自定义属性的应用范围

data-* 主要用来做私有的数据存储，并存储在 HTML 网页文件中，但是，搜索引擎是不关心这些自定义数据的。这些私有数据包括一些元素的初始化值、游戏的参数值、视频播放中断的进度值等。

由于自定义属性是由内部 JavaScript 控制，外部应用是无法访问这些属性值的，也就是说这些数据与语义化无关。语义化网页还是靠语义化标签、微数据和微格式来实现。

练习

1. 编写一个关于你个人描述的网页，并加入微数据标识。

2. 修改例子 7-1 的代码，先定义一个学校的通信地址，用 itemid 标识，在个人介绍中，再通过 itemref 引用这个地址。

3. 将例子 7-1 的微数据代码复制到 Live Microdata 中，查看转换成 JSON 的效果。

4. 将例子 7-3 的微格式代码用谷歌的浏览器 Chrome 打开，单击工具栏 Microformats 图标，查看微格式的抓取效果。(先安装 Microformats 插件。)

第 8 章

深入了解CSS 3

8.1　CSS 3 介绍

虽然 W3C 仍然在制定 CSS 3 规范，但 HTML 5 和 CSS 3 是独立的两个标准，尽管现代浏览器已经实现了相当多的 CSS 3 属性，CSS 3 也存在浏览器兼容问题。如果 CSS 3 不被浏览器支持，不会报错，只是影响网页外观。

CSS3 技术被划分为以下几个最重要的模块。

（1）选择器；

（2）框模型；

（3）背景和边框；

（4）文本效果；

（5）2D/3D 转换；

（6）动画；

（7）多列布局；

（8）用户界面。

8.2　新 CSS 3 的属性命名

由于目前的 CSS 3 规范还没有统一，所以在 CSS 3 的属性命名上，建议在一些新属性或 CSS 3 函数名前加浏览器标识前缀。

（1）-moz：Firefox 和 Mozilla。

（2）-ms：IE。

（3）-wap：WAP 和 Opera。

（4）-o：Opera。

（5）-webkit：Chrome 和 Safari。

8.3 CSS 3 的指令@及函数 url()

CSS 3 定义属性更灵活。在 HTML 网页中任何与样式有关的定义，都可以通过@指令，转换成在 CSS 文件中的定义。例如，HTML 页面中，可以用 link 标签引入 CSS 文件，而在 CSS 文件中，可以用@import url(CSS 外部文件)来实现同样的功能。

例如，在 HTML 的 head 标签下定义引入 css/screen. css 文件的代码如下。

```
<link rel = "stylesheet" media = "screen" href = "css/screen.css"
```

同样，可以在 CSS 文件中引入 css/screen. css 文件，代码如下。

```
@import url("css/screen.css") screen;
```

指令@也可以将 HTML 的标签属性改成在 CSS 文件中定义。

例如，在 HTML 文件中定义的媒体查询属性：

```
<link rel = "stylesheet" media = "screen and (max - width:480px)" href = "small480.css" />
```

通过@指令符号，可以在 CSS 文件中实现同样的定义，只是 small480. css 文件中定义的内容变成{选择器{属性:属性值;}。代码如下。

```
@media screen and (max - width: 480px) {选择器 {属性:属性值;}
```

在上述例子中，我们看到 url("/css/screen. css")这种以函数形式的值出现，CSS 3 引入了更多的函数形式来定义 CSS 的属性值，如下代码是通过函数让一个 div 块元素旋转 30°变换。

```
div {transform:rotate(30deg);}
```

8.4 CSS 3 的盒子特效

盒子是指那些符合盒子模型的 HTML 标签元素。盒子会有一些特效性质，就像前面提到的 CSS 3 的模块划分、背景和边框、文本效果、2D/3D 转换、动画等，这些特效涉及透明度、圆角、旋转、阴影等。盒子的特效早期是通过 JavaScript 编程实现的，例如，通过 jQuery 库实现的特效，现在可以不用编程，通过加入 CSS 3 属性直接定义特效。CSS 3 加入了函数表达功能，也给 CSS 增加了丰富多彩的特效。

例如，早期 CSS 定义页面背景颜色代码如下。

```
body{background: #22E355;}
```

CSS 3 通过颜色函数 rgb(),就可以用十进制数定义颜色,代码如下。

```
body{background:rgb(211,11,123);}
```

盒子的特效属性命名是由单词和"-"连字符组成,JavaScript 可以访问这些属性,但是需要将 CSS 的属性名改成驼峰命名。例如,CSS 定义文本阴影的代码如下。

```
h1 {text - shadow: 2px 3px 4px red;}
```

JavaScript 实现同样效果的语法(object 是指元素对象)的代码如下。

```
object.style.textShadow = "2px 3px 4px red";
```

8.4.1 透明度

透明度就是对 HTML 元素的可见程度,CSS 3 引入 opacity 属性来定义透明度。这是一个全局 CSS 属性,直接对元素定义透明度。opacity 的值是 0～1,1 表示不透明。示例代码如下。

```
.tBox3{background:rgb(110,143,11); opacity:0.5;}
```

把透明度作为参数,放在函数中使用。例如,函数 rgba()可以给颜色定义透明度,函数内含 4 个参数:红,绿,蓝和 alpha=0～1,0 为透明,1 为不透明。

```
.tBox1{background:rgba(110,143,11,0.5);}
```

例子 8-1:
part2/ch8/opacity.html

例子 8-1 是透明度演示代码。

8.4.2 圆角

早期的 HTML 盒子都是直角型,CSS 3 可以把盒子的 4 个角圆化,分别用 4 个值表示圆弧的半径,值越大,弧度越大,单位可以是 px、em 和百分比。

border-radius 属性定义 4 个角的弧度,4 个值表示 4 个角,代码如下。

```
.rbox1{border - radius:30px 30px 30px 30px;}
```

注意,如果取值数目小于 4,代表不同的角。

(1) 4 个值表示:左上,右上,右下,左下角次序。

(2) 3 个值表示:第一个值表示左上,第二个值表示右上和左下,第三个值表示右下。

(3) 2 个值表示:第一个值表示左上和右下,第二个值表示右上和左下。

(4) 1 个值表示:4 个角取值一样。

可以单独分别定义每个角的弧度：border-top-left-radius、border-bottom-right-radius、border-top-right-radius 和 border-bottom-left-radius。角度由两个值来决定：水平和垂直弧度。如果只定义一个值，默认水平弧度和垂直弧度值相等。水平弧度百分比是相对于盒子的宽度，垂直弧度百分比是相对于盒子的高度。代码如下。

```
.rbox2{border-top-left-radius:30px 15px;}
```

例子 8-2:
part2/ch8/radius/radius.html

打开例子 8-2 查看圆角的效果。

8.4.3 阴影

CSS 3 定义了两种阴影效果：盒子(box-shadow)和文字(text-shadow)。box-shadow 阴影属性带 5 个参数，有些参数可以忽略，代码如下。

```
.bshadow1{Box-shadow:6px 6px 2px gray;}
```

参数属性见表 8-1。

表 8-1 阴影的属性值

参　数	说　明
水平偏移 垂直偏移	水平、垂直的偏移量，正值表示向右下偏移，否则向左下偏移
模糊值	阴影的模糊程度
扩展值	阴影的范围
颜色	阴影的颜色，可以用 rgba()定义颜色，带透明度

盒子阴影调整方法如下。

(1) 伸展范围(spread)调整，单位 px，在模糊度和颜色之间。

(2) 元素内部上部创建阴影，在颜色参数后加单词 inset。

```
.bshadow2{box-shadow:6px 6px 2px 10px lime inset;}
```

(3) 元素内部创建阴影，水平、垂直设 0px，加 inset 参数。

```
.bshadow3{box-shadow:0px 0px 2px 20px pink inset;}
```

文字 text-shadow 阴影属性带 4 个参数，颜色排列次序可以在最前或最后，水平偏移、垂直偏移、模糊度必须在一起。代码如下。

```
.tshadow{font-size:35px;font-weight:bold;text-shadow:red 6px 2px 10px;}
```

还可以多阴影叠加，代码如下。

```
h1 { color: red; text - shadow: 1px 2px 2px gray, 0 0 20px
blue, 0 0 6px darkblue;}
```

关于阴影演示见例子 8-3。

例子 8-3:
part2/ch8/shadow/shadow.html

8.4.4 背景图

早期的背景图是在 HTML 页面中加入 img 标签生成的,CSS 3 可以直接通过 url()函数调用图片文件作为元素的背景,或者制作按钮。下面的代码是给 bbox 类选择器定义背景图。

```
.bbox{background - image:url('images/qq_logo.png');background - size:30px 30px;
    background - position:top left; background - repeat:repeat - x;}
```

这里主要有 4 个属性来创建背景图形,见表 8-2。

表 8-2 背景图的属性值

属　　性	值
Background-image	通过 url()加载图形,可以加载多个图形
Background-position	给每个图形定义位置,在 top、left、right、bottom 值中取两个值定位一个图形位置
Background-repeat	no-repeat,不重复; repeat-x,水平重复; repeat-y 垂直重复
Background-size	高宽,两个值决定图形大小,还可以是 contain 和 cover,contain 值表示将背景图扩展到内容区域里面,但不能超过内容区域。cover 值表示背景图完全覆盖内容区域

多图片组合的背景图代码如下。

```
#backgd {
    background - image: url(images/ff.jpg), url(images/qq.png);
    background - position: left top, right bottom;
    background - repeat: no - repeat, repeat;}
```

也可以将上面的代码缩写成下面的代码。

```
#backgd{Background:url(images/ff.jpg) left top no - repeat,url(images/qq.png) right bottom
repeat;}
```

还有两个比较特殊的属性是 background-origin 和 background-clip。前面一个是针对以图片作背景图,后面是针对以颜色渲染作背景图。根据 HTML 的盒子模型,背景图可以出现在盒子模型的如下三个地方。

(1) border-box——默认值,背景出现于盒子的边界地方。

(2) padding-box——背景出现于盒子的边距的地方。

(3) content-box——背景在盒子内容区域出现。

打开例子 8-4 代码查看背景图效果。

例子 8-4:
part2/ch8/background/background.html

8.4.5 渐变

背景渐变(Gradiant),就是对元素的背景颜色,通过多种颜色混合产生五彩斑斓、光怪陆离的效果。早期是通过图片产生的渐变,需要占用带宽,CSS 3 的渐变在浏览器中完成,效率高,即使改变浏览器窗口也不影响效果。

这里提供两种方法产生渐变:线性渐变(linear-gradiant),沿着直线混合颜色变化;辐射渐变(radial-gradiant),沿着圆心到圆周的渐变。

渐变的定义是通过渐变函数计算 background 属性值完成,声明渐变函数有以下几种方法。

(1) linear-gradiant(),线性渐变。

(2) radial-gradiant(),辐射渐变。

(3) repeating-linear-gradiant(),重复线性渐变。

(4) repeating-radial-gradiant(),重复辐射渐变。

由于早期浏览器渐变标准没有统一,渐变函数要加浏览器前缀。定义渐变需要两种以上的颜色组合。线性渐变函数具体参数见表 8-3。

表 8-3 线性渐变函数参数

linear-gradiant 参数	参 数 说 明
渐变起点位置	top、left、right、bottom,任选一或两个值
颜色组合	可以选多个值,用逗号分隔,至少要选两种
渐变点(百分比)	颜色值后可以跟渐变起点值

例子 8-5:
part2/ch8/gradiant/gradiant.html.

线性渐变见例子 8-5,下面的代码是三种颜色组合的线性渐变。

```
#bgradiant1 {
background: red; /* 如果不支持渐变 */
background: -moz-linear-gradiant(top left, red 0%, yellow 15%, pink 20%);
background: -webkit-linear-gradient(top left, red 0%, yellow 15%, pink 20%);
background: -o-linear-gradient(top left, red 0%, yellow 15%, pink 20%);
background: linear-gradient(top left, red 0%, yellow 15%, pink 20%); /* 最新版本浏览器 */
}
```

使用角度产生线性渐变而不是用上下左右值,角度是指水平线和渐变线之间的度数,代码如下。

```
#bgradiant2 {background: red; /* 如果不支持渐变 */
    background: -webkit-linear-gradient(-60deg, red, yellow);
    background: -o-linear-gradient(-60deg, red, yellow);
    background: -moz-linear-gradient(-60deg, red, yellow);
    background: linear-gradient(-60deg, red, yellow); /* 最新版本浏览器 */
}
```

使用透明度产生线性渐变,只要将渐变颜色用函数 rgba()替换,其最后一个参数就是透明度。

辐射渐变起始点是从中心开始，除了要求至少两种颜色组合外，还有两个特殊的参数：形状和渐变范围。其参数说明见表 8-4。

表 8-4　辐射的三个参数

radial-gradiant 参数	参数说明
形状	默认值是 eclipse(椭圆)，另外一个值是 circle(圆)
渐变范围	有 4 个值：closest-side、farthest-side、closest-corner、farthest-corner(默认值)
颜色组合	可以选多个值，用逗号分隔，至少要选两种
渐变空间(百分比)	每个颜色渐变空间值，%表示，如果不定义颜色是均匀分布

下面是辐射渐变的代码。

```
#bgradiant3 {
background: -webkit-radial-gradient(50% 55%, closest-corner, red, yellow, black);
background: -o-radial-gradient(50% 55%, closest-corner, red, yellow, black);
background: -moz-radial-gradient(50% 55%, closest-corner, red, yellow, black);
background: radial-gradient(closest-corner at 50% 55%, red, yellow, black); /* 最新版本浏览器 */
}
```

观看效果见例子 8-6。

> ***例子 8-6：***
> *part2/ch8/gradiant/radial.html*

8.4.6 过渡

CSS 3 可以控制样式切换时产生的过渡效果。例如，从一种背景颜色变换到另一个背景颜色，在一个时间段完成变化过程，使这个变化更显得优雅，而不会太突然。设置过渡要求如下。

(1) 在 CSS 3 的过渡标准还没有确定前，过渡属性要加浏览器前缀。

(2) Transition 属性值可以是任何要做过渡效果的属性加过渡时间秒数。

以下代码是用一个光标移入元素对象的伪类:hover，来显示一个按钮的过渡效果。

```
.sbutton{color:green; font-weight:bold;padding 10px, border:solid 1px black;
      background:lightgreen;cursor:pointer;
       -webkit-transition:background 0.5s, color 0.5s
       -moz-transition:background 0.5s, color 0.5s;
      transition:background 0.5s, color 0.5s;
}
.sbutton:hover {color:black;background:yellow;}
```

代码中定义两个 CSS 样式，一个是正常情况下的样式，在正常样式下定义过渡效果，另一个是带伪类:hover，也就是光标移入的样式。过渡属性可以有多个值，用逗号分隔，例如，background 背景颜色过渡，color 文字颜色过渡，all 所有属性过渡。

> ***例子 8-7：***
> *part2/ch8/transition/transition.html*

例子 8-7 是对按钮的两个属性——背景和文字颜色进行

过渡切换。

8.4.7 变换

变换就是把盒子变形、移动。

在 CSS 3 变换标准确定以前，变换属性要带浏览器前缀。

变换属性值由变换函数生成，变换函数见表 8-5。

表 8-5 三种变换类型

变换函数	说明
rotate(x)	旋转 x 角度，单位：deg
scale(x)，scalex(x)，scaley(x)	缩放 x 倍，scalex(x)水平扩展 x 像素，单位 px；scale(y)垂直扩展 y 像素，单位 px
skew(x)	斜切 x 角度，单位 deg

例子 8-8：
part2/ch8/transform/transform.html

打开例子 8-8 观察变换效果。

8.5 CSS 3 的复杂选择器

第 3 章学习了 CSS 基本选择器外，如 id 选择器、class 选择器等，本节将介绍较为复杂的选择器。

8.5.1 元素属性选择器

元素属性选择器，是以 HTML 标签元素的属性来定义样式。例如下面的代码中，凡是 input 标签元素中定义有 name 属性的都为黄色背景。

```
input[name]{background:yellow;}
```

也可以把一个标签元素下的多个属性组合定义样式，代码如下。

例子 8-9：
part2/ch8/selectors/property/property.html

```
input[name][type]{background:yellow;}
```

通过例子 8-9 查看效果。

8.5.2 元素属性值选择器

元素属性及其值可作为选择器，以下代码是指所定义 type="text"属性的 input 标签的字符样式。

```
input[type = "text"]{font - family:arial, sans - serif}
```

属性值作为选择器，还可以应用正则表达式匹配，见表 8-6。

表 8-6　属性值正则表达式匹配

正则表达式	例　　子	说　　明
[attribute～=value]	[title～=flower]	选择属性 title 包含单词"flower"的所有元素
[attribute|=value]	[lang|=en]	选择 lang 属性值以"en"开头的所有元素
[attribute * =value]	a[href * ="qq"]	选择 href 属性包含"qq"的 a 标签
[attribute ^ =value]	a[href ^ ="http"]	选择 href 属性开始有"http"字符串的 a 标签
[attribute $ =value]	a[href $ ="jpg"]	选择 href 属性末尾有"jpg"字符串的 a 标签

具体效果看例子 8-10。

例子 8-10:
part2/ch8/selectors/property/property1.html

8.5.3　伪类选择器

伪类(Pseudo-Classes)是根据 HTML 的结构特征，针对这些特征进行分类，这些特征可能是元素的状态或元素的位置次序。由 CSS 系统事先定义，无须用户定义默认的类。伪类前加“:”标识。

超链接< a >元素默认的伪类如下。

(1) a:link 用在未访问的链接上。

(2) a:visited 用在已经访问过的链接上。

(3) a:active 用于获得焦点(比如，被单击)的链接上。

(4) a:hover 用于鼠标光标置于其上的链接。

例子 8-11 中，实现鼠标、光标经过一段文字时出现的 active 和 hover 状态。

例子 8-11:
part2/ch8/selectors/Pseudo-classes/text.html

其他新增的伪类选择器见表 8-7。

表 8-7　CSS 3 增加的伪类选择器

伪　　类	描　　述	伪　　类	描　　述
:root	根元素	:last-child	最后一个子元素
:nth-child(n)	父元素下的第 n 个子元素	:first-of-type	第一个同类型
:nth-last-child(n)	倒数第 n 个子元素	:last-of-type	最后一个同类型
:nth-of-type(n)	与其类型相同的第 n 个兄弟	:only-child	唯一一个子元素
:nth-last-of-type(n)	倒数第 n 个同类	:only-of-type	唯一一个同类
:first-child	第一个子元素	:empty	没有子元素或文本值的元素

以下代码是选择器匹配所有< p >元素中的第一个< i >元素，见例子 8-12。

```
p > i:first - child {font - weight:bold;}
```

例子 8-12:
part2/ch8/selectors/Pseudo-classes/first-child.html

```
<p> some <i>A</i>, more <i>B</i>.</p>
<p> some <i>C</i>, more <i>D</i>.</p>
```

下面的代码是选择器匹配所有作为元素的第一个子元素的< p >元素中的所有< i >元素，见例子 8-13。

```
p:first-child i { color:blue; } ;
```

```
<p> some <i>A</i>, more <i>B</i>.</p>
<p> some <i>C</i>, more <i>D</i>.</p>
```

例子 8-13:
part2/ch8/selectors/Pseudo-classes/first-child1.html

8.5.4 伪元素选择器

伪元素(Pseudo-elements)选择器是结构化的元素标识，例如，标识文本元素。为了区别伪类选择器，用“::”标识伪元素选择器。

伪元素是在元素某一位置添加或修改内容，一般会与 CSS 属性 content 结合使用，见表 8-8。

表 8-8 通过伪元素添加内容

表 达 式	例 子	说 明
::first-letter	p::first-letter	选择每个< p >元素的首字母
::first-line	p::first-line	选择每个< p >元素的首行
::first-child	p::first-child	选择属于父元素的第一个子元素的每个< p >元素
::before	p::before	在每个< p >元素的内容之前插入内容
::after	p::after	在每个< p >元素的内容之后插入内容
::first-letter	p::first-letter	选择每个< p >元素的首字母
::first-line	p::first-line	选择每个< p >元素的首行

下面的代码是通过伪元素将第一个< p >标签的第一行文本内容(:fisrt-line)的第一个字符(::first-letter)放大 300%。

```
article p:first-child:first-line:first-letter{font-size:300%;color:#996677;}
```

通过伪元素::after、::before 及 CSS 的 content 属性添加图片，代码如下。

```
h1::before { content:url(qq_logo.png); }
```

```
h1::after { content:url(qq_logo.png); }
```

例子 8-14:
part2/ch8/selectors/Pseudo-elements/first-letter.html

具体演示见例子 8-14。

8.5.5 伪类与伪元素的区别

CSS 伪类用于向某些选择器添加特殊的效果，CSS 伪元素用于将现有内容定位或添加新内容到某些选择器来达到特殊的效果。

从规范的角度看，伪元素一个页面只使用一次，而伪类可以多次使用。伪元素产生的新对象，在 DOM 中看不到，但是可以操作；伪类是 DOM 中一个元素的不同状态。

下面的代码用伪元素::first-letter 来进行分析比较。

```
p::first-letter {color: red}
```

```
<p>I am Joe.</p>
```

以上代码可以通过现有的 HTML 的<span>和属性 class 来模仿伪元素，并形成下面的代码。

```
.first-letter {color: red}
```

```
<p><span class='first-letter'>I</span> am Joe.</p>
```

可以看到，伪类等同于添加一个实际的类来达到，而伪元素的效果则需要通过添加一个实际的元素及类才能达到，这也是为什么称其为伪元素的原因。

通过伪类与伪元素结合使用，可达到更容易理解的效果。见例子 8-15，伪类:hover 和伪元素::before 结合使用，代码如下。

例子 8-15:
part2/ch8/selectors/Pseudo-class-elements/class-element.html

```
<p>I am Joe.</p>
```

```
a:hover::before { content: "\5B"; left: -20px; }
a:hover::after { content: "\5D"; right: -20px; }
```

练习

1. 在例子 8-14 的 first-letter.html 中，用 of-type 伪类修改替换 first-child 来达到同样效果。也可以不要使用 id、class 选择器来改变 D 字符的颜色。

2. 在 HTML 页面定义两个图片，两个图片相互叠加，叠加部分透明。

3. 修改例子 8-2，制作一个子弹头的形状 

。

4. 制作一个带阴影的文字，光标移入阴影消失，移出阴影恢复。

5. 定义一个背景图，比较 background-size 的 cover 和 contain 与 background-origin 的 border-box、padding-box 及 content-box 的区别。

6. 制作一个带渐变的按钮。

7. 修改例子 8-5 的代码在光标切入时，给按钮加阴影，给阴影产生过渡。

8. 如何让变换产生过渡的效果？请编写代码。

9. 属性值选择器可以应用正则表达式，通过实验看看[attribute|=value]和[attrubute^=value]的区别。

10. CSS 3 非常强大，它引入了函数的方法。而比 CSS 3 更进一步的改进还有很多 CSS 框架，例如 LESS 和 SASS，这些框架在 CSS 3 的语法基础上，添加了变量和更多的函数风格，让 CSS 更容易维护，代码风格更优雅。但是，目前很多浏览器还不能直接解析 LESS 和

SASS 的语法，所以，这些框架都自带编译器，编译成普通的 CSS 语法文件格式。也有很多代码编辑器通过插件支持 LESS 和 SASS 语法，并在保存时，编译成 CSS 语法格式。要体验 LESS 的效果，可在 brackets 代码编辑器中安装 LESS 编译器插件：https://github.com/jdiehl/brackets-less-autocompile，到 LESS 官网 http://lesscss.org/，学习基本语法，感受用计算机高级语言编写 CSS 代码的乐趣。

第 9 章

HTML 5 表单

9.1 增强特性

9.1.1 占位符

占位符的功能是在表单输入栏中显示提示信息，当光标移入时，提示信息消失。代码如下。

```
< input type = "text" id = "name" placeholder = "Fill in your full name">
```

调整占位符的颜色是由伪元素::placeholder 实现的，见例子 9-1，代码如下。

```
input:: - webkit - placeholder {color: aliceblue; background -
color: #ccc;}
```

例子 9-1:
part2/ch9/placeholder/placeholder-js-css.html

也可以用 JavaScript 实现占位符功能，代码如下。

```
< input type = "text" value = "Fill in your full name"
maxlength = "140" size = "50"
onfocus = "if (this.value == 'Fill in your full name')
 { this.value = '';}"
onblur = "if (this.value == '') "
{this.value = 'Fill in your full name ';">
```

及用 JS 动态加入 class＝ph 和 no-ph 实现同样的颜色改变功能，见例子 9-2，代码如下。

```
.ph{color: #999;}
.no-ph{color: #000;}
```

例子 9-2:
part2/ch9/placeholder/placeholder-css.html

9.1.2 自动聚焦

自动聚焦是当页面加载完成时，光标自动跳转到表单的某一元素，这些标签元素有 <button>、<input>、<select>、<keygen>、<textarea>等。autofocus 属性是布尔值。例子 9-3 是自动聚焦到 password 输入域，代码如下。

例子 9-3:
part2/ch9/autofocus/autofocus.html

```
<input type='password'
id='password'autofocus></input>
```

同样，可以用 JavaScript 实现自动聚焦。在上面的代码中加入以下 JS 代码，用 Modemizr 库对象检查浏览器如果不支持 autofocus，再用 JS 代码实现。代码如下。

```
<script>if (!Modernizr.input.autofocus)
{document.getElementById('password').focus();}</script>
```

9.1.3 自动完成数据列表

一个输入字段加入 autocomplete 属性和<datalist>元素，可完成输入的选择项输入，类似于 HTML 4 的<select>。如果<datalist>没有列出数据，用户还可以手工输入。

例子 9-4:
part2/ch9/autocomplete/autocomplete.html

例子 9-4 代码中，注意<input>的 list 属性和<datalist>的 id 属性值要一致。代码如下。

```
<input type="text" id="animal" list="animals" autocomplete>
<datalist id="animals">
<option value="bees">
<option value="birds">
<option value="cats">
<option value="cows">
<option value="dogs">
<option value="fish">
<option value="horses">
<option value="snakes">
</datalist>
```

也可以用 jQuery 实现自动完成数据列表的功能，见例子 9-5，代码如下。

```
<script>$(document).ready(function(){
 if (!Modernizr.input.autocomplete) {
 var data = ["bees", "birds", "cats", "cows",
"dogs", "fish", "horses", "snakes" ];
 $("#animals").autocomplete({source: data}); }});
</script>
```

例子 9-5:
part2/ch9/autocomplete/autocomp-jq.html

9.2 新的<input>的 type 类型

HTML 5 增加了 13 种输入类型，如果浏览器不支持某种类型，会自动回退为 type="text"。

9.2.1 数字

新增加三种数据类型：数字(number)、范围(range)、电话(tel)，如下。

(1) <input type="number">

(2) <input type="range">

(3) <input type="tel">

可以给数字类型加 min(最小值)、max(最大值)、step(增量)、value(当前值)属性。range 类型会出现滚动条，见例子 9-6，代码如下。

例子 9-6:
part2/ch9/inputtype/number.html

```
请打分(0-10):<br/>
<input type="range" min=0 max =10 value=5 >
```

数字(number)类型的好处是不用作字符、数字转换，输入值直接可以用于数字计算而不用 parseInt()的 JavaScript 函数转换。移动设备检测到数字输入类型时，会自动转换数字键盘。

9.2.2 日期时间

在 HTML 4.01 版以前，日期的输入是纯粹的文本输入，输入后还需要编写 JavaScript 代码来检查日期格式及合法性。后来，jQuery 解决了日期的输入 GUI(图形化用户界面)及格式控制。而 HTML 5 的日期功能，完全不用 JavaScript 编程来完成日期时间的 GUI 输入。HTML 5 新增 6 种日期时间类型，见表 9-1。在相应的输入栏会自动出现日历控件、时间控件及格式占位符提示。

表 9-1 6 种日期的类型及格式

类 型	格式说明	类 型	格式说明
datetime	YYYY-MM-DDTHH:MMZ+00:00	month	yyyy-mm
datetime-local	YYYY-MM-DDTHH:MM	week	yyyy-ww
date	yyyy-mm-dd	time	HH:MM

如果浏览器不支持日期类型，还可以用jQuery实现的日期输入的回退方案，见例子9-7，代码如下。

```
if (!Modernizr.inputtypes.date) { $(function() {
    $( "#d" ).datepicker({ dateFormat: 'yy-mm-dd' });
  });
}
```

例子9-7：part2/ch9/inputtype/date-jq.html.

9.2.3 E-mail、URL、颜色和搜索

HTML 5提供更多的输入类型来满足不同的输入格式要求，例如，E-mail（电子邮件）、URL、颜色和搜索，见表9-2。浏览器会对E-mail和URL格式自动验证，浏览器会通过颜色调色板来选择输入颜色，搜索栏虽然与text文本输入没有太大差别，但是当搜索框中输入文本时，框的右边会出现清除图标"×"，用来删除输入的文字。还可以通过一些CSS属性设置来改变搜索栏的外观以区分普通文本输入栏，见例子9-8。

例子9-8：part2/ch9/inputtype/email-url-search-color.html

表9-2 E-mail、URL、颜色、搜索的输入类型

类型	说明
email	在移动设备上，输入软键盘会出现@和.的符号键
url	在移动设备上，输入软键盘会出现.com和/的符号键
color	输入界面会弹出拾色器，获取6位十六进制数颜色代码
search	会出现搜索栏外观

WebKit引擎的浏览器例如Chrome提供更多的外观属性，例如，加results属性来显示最近搜索关键词列表，appearance属性关闭搜索栏的默认样式。

9.3 表单新元素

HTML 5表单中除最常用的< input >元素外，还增加了一些新的表单元素，例如< keygen >和< output >。

9.3.1 生成密钥

HTML 5增加了< keygen >生成密钥对，当提交表单时，会生成私钥和公钥两个键，私钥保存于客户端，公钥在表单提交时，被发送到服务器。公钥可用于服务器验证用户的客户端证书。

以下是例子9-9在提交表单后，浏览器URL框显示的公钥编码。

例子9-9：part2/ch9/newElement/keygen.html

```
file:///C:/Users/Joe/Desktop/%E8%AF%BE%E7%A8%8B/%E7%A7%BB%E5%8A%A8WEB%E5
%BC%80%E5%8F%91/source%20code/part2/ch9/newElement/keygen.html?pubkey=MIIBSzCBt
TCBnzANBgkqhkiG9w0BAQEFAAOBjQAwgYkCgYEA3bRWQjx6v3FGWW03%0D%0AEuzTaY910jq7f1TUDKKSI5ep
nlCqhCIS8nKXJ5P5WK5rlMEZnhAnABEiPSaIqDhm%0D%0ABG9c4FUcLdYNbeyrvqemAbAy102PLwKcHAzksPy
mEzw%2B66nfDRbt29hx1RXFRf%2Bj%0D%0AVZmjgcuEavaCwXGSjRkg7PCZfrUCAwEAARYRcmFuZG9tLWNo
YXJhY3RlcnMwDQYJ%0D%0AKoZIhvcNAQEEBQADgYEAq0sX5C1epDBjhiRTzPhJYd1lYsQmMTV%2BdvGkmv07
ZtTo%0D%0ArjZOzUoKwij5Rd8LHyOzCMZnX5GxjRXARJ3CqxJ5xElc%2FuR%2Bcrkoag7%2F2SyIVeQb%
0D%0AuROL4RjBx4fogoplImxZ7CyBDpId2Qi4l6GNOujKjfI19w6sY9ZZXDJghS%2BsdrA%3D&create-ce
rtificate=%E5%88%9B%E5%BB%BA%E5%AF%86%E5%8C%99
```

9.3.2 表单输出

<output>表单输出的目的是配合JavaScript，用来在<output>标签输出结果或内容。例子9-10中，通过<form>的事件属性oninput来把输入的两个数字相加，结果输出到<output>标签。

> ***例子 9-10:***
> *part2/ch9/newElement/output.html*

9.4 表单验证

表单验证可以发生在客户端或者服务器端。HTML 5支持的浏览器增加了一部分客户端的验证功能，当单击“提交”按钮时会自动在验证不通过的输入栏弹出提示，提示内容必须加入title属性完成。浏览器可以在光标离开输入栏时即时验证刚刚输入的值，如果结果非法，CSS默认的非法为红色框显示。

9.4.1 表单验证属性

与验证有关的表单属性有：

(1) 在<form>中加入关闭验证属性novalidate，可以禁用浏览器客户端验证。

(2) required属性，在<input>中加入必填字段。

(3) pattern属性加入正则表达式验证。

例子9-11是对文本输入加入正则表达式的代码，代码如下。

> ***例子 9-11:***
> *part2/ch9/check/check.html*

```
<input type="text" pattern="[A-Z]{3}-[0-9]{3}">
```

9.4.2 表单验证样式

CSS 3还增加了与验证有关的伪类来定制验证的样式，直接让用户自定义验证的外观变化。

(1) :required，必填；:optional，选填。

(2) :valid，合法；:invalid，非法。

(3) :in-range,范围内; :out-of-range,范围外。

(4) :focus,光标聚焦; :blur,光标离开。

例子 9-12 是用伪类定义的验证样式,代码如下。

例子 9-12:
part2/ch9/check/checkwithCSS.html

```
Input:required:invalid{background-color:lightyellow;}
```

9.4.3 自定义表单验证非法信息提示

表单验证有自己默认的弹出错误提示信息,但是要通过加入 title 属性来简单修改表单验证错误提示信息,如果用户需要完全定制自己的验证错误信息,可以通过 JavaScript 对验证对象提供一个内置的错误信息函数 setCustomValidity()用来实现验证错误信息的效果,见例子 9-13。

例子 9-13:
part2/ch9/check/custom.html

9.5 HTML 标签元素内容可编辑属性

在 HTML 4.01 版本中,<p>、<h1>等元素的内容,用户都是不可随意修改的。唯一可以让用户修改内容的方式是通过表单的 input 标签元素和 textarea 元素。HTML 5 引入了全局 contenteditable 属性,是布尔值,让用户直接修改元素的内容,代码如下。

```
<p contenteditable>请随时编辑、修改这里的文本.</p>
```

练习

1. 把例子 9-6 的代码放到 Web 服务器端运行,通过手机浏览器打开例子 9-6,看看手机系统能不能自动切换到数字键盘?

2. 通过例子 9-7,加入更多的 jQuery 输入时间(time)、周日(week)控件代码,与 HTML 5 日期、时间控件进行比较。

3. 如果表单输入的数据很多,可以把数据分组,HTML 5 增加了分组元素<fieldset>,配合<legend>标签注明数据组的名称。请用这两个元素编写一个登录页面。

4. 修改例子 9-10 的代码,制作一个简单的加减乘除计算器。

5. 编写代码,用 JavaScript 抓取可编辑区域内容。

第 10 章

Web字体与排版

10.1 Web 字体

计算机操作系统及一些文字处理工具和专业图形工具都有自己的字体库。字体作为一种通用的计算机软件资源，就像图像一样，也有自己的格式标准。特别是由于 Web 应用系统的跨平台特征，人们对 Web 字体的需求日益强烈。

Web 字体是在网页设计中用到的字体，浏览器本身也提供一些默认的字体（如图 10-1 所示），虽然在互联网上有很多字体库，但是如果想用自己设计好的字体，或安装第三方字体到网页中，在 CSS 3 以前是不可能的。

图 10-1　Firefox 浏览器的默认字体设置

图片、视频、音频资源、字体库也是拥有知识产权的资源之一，像软件一样是具有最终用户许可协议（End-User License Agreement，EULA），有授权许可证形式发布在网上，根据授权的不同，有的字体是免费使用，有些授权商业使用或允许个人使用。

10.2 Web 字体格式

Web 字体有自己的格式标准，不同的浏览器会支持不同的字体标准。常用的字体格式有以下几种。

（1）TrueType Fonts（TTF）字体：所有浏览器及 IE 9 以上支持。

（2）Embeded OpenType（EOT）字体：IE 专用字体。

（3）Web Open Font Format（WOFF）字体：专为 Web 定义的字体标准，含元数据、描述许可证和字体信息。

(4) Scalable Vector Graphics(SVG)字体：矢量图字体。

(5) 图标字体：是一种特殊的图标，而非字母，但是使用字体格式。

字体格式也可以通过工具进行转换，例如，www.fontsquirrel.com/fontface/generator是一个在线免费转换字体格式的工具。

10.3 Web 字体的导入

导入字体源，可以使用下载到本地的字体库，或远程连接到 Web 字体库。以下是一些英文字体库。

(1) www.fontsquirrel.com，www.fontspace.com，提供免费字体下载。

(2) www.Google.com/Fonts，是流行的免费字体库服务。

中文字体源有：

(1) http://Fonts.com，通过搜索 Chinese 关键字获得中文字体，包括繁体字。

(2) http://ifontcloud.com，通过搜索 Chinese 关键字，可以发现，中文的 Web 字体就有 100 种以上。

(3) http://www.zitiguanjia.com/yun/，中国人开发的，针对于 App 应用的字体库，当然包括 Web 字体。

(4) http://www.youziku.com/，不但提供在线字库，也可以提供制定字库服务，但是只提供自己的加载字体的 JavaScript API。

(5) http://www.iconfont.cn/，图标矢量字体库，及 Web 字体。

10.4 Web 字体的使用

CSS 3 是通过@font-face 定义和导入新的字体。一旦创建，命名了新字体规则，就可以在 CSS 文档中使用这个字体。在 CSS 3 的字体定义中，至少要下载引用三种以上的字体格式。如下代码是引入并定义一个新字体的 CSS 代码。

```
@font-face {
  font-family: 'pinghei';
  src: url('../font/pinghei.eot');
  src:
    url('../font/pinghei.eot?#font-spider') format('embedded-opentype'),
    url('../font/pinghei.woff') format('woff'),
    url('../font/pinghei.ttf') format('truetype'),
    url('../font/pinghei.svg') format('svg');
  font-weight: normal;
  font-style: normal;
}
```

首先通过 font-family 给新字体起一个名字'pinghei'，以便后面的元素引用。然后引入字体源，可以是本地下载(使用相对路径)的字体或互联网上的在线字体。例如：src：url

('1942-webfont.eot')。第一个 src 指向 IE 专用的 eot 字体文件，是为了兼容 IE，第二个 src 是兼容其他浏览器。

下面的代码是在网页中使用新字体，打开例子 10-1 查看效果。

例子 10-1：
part2/ch10/fontface.html

```
h1 { font-family: 'pinghei';}
```

10.5 使用 Web 字体问题

大多数 Web 字体需要购买许可，所以在下载使用前要看版权声明，避免产生知识产权纠纷。

Web 字体库都是有千或兆单位字节，下载需要时间，会影响网页的显示速度，特别是中文字体库，通常是以兆字节为单位，平均每套中文字体库有 5MB 大小，字体从服务器加载到浏览器端需要较长时间，所以，中文字体需要在服务器端重新完成压缩与构建，其原理是根据内容按需截取，将字体库压缩到 KB 的单位来提高推送速度。下面是两个中文字体压缩工具。

(1) 字蛛的 http://font-spider.org/。字蛛是一个中文字体压缩器，让网页自由引入中文字体成为可能。

(2) 百度的 http://efe.baidu.com/blog/chinese-font-build/。中文 Web 字体可自动化构建。

如果网页要使用少量的字体，可以用图像处理工具来设计好字体的外观，再生成图像，以图像的方式来加载到网页中，例如 Logo 字体。

Web 字体还可以作出图标风格，在网页中引用。如图 10-2 所示字体的龙形图案就是对应于 26 个大小写英文字母等。

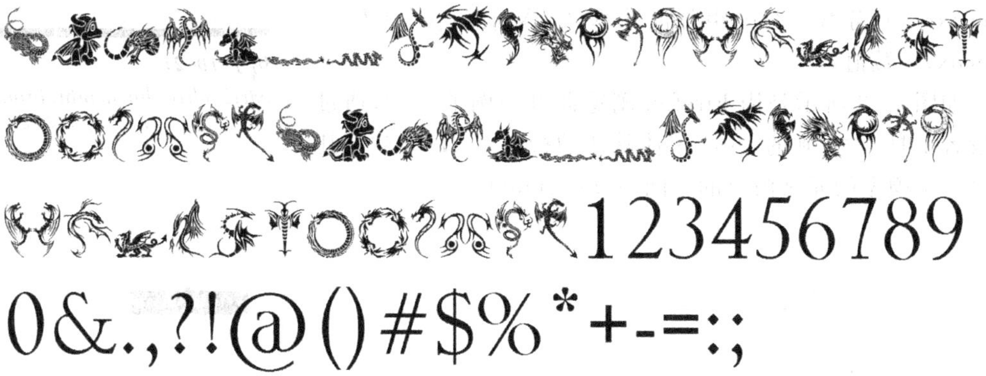

图 10-2 图标风格的 Web 字体

10.6 排版中的字体属性

字体的属性是以 font-前缀命名的，主要有以下几种。

(1) font-family：引用字体族，可以多个，用逗号分隔。

(2) font-weight：字体粗细可以是 bold(加粗)、normal(正常)、或是数值表示。

(3) font-style：字体外观是 italic(斜体)、del(删除)、normal(正常)等。

(4) font-size/line-height：字体大小/行高，可以用%、px、em 单位表示。

(5) font-varian：small-caps 文本为小型的大写字母。

(6) font-stretch：横向拉伸变形，CSS 3 的新属性。

字体属性可以单独定义，也可以用 font：在一行定义所有的属性，达到简化字体定义目的。如下代码表示 p 标签的字体是斜体、大写、粗体、12px 字体大小、1.5em 行高的 arial 和 verdana 字体。

```
p{font:italic small - caps bold 12px/1.5em arial,verdana; }
```

等同于单独定义如下。

- font-style：italic;
- font-variant：small-caps;
- font-weight：bold;
- font-size:12px;
- line-height:1.5em;
- font-family:arial,verdana。

属性顺序：font-style | font-variant | font-weight | font-size | line-height | font-family。

10.7 排版中的行高

line-height 属性表示行高，按 W3C 定义是元素中基线之间的最小距离，其值可以是 normal(正常)、字体大小的%、像素值(px)和数值。行间距%数计算：行间距(px)＝font-size(px)×百分数。行间距数值计算：字体间距(px)＝font-size(px)×数值。

例子 10-2:
part2/ch10/lineheight.html

如图 10-3 所示是用 Firefox 浏览器打开例子 10-2，通过开发者工具，才看到的 16px 字体默认的行高是 21.5333。其实是盒子模型的元素内容的空间高度(height)。

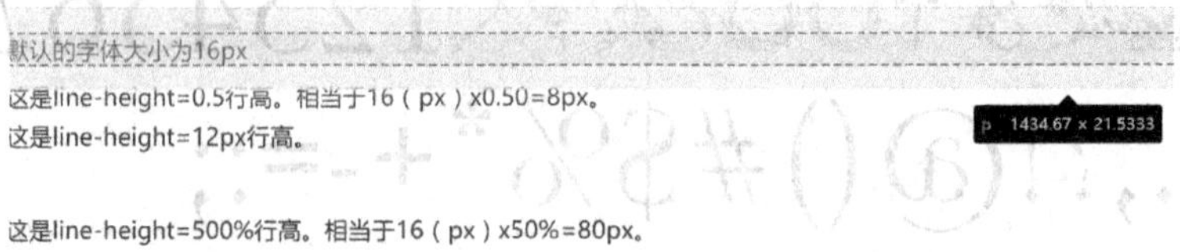
默认的字体大小为16px
这是line-height=0.5行高。相当于16（px）x0.50=8px。
这是line-height=12px行高。
p 1434.67 x 21.5333
这是line-height=500%行高。相当于16（px）x50%=80px。

图 10-3　开发者工具查看默认行高

10.8 排版中的特殊符号

HTML 页面在输入一些与 HTML 语法有冲突的字符时，采用"&+字符缩写"的方式，例如，输入"<"可以写成"<"。注意，每一个输入符号后面要加"；"。其实，HTML 可以

输入字符集的任何图形化的符号。下面是字符集里面的部分图形化的字符例子。

```
▲ 9650 25B2 ▶ 9658 25BA ▼ 9660 25BC ◀ 9668 25C4 □ 10084 2764
□ 9992 2708 ★ 9733 2605□ 10022 2726 □ 9728 2600 ◆ 9670 25C6
◈ 9672 25C8 ▣ 9635 25A3 □ 9744 2610 □ 9745 2611 □ 9746 2612 □ 10003 2713
```

上面列表中，每一个符号后面有两组编码，分别是十进制和十六进制编码。十进制编码用于HTML文档中，需要在编号前面加上"&#"符号，比如说"◀"符号对应的十进制编码是"9668"，那么在HTML文档中需要写成"◄"；第二个十六进制编码用于CSS文档中，需要在编号前面加上反斜杠"\"进行转义，那么"◀"符号对应的十六进制编码是"25C4"，在CSS文档中需要写成"\25C4"；十六进制编码也可以用于JavaScript文档中，需要在编码前面加上"\u"来进行转义，比如说"◀"符号，在JavaScript文档中，就要写成"\u25C4"。

例子10-3:
part2/ch10/font-special.html

打开例子10-3查看特殊字符的效果。

10.9 排版分栏

和其他排版工具一样，可以把一个内容分成几列来显示，也叫作分栏。在CSS文件中可以对块标签元素定义分栏，定义分栏主要有两个属性：column-count和column-gap，格式如下。

例子10-4:
part2/ch10/column.html

(1) p{column-count:3;}，表示将p标签的内容分成三个列。

(2) p{column-gap: 20px;}，表示分栏间距是20px。

例子10-4中把第一个p标签内容分成三列。

练习

1. 在网上寻找一些特殊字体，例如1942-report-fontfacekit，制作一个通缉罪犯的海报。
2. 使用特殊字符，例如"□"，模拟一个表单复选框的功能。
3. 在例子10-4中，如何让分栏间隔变成线条？

第 11 章 画图

11.1 画图功能

画图是很多计算机高级语言的功能之一，例如，Java、C++、PHP 都有画图功能，要给网页画图，早期是通过 CSS 的盒子边界 border 属性来生成线条。现在，HTML 5 给 JavaScript 增加了画图功能接口。之前的浏览器要演示动画，动态画图需要用 Flash 制作，并在浏览器中安装 Flash 播放器插件。画图功能的引入，可以让 HTML 调用 JavaScript 画图 API，直接在浏览器中作画。

随着画图规范的发布，到 2015 年，许多浏览器厂家，例如，Firefox、Chrome 和 Safari 都在新版本中开始禁用 Flash 播放器插件。基于 HTML5 的在线画图、编辑工具的功能也非常强大，几乎可以成为 Photoshop 等专业绘图工具的替代品，下面是一些在线绘图工具。

(1) http://mugtug.com/sketchpad，模仿 Photoshop 的工具栏、画笔、配色工具、历史记录，几乎可以替代 Photoshop 的绘画功能。

(2) http://zwibbler.com/，提供类似 Photoshop 的工具面板，从工具栏上拖出想要的图形形状，然后在画布上修改、创造。

(3) https://www.aviary.com/web，在线照片编辑器。

11.2 <canvas>画布

<canvas>是 HTML 5 引入的新元素，可以让 JavaScript 画图 API 在这个元素里面画图，实现直接在浏览器中作画。

画图步骤如下。

(1) 定义<canvas>画布。必须定义画布的宽和高，如下。

```
<canvas id = "drawing" width = "500" heigth = "300"></canvas>
```

(2) 用 CSS 修改画布外观(不要改变 width、height)。这里定义画布的边线和背景颜色,如下。

```
canvas {border: 1px dashed black; background: yellow;}
```

(3) 接着,用 JavaScript API 画图,首先通过 id 获取< canvas >元素对象。

```
var canvas = document.getElementById("drawing");
```

(4) 通过 canvas 对象,进一步获取二维画图工具对象 context。

```
var context = canvas.getContext("2d");
```

(5) context 对象封装了不同的画图函数,注意,画布坐标是以左上角为起点(0,0)。

11.3 画线

获取 context 二维画图工具对象后,主要有三个画线函数:moveTo(x,y)移动到画线的起点坐标(x,y),lineTo(x,y)从起点画线到(x,y)的终点,stroke()执行画线,见例子 11-1,代码如下。

```
context.moveTo(9,9);
contenxt.lineTo(255,55);
context.stroke();
```

例子 11-1:
part2/ch11//line.html

11.3.1 画线外观

可以通过调用函数或 context 对象的属性方式修改 CSS 值,而不是直接定义 CSS,来给线条定义颜色、线头、接点外观及粗细样式。

(1) 粗细:通过 lineWidth 属性定义线条粗细为 10px,代码如下。

```
context.lineWidth = 10;
```

(2) 颜色:可以调用 CSS 的颜色函数 rgb()或 rgba(),及直接用颜色名称,如"red"、"green"、"blue"、"yellow"或十六进制颜色值,如"#E0E1F2"定义线条颜色。注意,这里是以字符串的形式来引用 CSS 颜色值,所以要用引号,代码如下。

```
context.strokeStyle = "rgb(200,12,15)";
```

(3) 线头(round、square、butt):定义线条两端的形状,可以是 round(圆)、square(方)和 butt(平直)的边缘,默认为 butt 值,代码如下。

```
context.lineCap = "round";
```

(4) 线接点(round、bevel、miter),定义线条头连接处的形状,可以是 round(圆)、bevel(斜角)、miter(尖角),默认值为 miter,代码如下。

例子 11-2:
part2/ch11/linejoin.html

```
context.lineJoin = "miter";
```

线条外观例子见例子 11-2。

11.3.2 图形形状路径与填充

可以通过线条画出更复杂的图形,例如,三角形、多边形等,但是,需要定义图形形状路径及填充颜色。

一个独立的图形,需要用 beginPath()和 closePath()来区分同时在一个画布上的其他图形。这样调用 fill()填充颜色的时候,会把路径的开始点和结束点用线条自动相连形成封闭的图形,这样在给某一个图形进行填充时,不会填充到其他部分图形。这两个函数的作用如下。

(1) beginPath(),定义图形路径开始。

(2) closePath(),定义图形路径闭合。

有了一个闭合的图形路径,我们可以用 fill()来给一个独立的形状图形填充颜色。具体步骤如下。

(1) fillStyle,定义填充颜色的属性,和 strokeStyle 属性一样,可以是 CSS 颜色的任何值。

(2) fill(),执行直线闭合路径填充。

下面是画一个三角形的例子:最后一个 lineTo(250,50)可以省略,因为 closePath()关闭图形路径时,会自动画一条线回到起点,形成闭合,见例子 11-3,代码如下。

例子 11-3:
part2/ch11//triangle.html

```
context.beginPath();
context.moveTo(250,50);
context.lineTo(50,250);
context.lineTo(450,250);
\\context.lineTo(250,50);
context.closePath();
context.stroke();
```

接着定义填充颜色,代码如下。

```
context.fillStyle = "blue";
```

执行填充,完成一个蓝色的实心三角形,代码如下。

```
context.fill();
```

我们可以不断地调整 lineTo(x,y)里面的 x,y 坐标参数,来画出复杂的多边形图形轮廓。

11.4 画矩形

HTML 5 专门为画矩形定义了函数，见表 11-1。

表 11-1 画矩形用到的函数

函 数	说 明
rect(x,y, w,h)	以 x,y 坐标为起点，画宽高为 w,h 的矩形
fillRect(x,y,w,h)	以填充方式画矩形
strokeRect(x,y,w,h)	直接执行画矩形轮廓
clearRect(x,y,w,h)	从 x,y 坐标清空宽高为 w,h 的矩形

根据上面的函数，可以用填充法和轮廓法画出不同的矩形。

例子 11-4:
part2/ch11/rect.html 和 rect3.html

(1) 填充法画矩形有两种方法，分别是 rect()+fill()和 fillRect()。分别见例子 11-4 中的 rect.html 和 rects3.html，代码如下。

```
context.fillStyle = "rgb(100,12,14)";
context.rect(30,30,159,159);
context.fill();
```

```
context.fillStyle = "rgb(100,12,14)";
context.fillRect(30,30,159,159);
```

(2) 轮廓法画矩形的两种方法，分别是 strokeRect()和 rect()+stroke()。见例子 11-5 中的 rect1.html 和 rect2.html，为轮廓方式画矩形，代码如下。

例子 11-5:
part2/ch11/rect1.html 和 rect2.html

```
context.lineWidth = 3;
context.strokeStyle = rgb(120,111,176);
context.strokeRect(30,30,159,159);
```

```
context.lineWidth = 3;
context.strokeStyle = rgb(120,111,176);
context.rect(30,30,159,159);
context.stroke();
```

11.5 图形的清除

清除图形有两种方式：清除整个画布和清除一个矩形区域，相当于橡皮擦。具体说明如下。

(1) 清除画布：没有专用的清除函数，但是可以通过重新定义画布宽度和高度来达到清除目的，如果不想改变原来画布的尺寸，只想消除画布的图形，可以如下定义。

```
canvas.width = canvas.width;
```

参见例子 11-4 中的 part2/ch11/rect.html，双击画布可以清除所有图形。

(2) 清除一个矩形区域：可以直接调用矩形函数 clearRect()来清除一个区域中的图形。

11.6 画弧线与圆

首先，了解一下圆的数学知识，圆和弧有很多参数来决定它的外观，例如，圆心、半径等。具体参数如下。

(1) 圆心坐标 x，y。

(2) 圆的半径 r。

(3) 圆周率 PI＝3.14。

(4) 圆的周长＝2×r×PI。

(5) 圆的面积＝r^2×PI。

(6) 圆角度 degree(完整的圆是 360°)。

(7) 圆弧度 angle＝(PI/180)×degree(完整的圆弧度＝(3.14/180)×360＝3.14×2＝6.28 弧度)。

如图 11-1 所示是计算一个圆的弧长度，从坐标的水平轴右边为 0 起点，顺时针绕四分之一的圆弧长度是 0.5×PI＝1.57，以此类推。

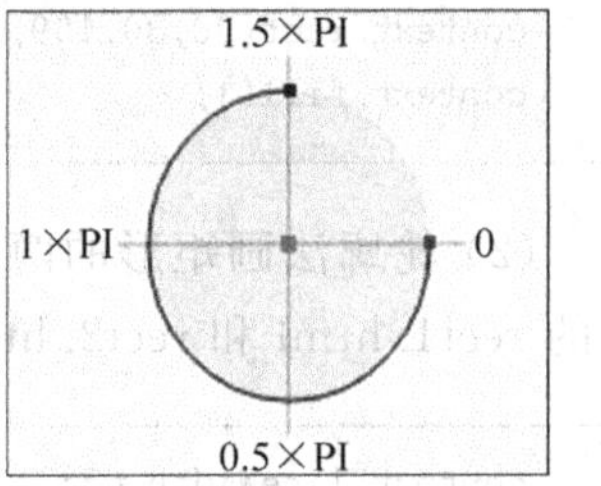

图 11-1 一个圆的弧长计算

HTML 5 提供了画圆弧函数：arc(x, y, radius, startAngle, endAngle, closewise)，其中，(x,y)为圆心坐标，radius 为半径，startAngle 和 endAngle 为圆弧的开始和结束值，画一个完整的圆 startAngle＝0，endAngle＝6.28。closewise＝true 为顺时针画，否则为逆时针画。见例子 11-6，代码如下。

```
var startPoint = (Math.PI/180) * 0;
var endPoint = (Math.PI/180) * 360;
context.beginPath();
context.arc(200,200,100,startPoint,endPoint,true);
context.fill();
```

例子 11-6:
part2/ch11/circle.html

画弧，是通过调节起点和终点弧度值及 closewise 顺时针、逆时针来得到圆不同的两个部分。见例子 11-7，代码如下。

```
var startPoint = (Math.PI/180) * 185;
var endPoint = (Math.PI/180) * 289;
context.beginPath();
context.arc(200,200,100,startPoint,endPoint,true);
context.stroke();
```

例子 11-7:
part2/ch11/cure.html

11.7 画曲线

画不规则的曲线主要由三个函数完成：arcTo()，介于两个切线之间创建弧；BezilerCurveTo()，三次贝塞尔曲线，由三个点来控制一个曲线的弯度，前两个点是控制点，第三个点是曲线的结束点，曲线的开始点是当前路径中最后一个点；quadraticCurveTo()，二次贝塞尔曲线，由两个点来控制曲线的弯度——控制点和曲线的结束点。具体说明见表11-2，打开例子11-8查看不规则曲线的效果。

例子 11-8:
part2/ch11/morecure.html

表 11-2 三个画曲线的函数

函数	说明
arcTo(x1,y1,x2,y2,r)	从 x1,y1 到 x2,y2 坐标创建两切线之间的半径为 r 的曲线
BezilerCurveTo(cx1,cy1,cx2,cy2,x,y)	三次贝塞尔曲线，起点，终点(x,y)连接两个控制点(cx1,cy1),(cx2.cy2)
quadraticCurveTo(cx,cy,x,y)	二次贝塞尔曲线，起点，终点(x,y)连接一个控制点(cx,cy)

11.8 变换、渐变、透明度与阴影

CSS 3 已经可以给盒子模型加上变换、渐变、透明度与阴影等特效，canvas 画图同样提供了相同的图形特效接口。

11.8.1 渐变

CSS 3 有线性渐变和辐射渐变，对应的函数有 linear-gradiant()和 radial-gradiant()。渐变可用于填充矩形、圆形、线条、文本等内容。Canvas 画图提供的渐变接口函数见表11-3。

表 11-3 渐变函数

函数	说明
createLinearGradient(x1,y1,x2,y2)	创建线性对象，渐变从坐标 x1,y2 到 x2,y2 的渐变
createRadialGradient(x1,y1,r1,x2,y2,r2)	创建辐射渐变对象，从半径为 r1 的圆心 x1,y1 渐变到半径 r2 的圆心 x2,y2
addColorStop(range,css-color)	在渐变对象中加入渐变颜色，range 渐变范围 0～1，css-color 为 CSS 3 样式颜色

下面是创建一个线性渐变矩形的代码，见例子11-9。首先创建一个渐变对象 linGrad，给 linGrad 对象加入红和橘黄色，将 linGrad 对象赋值给 fillStyle 属性，再以填充方式画矩形。

```
var linGrad = context.createLinearGradient(0,0, 500,500);
linGrad.addColorStop(0,"red");
linGrad.addColorStop(1,"orange");
context.fillStyle = linGrad;
context.fillRect(10,10, 490,490);
```

例子 11-9:
part2/ch11/lin-gradient.html

下面是辐射渐变的代码，见例子 11-10。

```
var radGrad = context.createRadialGradient(100,150,0,
100,150,300);
radGrad.addColorStop(0.9, "rgb(105,138,72)");
radGrad.addColorStop(0, "rgba(171,235,108,1)");
radGrad.addColorStop(1, "rgba(105,138,72,0)");
context.fillStyle = radGrad;
```

例子 11-10:
part2/ch11/rad-gradient.html

11.8.2 变换

CSS 3 也有变换函数来实现盒子的变形、移动，HTML 5 也为画图提供了类似的变换函数，见表 11-4。

表 11-4 变换函数

函 数	说 明
translate(x,y)	重新修改画布的原点（默认为 0,0）到 x,y 坐标
scale(w,h)	以宽高倍数缩放
rotate(x)	旋转 x degree，为弧度值
save(), restore()	保存恢复坐标系的路径状态和属性

在例子 11-11 的 translate.html 中，我们通过调整（x,y）坐标来画两个同样的矩形，及例子 11-11 的 translate1.html 中，通过 translate()函数来改变坐标系，画两个同样矩形的效果看起来都是一样的。但是，当我们给第二个矩形加入 scale()和 rotate()后，效果就有差距了。应用 translate()函数的第二个矩形基本上按照我们的要求在坐标（50,50）位置上画一个放大二倍的旋转 30°角的矩形，而 translate.html 例子就没有达到预期效果。

例子 11-11:
part2/ch11/translate.html 和 translate1.html

11.8.3 透明度

Canvas 画图中有三个属性与透明度有关：fillStyle 填充样式，strokeStyle 轮廓样式和 globalAlpha 全局透明度属性。前面两个属性要通过 rgba()函数来定义样式颜色，同时，定义透明度值（见表 11-5）。见例子 11-12。

例子 11-12:
part2/ch11/transparent.html

表 11-5 透明度属性

与透明度有关的画图属性	说 明
fillStyle, strokeStyle	用 rgba()设置的颜色值，及透明度
globalAlpha	设全局透明度

11.8.4 阴影

Canvas 画图中共有 4 个属性来设置一个图形的阴影效果，例如，通过使用 shadowOffsetX

和 shadowOffsetY 属性来调节阴影在坐标轴 X 或 Y 上扩展多少个像素。具体见表 11-6。

表 11-6 阴影的属性

属性	说明	属性	说明
shadowOffsetX	阴影在 X 轴的扩展	shadowBlur	阴影模糊度
shadowOffsetY	阴影在 Y 轴的扩展	shadowColor	阴影颜色

例子 11-13 的代码如下，shadowOffsetY=-20 表示阴影的扩展方向是往 Y 轴的顶部延伸 20px。

```
context.shadowOffsetX = 20;
context.shadowOffsetY =- 20;
context.shadowBlur = 5;
context.shadowColor = "gray";
```

例子 11-13:
part2/ch11/shadow.html

11.9 画布插入文字、图片及图案

11.9.1 画布插入文字

在画布上插入文字有两种方式：填充插入 fillText()和轮廓文字插入 strokeText()。使用 font 属性来定义像 CSS 值的字体和字号，还可以使用 fillStyle 属性加颜色、渐变、阴影来渲染文本。常用的函数和属性见表 11-7，代码演示见例子 11-14。

例子 11-14:
part2/ch11 text-can.html

表 11-7 画布插入文字的函数和属性

函数或属性	说明
fillText(text, x,y)	在 x,y 坐标上填充写入 text 文本
strokeText(text,x,y)	在 x,y 坐标画布上绘制 text 文本轮廓
font	类似 CSS 定义字体属性
textAlign	类似 CSS 的 text-align 文字对齐
textBaseline	文本基线，值有 top、middle、hanging、alphabetic、ideopgraphic、bottom

11.9.2 画布插入图片

HTML 的< img >标签元素可以把图片显示在浏览器里面，但是不能显示在画布区域中，HTML 5 的 Canvas 接口提供一个 drawImage()函数来完成这个任务。

通过表 11-8 的图像属性和函数来完成图片插入到画布中。方法如下。

(1) 创建一个 image 图片对象。

(2) 给图片对象加载一个图片源。

(3) 再通过 drawImage()画到画布上。

见例子 11-15。

例子 11-15:
part2/ch11/img.html

表 11-8　画布插入图片的基本的接口属性和函数

函数或属性	说　明
img=new Image()	创建 img 图像对象
img. src=	例如,引入"images/qq_logo. png"图像源
drawImage(img, x,y)	在 x,y 坐标上写入 img 图像

在画布中的图片比 HTML 的< img >图片有更多的可操作性,其中一个操作是图片的缩放、裁剪。drawImage()是一个多态性函数,可在里面添加不同的参数来完成图片的缩放、裁剪,如表 11-9 所示。

表 11-9　图片缩放、裁剪函数和参数

函数或属性	说　明
img. src=	例如,"images/qq_logo. png"图像源
drawImage(img, x,y, w, h)	在 x,y 坐标上写入 img 图片,缩放成 w 宽 h 高
drawImage (img, clipx, clipy, clipw, cliph ,x, y, w ,h)	在 clip(x,y)坐标裁剪 clip(w, h)宽高的图片,写入 x,y 坐标并缩放成 w 宽 h 高的图片
clip()	从画布中剪切任意形状和尺寸,用 rect()等绘图函数定义一个区域,接着 clip()执行后,所有之后的画图,在剪切的区域部分才显示

在 imgclip. html 的以下代码中,第二行代码截取了 QQ 的右眼部位,放大后,在坐标(20,370)位置显示,第三行代码是截取了 QQ 的右手,在坐标(298,370)位置略微放大显示。见例子 11-16。

```
context.drawImage(myQQ, 20,50);
context.drawImage(myQQ, 148, 14, 92, 120, 20,370, 122,160);
context.drawImage(myQQ, 235, 122, 65, 85, 298,370, 122,160);
```

clip()方法截取的图片完全不同,以下代码中,先用 rect()定义一个截取区域,在画 QQ 图片时,落入到截取区域的头部和部分眼睛被截取,这里用 save()和 restore()实现取消 clip()这个截取区域。见例子 11-16。

```
context.save();
context.rect(0,0,200,200);
context.clip();
context.drawImage(myQQ, 0,0);
context.restore();
```

例子 11-16:
part2/ch11/imgclip. html

11.9.3　画布插入图案

图案就是用图像以某种方式布局来美化画布,首先创建一个图像,用 createPattern()插入图像及布局方式,再用这个设计好的图案作为填充样式 fillStyle 的值,如表 11-10 所示。见例子 11-17。

例子 11-17:
part2/ch11/createpatt. html

表 11-10　画布插入图案的函数和属性

函数或属性	说　明
img=new image()；	创建图像对象
img. src=	例如，加载"images/qq_icon. png"图像源
newpatt=createPattern(img, patt)	创建 img 图案，图案布局 patt 值是 repeat-x、repeat-y、repeat、no-repeat
fillStyle=newpatt；	用图案设置填充样式

11.10　关于 3D 绘图、动画和矢量图

11.10.1　3D 绘图

因为 Canvas 画布规范目前是 2D 标准，要想在 2D 技术下实现 3D 画面，还要在 2D 的基础上模拟 3D 的学习难度很大，从最基本的点到线，然后到线到面来模拟 3D。

值得欣慰的是，WebGL(Web Graphics Library)提供了一种基于 Web 的 3D 绘图标准，这个标准是由 AMD、爱立信、谷歌、Mozilla、nVIDIA 以及 Opera 等技术公司组成的工作组制定的，目前的主要浏览器 Mozilla Firefox、Apple Safari、Google Chrome 及 Opara 等已经支持 WebGL 标准。一个典型的应用例子是 Google 搜索引擎在 2012 年 4 月添加了支持 WebGL 新的功能，用户在搜索框里输入一个曲线方程，Google 搜索引擎就会在全 3D 的空间中画出这个曲线！

这种 3D 绘图技术标准支持免费开放的 3D 图形规范 OpenGL ES 2. 0 开发的 JavaScript 接口库，HTML 5 Canvas 可以调用 WebGL 提供硬件 3D 加速渲染，浏览器可以借助系统显卡来流畅地展示 3D 场景和模型，借助 WebGL 技术标准，免去了开发 3D 网页专用渲染插件及学习难度，实现 Web 应用用来设计 3D 动画及游戏制作等。

目前，WebGL 已经提供成熟的 JavaScript API 库 three. js，主要用于 3D 游戏开发可以到中文 WebGL 的学习网站 http://www. hewebgl. com/进一步了解。下面是一些经典的 WebGL 演示例子。

(1) http://madebyevan. com/webgl-water/，一个水池波纹动态效果。

(2) http://www. spacegoo. com/wingsuit/ #，一个三维空间飞行效果。

(3) http://inear. se/visualeyezer/，一个三维眼球的运动效果。

11.10.2　动画

HTML 5 画布虽然没有提供专门的动画的接口技术，但是通过 HTML 5 的 Canvas 画布 API 和 CSS 3 提供的简单动画(animation)属性，能够让我们快速实现简单的动画效果。其基本原理是在一个规定的时间段内重新计算绘制图形位置坐标，绘制新图形，然后删除旧图形来模拟出一个动画效果，例如用 context. clearRect(x, y, w, h)方法来清除图形。

11.10.3　矢量图

大多数的图形格式都是位图，图形的信息是以像素方式保存，而可缩放矢量图形

(Scalable Vector Graphics,SVG)保存的是一些图形信息的参数和一些绘图行为的数据描述,SVG 是由 XML 组成的。

SVG 具有以下很多的优势。

(1) SVG 图形保存的是数学公式创建的数据,无须存储每个独立像素的数据,所以它的文件更小,压缩性更强,更适合网络应用,减少带宽的占用。

(2) 矢量图形在缩放过程中不会产生失真,更好地保存图像质量。

(3) SVG 图像由浏览器渲染,可以以编程方式绘制。SVG 图像可动态地更改,这使它们尤其适合数据驱动的应用程序,比如图表。

(4) SVG 图像的源文件是一个文本的 XML 文件,容易被阅读器、搜索引擎访问。

(5) SVG 图像更容易与 DOM、CSS 和 JavaScript 交互。

(6) SVG 不仅可以制作二维图像,还可以制作动画。

目前大多数浏览器已经支持 SVG,可以选择用矢量图形工具来创建一个矢量图,例如 Adobe Illustrator,也可以通过代码编辑器,以写代码的方式来创建一个图像。下面简单地创建一个 SVG 图像,并把它运用到 HTML 网页中。

(1) 创建 SVG 图形,这是一个 XML 文件,文件扩展名为 SVG。下面的代码是从(x1,y1)到(1x2,y2)画一个蓝色的 12px 粗的水平线。这个文件由< svg >元素和< line >元素组成,还包括一些属性描述。SVG 还有更多的创建图形的元素,例如,< rect >矩形、< circle >圆、< eclipse >椭圆等。代码如下。

```
<svg xmlns = "http://www.w3.org/2000/svg" version = '1.1'
 width = "100 %" height = "100 %" >
<line x1 = '20' y1 = "120" x2 = '300' y2 = '120'style = 'stroke:blue;stroke - width:12'/>
</svg>
```

(2) 我们可以在 HTML 网页中直接用图像的方式加载 SVG 图形,例如,将上面的代码保存为文件 line.svg,我们把这条蓝线加载到网页中,代码如下。

```
background - image: url("line.svg");
```

或者在 CSS 中引用 SVG 图形作为背景图,代码如下。

```
<body>
<svg width = "300" height = "300" >
<rect width = "60 %" height = "30 %" fill = "blue" />
</svg>
</body>
```

甚至可以把简化的 SVG 代码直接嵌入到 HTML 网页中,代码如下。

```
<img src = "line.svg" alt = "My SVG line" />
```

例子 11-18:
part2/ch11/svg.html

完整的 SVG 绘图见例子 11-18。除了简单的绘图功能,在 SVG 图形中还可以定义阴影、渐变等特效。对于复杂的图形，还可以用图像处理工具来创建，并以 SVG 图形格式来保存。

练习

1. 画不同的线条外观，注意使用 strokeStyle 的其他属性。
2. 编写代码，画两条独立不交接的线条，可不可以填充颜色？
3. 用表单的 type=color，range 来定义画笔的颜色和粗细，然后画线。
4. 编写代码，比较轮廓与填充画图的区别。
5. 使用 clearRect()画矩形，来完成橡皮擦功能，用表单让用户输入清除区域的坐标，执行清除操作。
6. 给网页加图形背景，做一个 div 块填充颜色作为背景，再给块添加透明度，让块可以看到页面的背景图。
7. 修改例子 11-6，画左边的半圆，轮廓线粗为 10px，颜色为红色，填充蓝色。
8. 在例子 11-7 代码基础上，调节 clockwise=true 顺时针，看看和逆时针的区别。
9. 在例子 11-8 代码基础上，加入更多的渐变颜色。
10. 在例子 11-9 代码基础上，改变圆心 1 坐标，改变辐射渐变外观，形成锥形。
11. 在例子 11-12 代码基础上，用 fillStyle 属性来设置第二个圆的透明度，比较效果。
12. 用变换制作一个动画，做一个正方形的旋转。

第12章 文件与拖放技术

12.1 File 文件

在 HTML 5 以前，浏览器客户端是不允许文件存储操作的，文件可以通过表单元素 input 的 type="file"属性进行读取上传。HTML 5 增加了 File API 本地文件操作接口，允许更多的本地文件操作，但是，为了安全，File API 仅提供读取本地的文件，但不能修改、删除、创建新文件。File API 是浏览器公司 Mozilla 最早向 W3C 组织提交的一个草案。

12.2 HTML 的文件操作

在计算机高级语言中，例如 Java、C/C++等中都有文件操作的 API，HTML 页面操作文件有下面三种方式。

(1) 通过表单的< input type="file"/>得到文件，再用 JavaScript 和 AJAX 技术处理上传，下载文件。代码如下。

```
< input type = "file" onchange = "processFile(this.files)" />
```

(2) 通过表单的 multiple 属性一次性读取多个文件。代码如下。

```
< input type = "file" multiple = "true" onchange = "processFile(this.files)" />
```

(3) 通过新的拖放技术读文件。

HTML 的文件主要由三个文件对象来操作：Blob、File 和 FileReader。具体说明如下。

(1) Blob，是表示原始的二进制数据流，具有流的大小 size 属性和 clice()切割数据流的方法。Blob 对象可以从 Blob 构造函数产生，也可以在一个已有 Blob 对象上，通过 slice()

方法切出另一个 Blob 对象，甚至可以调用 Canvas 对象上的 toBlob 方法产生。

(2) File，是 Blob 的子对象，从数据流形成文件对象，增加了文件名 name、文件类型 type 等属性。File 文件对象多数情况下是通过表单元素获取的，返回一个 FileList 的数组对象，或者是来自拖放操作生成的 DataTransfer 对象。

(3) FileReader，是一个用来操作文件异步读取的对象，通过 FileReade() 构造函数创建，再通过事件的回调函数，可以对 Blob 和 File 对象进行读取操作。

12.3 File API 读取文件属性

File 对象包含基本只读属性，见表 12-1，通过浏览器可以读取操作系统下的这些文件属性。

表 12-1　File 对象的属性

属　性	说　明	属　性	说　明
name	不带相对路径的文件名	type	文件类型 MIME
size	文件大小	lastModifiedDate	文件更改时间

在例子 12-1 的 file. html 中，通过表单的 change 事件 e 来获取 File 对象数组，代码如下。

```
var files = e.target.files;
```

例子 12-1:
part2/ch12/fileapi/file.html

将获取的每一个文件的属性存放到 output[]数组对象里面，代码如下。

```
output.push(f.name + ' -- ' + f.type + " -- " + f.size + ' bytes' + ' -- ' +
 f.lastModifiedDate.toLocaleDateString());
```

把文件输出到页面，代码如下。

```
document.querySelector("#list").innerHTML = output.join('<br />');
```

12.4 FileReader 读文件的方法和事件

通过 FileReader 对象来操作文件，必须要创建一个 FileReader 对象实例，代码如下。

```
var reader = new FileReader();
```

然后通过异步事件和方法来完成文件操作。FileReader 的方法如表 12-2 所示。FileReader 的事件如表 12-3 所示。

表 12-2 FileReader 的方法

方法	说明
readAsText(file,[encode])	以文本方式读取文件,encode 表示文字的编码字符集,默认 UTF-8
readAsDataURL(file)	读取文件返回基于 base64 编码的 Data-URL 数据格式包
readAsArrayBuffer(file)	读取到数组缓存
abort()	读取中断

表 12-3 FileReader 的事件

事件	说明
onloadstart	开始读文件时触发
onpragress	读取过程中定时触发。事件参数中可以提取已读取文件的数据量
onabort	读文件中止时触发
onerror	读文件出错时触发
onload	读文件成功完成时触发。this. result 获取读取的文件数据,如果是图片,将返回 base64 格式的图片数据
onloadend	读取文件完成时,成功或者失败都会触发

12.5 读取图片和文本文件操作

例子 12-2:
part2/ch12/fileapi/files-image. html

例子 12-2 的 file-image. html 包含读取图片代码,图片文件处理主要从以下几方面入手。

(1) 文件类型过滤,通过 file. type 获取文件类型,例如图片格式是“image/jpeg”,前面的 image 开头表示是图片文件,“/”后面表示图片文件的扩展名,通过正则表达式检查读取的文件是不是图片,代码如下。

```
if (/image\/\w+/.test(file.type))
```

(2) 或者,通过 accept 属性添加文件类型选择,HTML 5 在表单中对 file 输入类型添加了 accept 属性,当浏览器打开文件选择窗口时,可以按 accept 的值过滤文件类型。代码如下。

```
<input type = "file" accept = "image/*" />
```

(3) 图片预览,创建 reader 对象,readAsDataURL(file)读取图片,并转换成 Data-URL 格式的数据,代码如下。

```
var reader = new FileReader();
reader.readAsDataURL(file);
```

(4) 图片读取完成后,通过事件 e. target. result 获得图片 Data-URL 数据包,赋值给 < img >的 src 属性,在 HTML 显示区域显示图片。代码如下。

```
var img = document.createElement("img");
        img.height = 80;
        img.src = e.target.result;
document.getElementById('list').insertBefore(img, null);
```

(5) 或者,从文件对象 file 获取文件的 DOMString 的 URL 数据。代码如下。

```
img.src = window.URL.createObjectURL(file);
```

读取文本文件略有不同,见例子 12-3,具体操作如下。

例子 12-3: *part2/ch12/fileapi/files-text.html*

(1) 从表单 change 事件 evt 对象中获取文件对象数组,代码如下。

```
var files = evt.target.files;
```

(2) 按 UTF-8 字符编码格式读取每一个文件 file=files[i],代码如下。

```
var reader = new FileReader();
reader.readAsText(file,"utf-8");
```

(3) 通过读文件完成事件 onload 触发,把文本文件输出到页面,代码如下。

```
reader.onload = function(e) {
  var pre = document.createElement('pre');
  pre.innerHTML = e.target.result;
  document.getElementById('list').insertBefore(pre, null);
};
```

12.6　通过 AJAX 上传文件

AJAX 技术主要是异步下载数据文件,HTML 5 提出了 XMLHttpRequest Level 2 草案,添加了一些新的特性,其中,FormData 就是新增的一个对象,模拟表单用 post 方法提交上传二进制文件。下面就具体介绍一下如何利用 FormData 来上传文件。通过表单输入获得文件对象,然后创建一个 formData 表单数据对象,将要上传的第一个文件 f. files[0]及其他数据以“值/对”方式封装到 formData 对象中,例如,文件说明。代码如下。

```
var f = document.getElementById("file");
var fd = new FormData();
fd.append("file", f.files[0]);
```

接着，创建 AJAX 通信对象，open()打开通信接口，send(fd)发送到服务器，fd 是 formData 对象实例。代码如下。

```
var xhr = new XMLHttpRequest();
 xhr.open("POST" ,"/upload" , true);
 xhr.send(fd);
```

同时，还需要编写服务器端的代码，来接收客户端发来的文件，服务器端代码可以是 JSP、PHP、ASP、node.js 等。

例子 12-4 采用 node.js 服务器，采用 express 模块处理路由，multer 模块处理上传文件。服务器端代码文件是 node-server.js。采用 ECMAScript 6 的编程风格。关于 node.js 服务器端编程，见第 25 章全栈 Web 开发。

例子 12-4:
part2/ch12/ajaxupload/xajxupload.html

12.7 拖放

拖放是一个桌面计算机常用的移动对象的方法，用鼠标选取并按住鼠标左键抓取对象，然后拖到另一个位置并释放鼠标左键，拖放对象移动到新的位置。拖放技术基本上可以替代复制、移动、粘贴功能。

拖放技术也可以在浏览器中发生，浏览器在默认情况下，链接、文本和图像是可以拖动的对象，不用再额外添加码即可以实现。但是，如果想让其他元素标签也可以拖动，那么只有 HTML 5 标准才能让这种在操作系统下常用的功能在浏览器网页中实现，同时，HTML 5 的拖放技术也可以让一个拖放对象从操作系统界面拖放到浏览器中。

12.7.1 拖放对象属性 draggable

HTML 5 为所有 HTML 元素规定了全局 draggable 属性，表示元素是否可以拖动。链接和图像的标签中，自动将 draggable 属性设置成 true，其他元素的 draggable 属性的默认值是 false。

draggable 是一个枚举属性，用于指定一个标签是否可以被拖曳，有 4 种取值，见表 12-4。

表 12-4 draggable 属性值

属 性 值	说 明
true	表示此元素可拖放
false	表示此元素不可拖放
auto	除 img 和带 href 的 a 标签表示可拖放外，其他标签均表示不可拖放
其他任何值	表示不可拖放

12.7.2 拖放对象与目标地

这里介绍的是网页内的拖放，拖放对象可以是 HTML 的任何一个标签元素，需要给这个元素加入 draggable 属性。下面的代码是将一个图像设置成可拖放(图像默认是可拖放的)。

```
<img src = "images/qq_logo.png" draggable = "true" id = "dragit" />
```

拖放的目标地，也就是放置位置，可以是 HTML 任意标签，可以加属性 dropzone 来标识，也可以忽略。下面的代码是把一个 div 元素作为拖放目的地。

```
<div style = "width: 330px;min - height: 202px;border:
1px solid #444;margin - top: 20px;overflow - y: scroll;"
   dropzone id = "drophere"></div>
```

12.7.3 拖放事件的产生

拖放事件可以用来控制拖放过程中的外观样式变化。拖放事件分成两个部分：被拖曳元素事件和目标地元素事件。

被拖放元素事件，由拖放开始、拖放过程和拖放结束三个事件组成，如表 12-5 所示。

表 12-5 被拖放元素事件

事　件	说　明
ondragstart	鼠标选取一个对象，按下左键并开始触发
ondrag	对象在拖曳过程中连续触发，即使鼠标不移动也会连续触发
ondragend	鼠标左键释放，拖曳结束触发

目标地元素事件由 4 个状态组成，被拖放元素进入目标元素区域，目标元素成功接收被拖放对象，鼠标左键释放被拖放对象及鼠标离开目标元素触发的事件，如表 12-6 所示。

表 12-6 目标地元素事件

事　件	说　明	事　件	说　明
ondragenter	被拖放对象进入目标元素	ondrop	释放鼠标左键触发，被拖放对象释放
ondragover	目标元素成功接受被拖放对象	ondragleave	鼠标离开目标元素触发

12.7.4 拖放事件的处理过程

拖放是一种在图形界面下的复制、移动、粘贴过程，整个过程需要模拟现实世界的一个物体被拿起、移动和释放的过程。同时，拖放也被认为是一种数据传输过程，拖放事件发生时，系统内部会自动创建一个数据传输的内置 dataTransfer 对象，通过这个对象的方法和属性来控制拖放过程中产生的特效效果，例如，通过加载一幅图像来显示被拖动的对象元素。表 12-7 为对 dataTransfer 对象的方法属性的进一步说明。

表 12-7 dataTransfer 对象的方法和属性

方法或属性	说　明
setData(key,value)	在被拖放元素事件中写入拖放对象信息，两个参数都是字符串类型，key 用来说明事件类型，也可以是任意值，key 参数值类型为"text"或是"url"，则会被转换成"text/plain"和"text/uri-list"

续表

方法或属性	说　明
getData(key)	getData()可以取得由 setData()保存的值,保存在 dataTransfer 对象中的数据只能在目标元素事件处理程序中读取
effectAllowed	设置光标样式(none、copy、copyLink、copyMove、link、linkMove、move、all 和 uninitialized);在事件 ondragstart 中设置
dropEffect	只在 dragenter 与 dragover 事件中可更改,其他事件中只可读取
setDragImage (element, x, y)	指定一幅图像,当拖动发生时,显示在光标下方。这个方法接收的三个参数分别是要显示的 HTML 元素和光标在图像中的 x、y 坐标。其中,HTML 元素(可以是隐藏的元素)可以是一幅图像,也可以是其他元素。是图像则显示图像,是其他元素则显示渲染后的元素
types	获取 key
files	获取外部拖放文件的一个类似数组的集合(length)。集合中每个元素有 type 属性,依次判断拖曳的文件类型

拖放过程处理如下。

(1) 在拖放元素的 ondragstart 事件中用 dataTransfer 对象初始化相关的数据信息。下面代码中,被拖放对象 dragIt 的 id 写入到 pic 变量。

```
dragIt.ondragstart = function(e){ e.dataTransfer.setData('pic', e.target.id);};
```

(2) 在目标元素的 ondragover 事件中,通过取消其默认操作 event.preventDefault()来改变拖放特效。下面代码中,有多个拖放目标区 dropHere[i],在拖放对象掠过目标区时,产生特效和背景颜色变化。

```
dropHere[i].ondragover = function(e){
 e.dataTransfer.dropEffect = 'move';
 e.preventDefault();      //不能少
 this.style.background = 'red'; };
```

(3) 在目标元素的 ondrop 事件中,dataTransfer 处理接收到的数据是通过 getData("Pic")取回前面用 setData()存放的被拖放的对象元素,e.preventDefault()防止浏览器默认打开这个拖放的对象。e.target.appendChild()将拖放的标签对象插入到目标标签下。

```
dropHere[i].ondrop = function(e){
  e.preventDefault();
  var data = e.dataTransfer.getData("Pic");
  e.target.appendChild(document.getElementById(data)); };
```

(4) 在被拖放元素的 dragend 事件中,移动完成的时候触发,做善后工作。若没有则可以省略。下面代码是清空目标区的背景颜色。

```
dropHere[i].ondragend = function(e){
    this.style.background = ''; };
```

例子 12-5 分别是拖放图片 dragpic. html 和拖放< a >和< li >元素 dragelement. html。

例子 12-5:
part2/ch12/dragpic. html 和 dragelement. html

12.7.5 浏览器外部的拖放

可以将浏览器外面的对象,例如,图片、文字、文件拖入浏览器里面。

以下是例子 12-6 的部分代码,从浏览器(Firefox 浏览器,其他浏览器可能有兼容问题)外部拖放图片文件到浏览器的目标区。

例子 12-6:
part2/ch12/dragfile. html

```
oDiv1.ondrop = function (ev) {
  var files = ev.dataTransfer.files;
  var fileType = ev.dataTransfer.types;
  for (var i = 0, f; f = files[i]; i++) {
      var reader = new FileReader();
        reader.readAsDataURL(f);
        reader.onload = function (f) {
  oDiv1.innerHTML = '< img src = "' + this.result + '" title = "' + f.name + '" width =
"100 %" />'; }
  ev.stopPropagation();
  ev.preventDefault();  }
```

oDiv1 是拖放目标区,通过 dataTransfer. files 得到拖放的文件对象数组,再通过 File API 的 FileReader 对象实例及图片文件加载完成产生的事件 onload,获得文件对象的结果信息 this. result,以< img >标签写入到目标区。

练习

1. 在例子 12-2 代码基础上,添加更多的 FileReader 事件,来检查文件的加载过程。

2. 在例子 12-2 中,图片源分别可以通过两种方式获取,一种是通过 readAsDataURL(file)返回(e. target. result)图片 base64 编码的 Data-URL 格式图片数据,和 window. URL. createObjectURL(file)返回的 DOMString 格式的 URL 图片数据,将这两种 URL 数据打印出来,分析它们的区别。

3. 用拖放技术做一个模拟垃圾桶的功能,有垃圾显示垃圾桶满,否则显示空的状态。

4. 编写编码,看看能否拖放< canvas >画布到另一画布?

第 13 章 History API

13.1 浏览器翻页与 URL 地址

URL 地址是指向服务器端的资源识别器，服务器端的资源是物理文件，例如 HTML、CSS、JavaScript、图片、文档等。浏览器可以帮助我们记住曾经访问过的网页，但是，浏览器是通过记录网页的 URL 地址来记录访问过的网页，或制作成书签形式保存网页 URL 地址。

如果一个 URL 页面很长，例如，一个指向博客评论的 URL 页面地址可能就包含十几页的评论，这时，浏览器就无法帮我们记住内容某一个页面的具体位置，如果想把这个内容页面转发给朋友，朋友收到的仅仅是 URL 页面，也就是从评论的第一页开始，而不能记住你想转发的第 9 页评论。

13.2 浏览器翻页与 AJAX 技术

在 AJAX 应用中，它可以帮助网页只更新部分内容，而不是下载更新整个网页，但是浏览器是无法把这个碎片的内容变化作为书签记录的。

过去解决这个问题的方法是引入"hashbang"(＃!)模式来给 URL 地址加碎片识别器，例如 Twitter 网站，然后，由 JavaScript 获得 hashbang 值来决定网页哪一部分需要显示、更新。带 hashbang 的 URL 是一个空链接，是不能直接连接到服务器的资源的，需要 JavaScript 在客户端截获这个链接并处理。例如，http://twitter.com/＃!xx/Joe 是一个虚链接，http://twitter.com/Joe 是一个实链接。

现在，HTML 5 引入 History API 新技术来帮助我们记住一个 URL 页面下某一内容页面的变化位置和状态，从而可以恢复这个网页的某一部分的变化状态。

13.3 History 对象与浏览器翻页

History 对象在 HTML 4 中就已经存在，但是，HTML 5 加入了历史记录堆栈方法来记录内容数据的变化状态。如表 13-1 所示是 History 对象的属性和方法。

表 13-1 History 对象的属性和方法

属性、方法	HTML 4	HTML 5	说　明
history. length	√	√	历史记录数
history. go(n)	√	√	前进或后退 n 条记录，n 可以是负数
history. back()	√	√	往后
history. forward()	√	√	往前
history. pushState(data, title [, url])		√	往历史记录堆栈顶部添加一条记录
history. replaceState(data, title [, url])		√	仅更改当前的历史记录，不添加
history. state		√	获取历史堆栈的 data 数据
window. onpopstate		√	响应 pushState 或 replaceState 的调用

在例子 13-1 中，定义了 4 个模拟页面及内容，代码如下。

```
var contentState = {
    "page1": '这是第一页: historyAPI 介绍页',
    "page2": '这是第二页: 演示 history 奇迹的地方',
    "page3": '这是第三页: 介绍如何应用 HTML5 的 history API 技术',
    "page4": '这是第四页: 请看看我的照片',
    "history": '这是我的网页首页'
        };
```

对应的 HTML 页面代码如下。

```
<div id = "menu">
    选择下面页面查看不同内容: <br/>
      <a href = "/page1">第一页</a>
      <a href = "/page2">第二页</a>
      <a href = "/page3">第三页</a>
      <a href = "/page4">第四页</a>
</div>
<div id = "content">首页开始</div>
```

例子 13-1:
part2/ch13/history. html

分析下面的代码，其原理在于当网页内容有刷新，或要将这个页面作书签时，就要通过 pushState 记录内容页面的变化状态。所以，代码通过 jQuery 的 $ ("a"). click() 监控用户单击 4 个页面的情况。event. preventDefault()禁止页面跳转，而是由 getContent(url)刷新某一个单击页面内容。同时，history. pushState (contentState[url], null, url)记录内容的历史状态，同时也保存 URL 地址，让这个内容页面变化与 URL 捆绑在一起，而这个 URL，浏览器是不会重新加载网页页面的，类似于 AJAX 技术，仅记住部分内容的变化。这就是

History API 的关键技术所在。

```
$ ("a").click(function (event) {
      event.preventDefault();
      var a = event.target;
      var url = a.getAttribute ('href');
      getContent(url);
      history.pushState (contentState[url], null, url);});
```

当用户浏览历史内容时，例如，在浏览器中单击“后退”“前进”按钮或脚本调用 history.back、history.forward 时，将触发 onpopstate 事件。在触发 onpopstate 时，通过 event.state 获得由 pushState 压入堆栈的状态数据，从而恢复用户浏览的历史部分。代码如下。

```
window.addEventListener ('popstate', function (event) {
  var hs = history.state;
  if (hs !== null) {getContent(location.pathname)}
  else {location.href = 'history.html';} });
```

代码演示效果如图 13-1 所示，代码要求在 Web 服务器下运行。可以看到浏览器 URL 地址是一个虚拟的地址，并没有直接通过 URL 访问 page2 资源，page2 内容应该是通过 AJAX 技术获取更新。

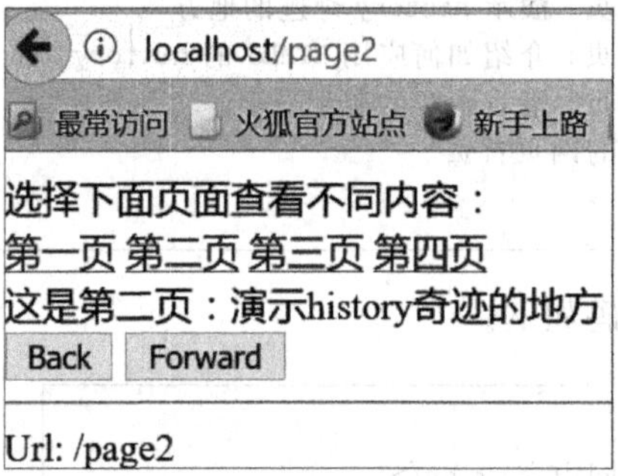

图 13-1　页面历史界面

练习

1. 通过实验看看 history.pushState()和 history.replaceState()的不同。

2. 通过修改例子 13-1 代码，使用不同链接方法 back()、forward()、location.url()和< a >，深入理解虚链接 URL 和实链接 URL 的区别。

第 14 章

视频音频播放

14.1 浏览器播放视频音频

之前的浏览器要播放视频音频，都需要浏览器有外部或插件的播放器，有以下两种方法。

(1) 浏览器用<embed>或<object>加入音频视频文件，播放时调用外部的播放器，例如，Windows Media Player、Apple QuickTime 等。

(2) 浏览器安装播放器插件，例如，微软的 Silverlight、Adobe Flash。

所以，HTML 4 要实现多媒体播放，可以用<a>标签链接到媒体文件实现下载播放。例如，下面的代码：

```
<a href = "movie.mp4">下载 MP4 文件</a>
<a href = "movie.ogv">下载 ogv/Theora 文件</a>
<a href = "movie.webm">下载 WebM 文件</a>
```

或者通过<object>实现多媒体播放，代码如下。

```
<object>
  <param name = "autostart" value = "false">
  <param name = "src" value = "FILE.wav">
  <param name = "autoplay" value = "false">
  <param name = "controller" value = "true">
  <embed src = "FILE.wav" controller = "true"
        autoplay = "false" autostart = "false" type = "audio/wav">
</object>
```

现在，HTML 5 增加了<audio>和<video>标签，直接通过浏览器内部的媒体播放引擎播放。由于浏览器 HTML 5 播放器是一个自由的播放器，不检查版权保护，所以有版权的音乐、电影最好不用< audio >和< video >标签加载。

14.2 视频音频格式及转换

某些视频音频的格式是有专利许可的，例如，像 MP3、MP4(H.264)是需要付商业许可费的。条款规定：产品中使用了 MP3/MP4 格式的解码器，或销售用 MP3/MP4 格式的媒体文件，用户数量达 10 万以上，需要支付 H.264 的许可条款要求的商业许可费。

媒体文件的播放涉及媒体文件扩展名和 Web 资源的内容类型(MIME)。在计算机操作系统中，文件扩展名可以让程序自动识别打开或处理的文件。而在基于 B/S 的 Web 应用框架下，Web 服务器在给浏览器发送文件资源时，会带一个 MIME 类型说明，浏览器根据 MIME 来判断如何处理从服务器发来的文件。所以，用 HTML 5 播放器播放视频音频媒体，需要在 Web 服务器端设置 MIME。

不同的浏览器厂家会支持不同的视频音频格式，如表 14-1 所示。

表 14-1 浏览器厂家支持的视频音频格式

格式		扩展名	MIME 类型	说明	浏览器支持
音频	MP3	.mp3	audio/mp3	最流行的音频格式，许可费	IE 9、Chrome、Safari、iOS 3
	Ogg Vorbis	.ogg	audio/ogg	免费，音频标准	Firefox、Chrome、Opera
	WAV	.wav	audio/wav	原始音频格式，未压缩	Firefox、Chrome、Safari、Opera
视频	H.264	.mp4	video/mp4	最流行的视频行业标准，许可费	IE 9、Crome、Safari、iOS 4、Android 2.3
	Ogg Theora	.ogv	video/ogv	免费，开发视频标准	Firefox、Chrome、Opera
	WebM	.webm	video/webm	Goolge 购买的视频标准，免费	Firefox、Chrome、Opera、Android 2.3

由于媒体格式不统一，为了让不同浏览器能够播放媒体，需要将媒体格式进行转换。常用转换工具见表 14-2。

表 14-2 常用视频音频格式转换工具

工具	功能	费用	下载
Audacity	音频转换	免费	http://audacity.sourceforge.net
Goldwave	音频转换	付费	http://www.goldwave.com
Micro Video Converter	视频转换	开源免费	http://microvideoconverter.com
Firefogg	Firefox 插件	免费	视频转换，通过 Firefox 浏览器访问 http://firefogg.org 安装插件
HandBrake	视频转换	开源免费	http://handbrake.fr
Zencoder	视频转换	商业付费	http://zencoder.com

14.3 视频音频的标签元素

14.3.1 <video>和<audio>标签元素

视频、音频语法格式，不能用简化的闭合标签<audio/>，必须用完整的</audio>闭合标签。这两个元素包含一些属性来简单控制媒体的播放，例如，controls 属性告诉浏览器显示播放器默认的控制界面。更多的属性见表 14-3。

表 14-3 video 和 audio 的属性

video/audio 属性		说　明
共有属性	preload	=auto 下载文件，=metadata 下载文件头数据，=none 不下载任何文件数据
	autoplay	浏览器打开，加载媒体文件并自动播放
	loop	循环播放
	controls	显示播放控制界面
video 属性	poster	用于替换视频初始显示的图片
	width，height	设定视频窗口的宽高

14.3.2 <source>标签

由于媒体格式的问题，而且并不是浏览器都统一支持所有的格式，所以在网站开发中，就需要定义所有格式来满足不同浏览器的播放要求。

通过<source>标签来引入不同格式的媒体文件，而不是通过在<audio>、<video>中的 src 属性引入单一媒体文件。<source>标签的属性见表 14-4。

表 14-4 <source>元素的属性

source 属性	说　明
src	媒体源
media	媒体查询列表，例如："screen, 3d-glass, resolution>900dpi"
type	媒体 MIME 类型，例如：audio/mp3, video/mp4

例子 14-1 中，MP4 需要用 Chrome 浏览器打开。如果想让 Firefox、Chrome 浏览器都可以打开播放媒体，除了 MP3 音乐文件外，还要转换成 ogg 格式的音乐文件。同样道理，也要把 MP4 转换成 ogv 格式视频。下面是修改过的音频部分的代码来让 Firefox 浏览器也可以直接播放音乐。

例子 14-1:
part2/ch14/myaudiovideo.html

```
<audio controls>
        <source src="sound1.mp3" type="audio/mp3">
        <source src="sound1.ogg" type="audio/ogg">
</audio>
```

以上代码就可以让浏览器根据自己可播放的文件格式来选择播放。所以，Web 开发人员需要做媒体文件的格式转换，以满足在不同的浏览器媒体中播放的要求。

14.3.3 <track>标签

<track>标签元素用来作视频字幕，音频歌词的显示控制，其属性和使用见表 14-5。

表 14-5 <track>元素的属性

track 属性	说　明
src	时间轨语言文件，字幕文件，歌词文件
srclang	时间轨语言
type	label 标题
default	默认 track 启用
kind	subtitle 字幕翻译，caption 字幕，description 文字说明，chapters 章节标题，metadata 脚本点的元内容

14.4 JavaScript API 控制播放

前面通过 HTML 元素实现的多媒体播放，是由浏览器提供的播放控制及界面，其实，HTML 5 标准还提供了多媒体播放的 JavaScript API，让开发人员定制自己的播放器。

> ***例子 14-2:***
> *part2/ch14//customplayer/customplayer.html*

见例子 14-2，其技术是通过 DOM 获得<video>或<audio>对象，通过这个媒体对象的属性和方法编写代码来完全控制媒体的播放，见表 14-6。

表 14-6 <video>或<audio>对象的属性和方法

属性、方法	说　明
play()	播放
pause()	暂停播放
stop()	停止播放
canPlayType()	检查浏览器支持的播放格式
skip()	快速跳转
currentTime	当前播放时间轨
playbackRate	播放速率，1=正常，>1 快速，<1，慢速
paused	true，暂停

练习

1. 修改例子 14-2 代码，加一个播放速度调节按钮，每次按 2 ^ n 递增，n=1，2，4，8，16，32。

2. <video>和<audio>都有 controls 属性来显示播放控制面板，这个控制面板在不同浏览器下有没有差异？

3. 使用特殊字符制作一个简单的播放控制面板。

第 15 章

客户端数据存储

15.1 数据存储

Web 开发的系统构架是 B/S，大多数数据的存储是在服务器端完成，浏览器仅在上载文件时，可以访问本地文件，但是并不能修改本地文件和数据，除了浏览器的 Cookie 文件外，修改、读取 Cookie 文件还有很多限制。

HTML 5 标准开放了浏览器端的文件和数据存储方式，这样的好处是使打造一个基于 Web 的本地应用成为可能，并且，几乎可以替代 C 或 C++、Java 等计算机高级语言编写的应用。当然，基于网络的 Web 应用更流行，例如，Web 网络游戏，可以在客户端存放大量的数据来降低网络流量。如图 15-1 所示是 HTML 5 时代，数据存储的网络分布，图中的数据存储有服务器和客户端，本章内容讲的是浏览器端的数据存储。

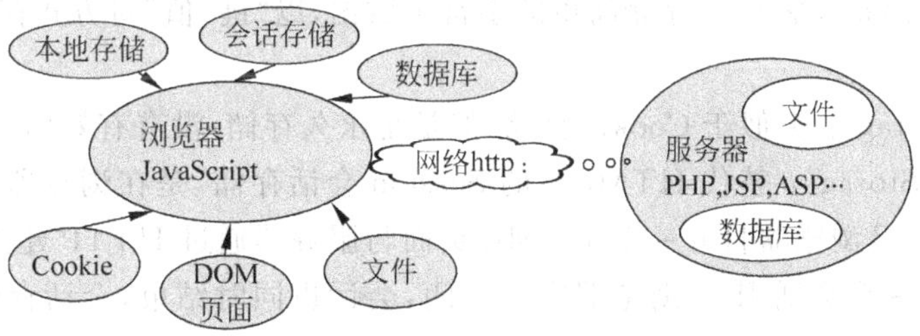

图 15-1　HTML 5 时代的 Web 数据存储

15.1.1 数据存储方式比较

Web 数据存储的方式与域名、浏览器、网页登录用户有关，数据结构、数据容量也有不同，见表 15-1。

表 15-1 Web 存储方式比较

存储方式	生命周期	保存数据结构	容量	安全问题	存储位置
Cookie	可设定	键/值对，字符串	4Kb	域名，浏览器，用户相关	客户端
DOM 页面	网页关闭	任意，字符串	不定	域名相关	客户端
localStorage	永久	键/值对，字符串	5Mb	域名，浏览器，用户相关	客户端
sessionStorage	网页关闭	键/值对，字符串	5Mb	域名，浏览器，用户相关	服务器、客户端
数据库	永久	结构化数据	50Mb	域名相关	客户端、服务器
文件	永久	只读	不定	域名相关	客户端、服务器

15.1.2 Cookie 与 Web 本地存储比较

HTML 5 扩展了客户端本地数据存储的方式，其优势是明显的，见表 15-2。

表 15-2 Cookie 与 Web 本地存储比较

Cookie	Web 本地存储
通过 HTTP 访问操作存储	可以离线，客户端直接操作存储
Cookie 还可以被其他服务器端语言操作存储，如 PHP、JSP	完全由 JavaScript API 操作存储
Cookie 与浏览器和域名关联	会话存储与浏览器、域名和打开窗口关联
因为 Cookie 存储要通过 HTTP 传送，安全性差，通过 httpOnly 和 secure 设置安全性	Web 存储可以离线存储，安全性高

但是，无论是 Cookie 存储还是 Web 存储，都要在 B/S 的构架中运行，即使是离线应用也要有服务器，不可以做单机应用。

15.2 Web 本地数据存储

Web 本地数据存储必须在 B/S 架构的环境下才有效，也就是说需要 Web 服务器的支持。本地数据存储是在客户端存储简单的字符串数据，以“键/值”对方式存储。有以下两种方式。

(1) localStorage：类似于 Cookie 存储，但是是永久存储，没有有效期。

(2) sessionStorage：替代 HTML 4 的 Session 会话存储，是在浏览器端的临时数据缓存。Session 会话是浏览器打开一个 HTML 页面与服务器通过 HTTP 建立通信后，由服务器发送给浏览器一个会话 ID。浏览器窗口关闭，会话也同时结束，会话存储也同时被浏览器删除。一个打开的窗口不能读取另一个窗口的会话存储，而 Cookie 存储可以被另一个来自相同域名和浏览器打开的窗口查看。

15.2.1 localStorage 和 sessionStorage 对象

在 JavaScript API 中，window. sessionStorage 是会话存储对象，window. localStorage 是本地存储对象，是 window 对象下的子类实例，所以，在语法上可以忽略 window 根对象。

它们有共同的属性、方法，只是存储数据的生命周期不同。用这些属性方法来实现数据的存储、获取、删除操作，见表 15-3。

表 15-3 sessionStorage 和 localStorage 对象的属性和方法

属性和方法	说　明	属性和方法	说　明
getItem(key)	通过 key 获取存储值	clear()	清除该存储对象的所有存储数据
setItem(key,value)	保存 key/value 对	key(n)	获得第 n 个键名称
removeItem(key)	从存储中移出 key/value	length	存储的键值数

也可以通过对象的对象数组以及 key 键属性两种方式访问和存储键值，见表 15-4。

表 15-4 更多的方式访问和存储键值

对象属性	说　明
localStorage["key"]=value sessionStorage["key"]=value	通过对象数组直接存储 key 值
localStorage.key=value sessionStorage.key=value	通过键属性，存储键值
value=localStorage["key"] value=sessionStorage["key"]	通过对象数组获取 key 键的值
value=localStorage.key value=sessionStorage.key	通过键属性，从存储中获取键值

具体见例子 15-1。

例子 15-1:
part2/ch15/webstorage.html

15.2.2 Web 存储的事件处理

Web 存储会产生一个 onstorage 事件，通过这个事件了解存储过程，及 key 值的改变，onstorage 事件的属性见表 15-5。

表 15-5 onstorage 事件的属性

属　性	说　明	属　性	说　明
key	被修改的 key	newValue	key 修改后的新值
oldValue	key 修改前的值	url	修改的 url 页面

例子 15-2 中，storageEvent.html 代码如下，e 是 storage 的事件对象，每刷新一次 storageEvent.html 页面，会产生存储 count 键和 visitDate 键的两次更新。在测试 Web 存储事件时，必须在浏览器打开两个 Tab 来访问同一个 storageEvent.html，一个用来更新触发存储事件，一个用来查看更新的状态。

```
var mm = document.getElementById("changed");
        mm.innerHTML = "<br>Key:" + e.key;
        mm.innerHTML += "<br>OldValue:" + e.oldValue;
        mm.innerHTML += "<br>newvalue:" + e.newValue;
        mm.innerHTML += "<br>url:" + e.url;
```

例子 15-2:
part2/ch15/storageEvent.html

15.2.3 保存其他数据类型

Web 存储只能存储字符串，如果要存储其他数据类型，只要将内容序列化成字符串，都可以存储。例如 JSON 格式的数据，首先需要转换成字符串来存储。如下代码就是将 student 的 JSON 对象，通过 JSON. stringify(student)，转换成 studentStr 的字符串，再以 thisStudent 的键值保存到 sessionStorage 中，通过 sessionStorage. thisStudent 读回这个字符串值，然后通过 JSON. parse(studentStr)转换回 student 的 JSON 对象。代码如下。

```
var student = { name:'Jim',age:'35' };             //JSON 格式数据
var studentStr = JSON.stringify(student);          //转换成字符串
//存入 Web storage
sessionStorage.thisStudent = studentStr;
//读取
studentStr = sessionStorage.thisStudent;
//重新转换为 JSON 对象
student = JSON.parse (studentStr);
```

15.3 数据库存储

早期的 Web 应用系统数据库都是在服务器端工作，HTML 5 标准给客户端开放了数据库的应用，将以前必须保存在服务器上的数据转为在客户端本地存储，这样大大提高了 Web 应用程序的性能，减轻了服务器端的负担，同时也减轻了网络带宽的流量，使 Web 时代的应用更接近于 Java、C++ 等高级语言编写的应用。客户端 Web 数据库是内置于浏览器的数据库引擎，又分为 Web SQL 和 IndexedDB。这两个数据库的主要区别如下。

(1) Web SQL 更像是关系型数据库，采用 SQLite 文件型数据库，这种数据库是针对于嵌入式系统开发的，所以，很多智能移动设备中都默认安装了 SQLite 数据库支持，在移动 Web 开发中还被广泛使用。

(2) 由于 Web SQL 规范采用 SQLite 的数据库支持，W3C 组织无法去修改和重新制定 SQLite 的语言规范，在 2010 年停止了对 Web SQL 规范的支持。但是 SQLite 数据库是跨平台的，很多计算机语言可以直接创建数据库，所以，大多数浏览器仍然支持 Web SQL。

(3) IndexedDB 更像是一个 NoSQL 数据库，采用对象存储方式存储数据，而不是用 SQL 的结构存储，它更适合事务性处理。

(4) IndexedDB 解决了 Web 本地存储在容量上的不足，它可以存储大容量的结构化数据，并提供高性能的查询索引。

(5) IndexedDB 的 API 非常强大，如果仅开发一个简单的数据库存储，它又过于复杂。

15.3.1 Web SQL

首先，检测浏览器对 Web SQL 的支持情况：

```
function testwebSQL() {return window.openDatabase;}
```

和传统的关系数据库一样，Web SQL 数据库操作基本分为三个步骤完成，如图 15-2 所示。

应用数据库操作的基本方法如下。

(1) openDatabase：打开现有数据库或新建数据库，创建数据库对象。

(2) transaction：通过数据库对象产生一个事务对象，控制事务提交或回滚。

图 15-2　Web SQL 数据库操作三部曲

(3) executeSQL：通过事务对象执行 SQL 数据库操作语句。

具体操作见表 15-6。

表 15-6　Web SQL 数据库操作方法

核心方法	对象，属性，方法	说　明
Web SQL 数据库创建或打开已有的数据库	db=openDatabase(…)	5 个参数：①数据库名；②数据库版本；③数据库描述；④数据库大小(Byte)；⑤回调函数。打开一个已存在的数据库，要有相同的版本号
创建一个事务	db.transaction(qureysql, errorCallback, successCallback)	querysql：SQL 事务回调函数，其中有一个参数 tx 就是事务对象，可以执行 SQL 语句(必选)。errorCallback：出错回调函数（可选）。successCallback：执行成功回调函数(可选)
在一个事务中执行 SQL 语句	function(tx) {tx.executeSQL(sql, [], sucesscallback, errorcallback);…}	function(tx){…}就是上面的 transaction 函数的第一个参数 querysql。executeSQL 函数参数：sql 为标准 SQL 语句，[]为 SQL 参数集，如果 sql 带？参数，[]里列出相应值，successcallback 和 errorcallback 为回调函数，处理 SQL 结果或错误

通过例子 15-3，分析具体操作步骤如下。

例子 15-3：
part2/ch15/websqlstudent.html

(1) 创建数据库，代码如下。

```
var db = openDatabase('mydb', '1.0', 'this is a test DB', 2094);
```

(2) 创建表，代码如下。

```
db.transaction(function (tx) {
  tx.executeSql('CREATE TABLE IF NOT EXISTS students (id unique, nametext,
age integer)');});
```

(3) 插入数据代码如下。

```
db.transaction(function (tx) {
   tx.executeSql('CREATE TABLE IF NOT EXISTS students (id unique, nametext,
   age integer)');
   tx.executeSql('INSERT INTO students(id, name,age) VALUES (1, "Joe",21)');
tx.executeSql('INSERT INTO students(id, name,age) VALUES (2, "Mark",19)');});
```

(4) 或者用变量来输入数据，eid、ename、eage 分别是映射到数据表的三个变量，代码如下。

```
tx.executeSql('INSERT INTO Students (id,name,age) VALUES (?, ?,?'), [eid, ename,eage];
```

(5) 查询数据，并将结果显示到 id 选择器为 show 的标签元素里面。这里用到了成功回调函数 function (tx,results)。代码如下。

```
db.transaction(function (tx) {
    tx.executeSql('SELECT * FROM students', [], function (tx, results) {
    var len = results.rows.length, i;
      msg = "<p>查到: " + len + "学生</p>";
    document.querySelector('#show').innerHTML += msg;
      for (i = 0; i < len; i++){
    msg = "<p><b>学生名: " + results.rows.item(i).name + "</b></p>";
          document.querySelector('#show').innerHTML += msg;
    }}
```

(6) 删除 id=1 的数据，及关于错误回调函数 function(tx,err)的使用代码如下。

```
db.transaction(function (tx) {
    tx.executeSql( "delete from students where id= ?",[1],
   function (tx, result) {},
    function (tx, err) {console.error(err.message); });
   });
```

15.3.2 IndexedDB

IndexedDB 是一个侧重于事务型的系统，也是基于 NoSQL 数据库系统，所以，它没有固定的数据库表，也不用 SQL 语句操作数据库数据，IndexedDB 是一个基于 JavaScript 面向对象的数据库。IndexedDB 可以存储数据对象，然后通过键(Key)值索引来检索对象。所以，从传统的关系数据库角度学习 IndexedDB 有一定的难度。

IndexedDB 的工作原理是把数据对象存储在一个 objectStore 数据仓库里，objectStore 数据仓库就相当于关系数据库里的表或容器，IndexedDB 可以有很多 objectStore 数据仓库，一个 objectStore 数据仓库里可以存储很多数据对象。

IndexedDB 采用操作异步方式的 API，也就是请求-响应的模式。例如，打开数据库，不像 WebSQL 就直接获得数据库对象，IndexedDB 首先获得的是一个 request 的请求对象，再通过响应的事件异步获取数据库对象。

不同域名的网页创建的 IndexedDB 数据库，只限制来自相同域名的网页访问，不可跨域名访问求其他 IndexedDB 的数据库。

IndexedDB 的数据库操作过程如图 15-3 所示。

下面通过例子 15-4 来分析 IndexedDB 数据库操作过程。首先，创建和连接数据库是通过 window 对象下的内置 IndexedDB 对象的 open()方法调用，返回一个 IDBOpenDBRequest 请求

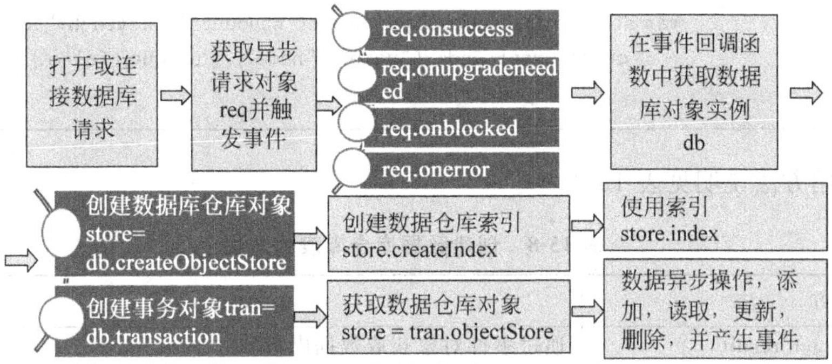

图 15-3 IndexedDB 数据库操作过程

对象 req，并触发异步响应事件，事件的回调函数包含一个事件对象 event 作为参数，通过 event.target.result 属性就获取打开的 IndexedDB 数据库对象 db。创建数据库的版本默认是"1"，如果要修改，添加数据到数据库仓库表 objectStore，需要变化 dbVersion 版本参数值。部分代码如下。

```
var req = window.IndexedDB.open(dbName, dbVersion);
req.onsuccess = function (event) {…}
req.onupgradeneeded = function (event) {…}
req.onerror = function (event) {…}
req.onblocked = function(event) {…}
```

具体的数据库连接方法及触发事件见表 15-7。

表 15-7 数据库连接方法和事件

方法和事件	说　明
indexedDB.open(dbName, dbVersion)	建立 dbName 数据库名连接，dbVersion 为数据库版本，默认为"1"，如果要添加数据到数据库仓库表，要变化版本值
onsuccess	当 dbVersion＝存在的版本，触发成功事件，可以查询，但不能修改数据
onupgradeneeded	当 dbVersion!＝存在版本，触发更新事件，可以修改、添加数据
onerror	打开数据库出错
onblocked	上一次的数据库连接没有关闭

数据库连接成功后，接着创建或打开数据库仓库 objectSotre，objectStore 存储的是键/值对，但是，这个值对不是简单的字符串值，而是 JSON 数据类型值。每条数据记录需要指定一个字段作为键值(keyPath)，相对于 SQL 的 primaryKey 主键，也可以通过内部自动生成的递增数字作为键值。必须在 onupgradeneeded 事件的回调函数中创建或打开数据库 students 表，代码如下。

```
req.onupgradeneeded = function(e){
            db = e.target.result;
            if(!db.objectStoreNames.contains('students')){
```

```
            var store = db.createObjectStore('students',{keyPath:"id"});
                store.createIndex("name", "name", { unique: false });
        }
```

具体使用方法说明见表 15-8。

表 15-8　创建数据库仓库表的方法

方　法	说　明
var db＝e.target.result	通过事件对象获取数据库对象
db.createObjectStore(storeName, keyOptions)	创建数据库仓库表，storeName 为数据库仓库表名，keyOptions 为键的类型，有两种：keyPath 外联键和 autoIncrement 内联键。例如：{keyPath:'id'}用数据表中的 id 字段作为 key；{ autoIncrement: false}，内部产生 key，手工递增；{autoIncrement:true}，内部产生 key，自动递增
db.deleteObjectStore(storeName)	删除 storeName 数据库仓库表

数据库仓库表 objectSotre 创建或打开后，可以在数据库仓库表中添加、修改、删除数据，但是，首先要创建一个事务 transaction。事务中需要指定该事务使用哪些 objectStore，可以用数组指定多个 objectStore。事务还需要说明对数据的操作模式，有如下三种。

(1) readonly：只读，不能修改数据，可以并发执行。

(2) readwrite：读写，可以进行读写操作，异步执行。

(3) versionchange：版本变更。

获取事务对象也是异步的方式，会产生以下三个事件。

(1) abort：事务中断退出。

(2) complete：事务成功完成。

(3) error：事务出错。

如下代码是以读写方式打开 students 和 courses 数据库仓库表，先获取一个事务对象 trans，通过 trans 对象获得 students 的数据库仓库表对象 store，代码如下。

```
var trans = db.transaction([students',courses'],'readwrite');
var store = trans.objectStore('students');
```

对 students 表的数据操作，例如查询、更新修改、删除等是异步方式执行，所以，需要一个请求对象 req 来产生 onsuccess 或 onerror 事件，在事件的回调函数中处理数据的操作结果。如下是数据的查询代码。

```
var req = store.get(key);
req.onsuccess = function(e){
var student = e.target.result;
console.log(student.name);
                };
```

如下是数据的添加代码。

```
var req = store.add(student);
req.onsuccess = function(e){
console.log("数据添加成功!");
            };
```

如下是数据的修改更新代码。

```
var req = store.get(key);
    req.onsuccess = function(e){
var student = e.target.result;
 student.age = 18;
store.put(student);
};
```

例子 15-4:
part2/ch15/indexDBstudent.html

数据表的具体操作方法见表 15-9。

表 15-9　事务与数据库仓库表操作

建立事务和数据库仓库表操作	说　明
var trans = db.transaction (['students', 'courses'],'readwrite')	用读写方式,打开指定 students 和 courses 两个数据库仓库表的事务,第一个参数是一个数组
var store = trans.objectStore ('students');	通过事务对象获取 students 数据库仓库表对象
var request = store.add(student,key);	添加数据,用 key 键添加一条 student 数据对象,key 键参数是可选的,默认是创建数据仓库表定义的 key 键
var req=store.get(key)	查询数据,通过键获得数据记录的一个异步请求对象,再通过异步事件 onsuccess 的回调函数获得 JSON 数据对象
req.onsuccess=function(e){ …}	var student=e.target.result;从异步请求 req 中获取一个 student 数据记录对象
store.put(student,key);	修改数据,通过异步事件 onsuccess 的回调函数更新修改一个 student 记录
store.delete(key);	删除一条记录
store.clear();	清理所有记录,但保留数据库仓库表

测试 indexdbstudent.html 代码时,必须在 B/S 环境下运行,用 Google 的 Chrome 浏览器可以通过开发者工具的 Resource 查看 IndexedDB 的数据库文件和表的变化,如图 15-4 所示,通过 Console 查看程序运行的输出情况。

可以通过游标 openCursor 方法遍历数据,在数据仓库表里建立一个游标 cursor,游标的建立也是异步操作,会产生事件 onsuccess 和 onerror,通过事件回调函数获得游标定位的数据对象 data,data.key 获取键,data.value 获取数据记录。continue 移动游标指针到下一个数据,例如以下代码。openCursor 有一个可选参数,来说明游标的移动方向,不选为默认

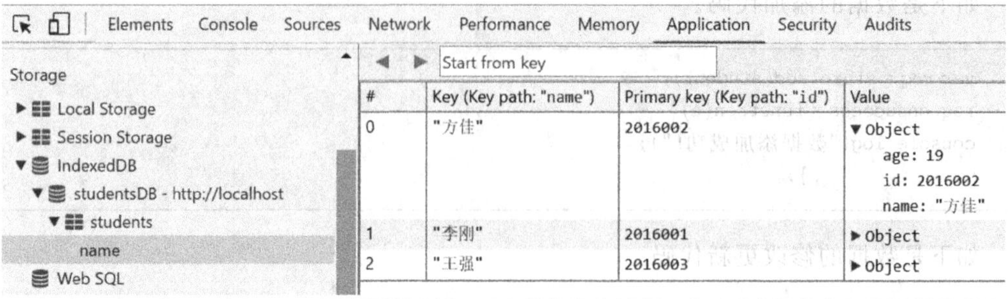

图 15-4 通过开发者工具查看数据库表

next。参数如下。

(1) next：下一个。

(2) pre：前一个。

(3) nextunique：唯一的下一个，跳过重复键。

(4) preunique：唯一的前一个，跳过重复键。

代码如下。

```
var cursor = store.openCursor();
cursor.onsuccess = function(e) {
    var data = e.target.result;
    if (data) {
        console.log("Name: ", data.value.name);
        console.dir("Age:", data.value.age);
        data.continue();
    }}
```

还可以用 createIndex()方法给一个数据库仓库表建立索引，然后通过 index 对象来检索数据。如下代码是对 students 表的 name 进行索引，第一个参数为索引的名称，也叫“name”，第三个参数表示 name 可以重复。

```
store.createIndex("name","name", {unique:false});
```

通过索引快速检索数据，这个操作也是异步的，要通过异步事件获取检索的数据，代码如下，通过 index("name")获得一个索引名为“name”的索引对象 index，通过 get(name)检索一个 students 表中的名字 name。

```
var index = store.index("name");
var req = index.get(name);
req.onsuccess = function(e) {
    var date = e.target.result;}
```

也可以通过 IDBKeyRange 对象的 4 种方法创建一个 range 对象，来指定索引 keys 读取的数据范围，如下。

(1) lowerBound(key)：指定范围的下限，keys≥key。

(2) upperBound(key)：指定范围的上限，keys≤key。

(3) bound(key1,key2)：指定范围的上下限，key1≤keys≤key2。

(4) only(key)：指定范围中只有一个值，keys＝key。

以下代码就是限制检索 students 表的 name，检索范围是“L”开头到“K”之间的名字，代码如下。

```
var index = store.index("name");
var range = IDBKeyRange.bound('L', 'K');
index.openCursor(range).onsuccess = function(e) {
        var pointer = e.target.result;
        if (pointer) {
            console.log(pointer.key + "with data:");
  for(var field in pointer.value) {
                console.log(pointer.value[field]);
            }
          pointer.continue();
        }}
```

例子 15-5 是一个建立索引的代码，对姓进行了索引，应用预存有“张”“王”两个姓的数据，通过 add 按钮添加新数据，通过 read 按钮快速查询输入的姓氏。

例子 15-5:
part2/ch15/indexedDB-index.html

最后，数据库使用完后，需要关闭数据库。通过在打开数据库时获得的数据库对象 db 来完成数据库的关闭，如下代码。

```
db.close();
```

而删除数据库就直接调用 IndexedDB 对象，代码如下。

```
indexedDB.deleteDatabase(DBname);
```

练习

1. 例子 15-1 中，使用不同浏览器同时打开页面，分析 sessionStorage 会话存储对象和 localStorage 本地存储对象，关闭页面重新打开，看看状态的生命周期的不同。

2. 在例子 15-4 的 indexDBstudent.html 代码基础上，已经做了一个名字的索引，通过姓来搜索数据。

3. 通过索引检索数据有两种方法，一种是 index.get()，另一种是 index.openCursor()游标的方法，请在练习 2 中分别使用这两个方法来查询学生的名字，分析他们的区别。

第16章

离线应用

16.1 离线应用概述

虽然基于 Web 的应用是采用 B/S 架构，在早期的 Web 应用中，如果网络断开，浏览器只能显示打不开网页，而无法继续运行这个 Web 应用。但是，基于 Web 的应用中，HTML+CSS+JavaScript 三大技术的文件虽然保存在服务器端，在客户端发出请求时，服务器的工作仅仅是传送这些文件到客户端，然后由浏览器端运行。如果我们编写的一些 Web 应用系统并不都是很依赖服务器端的数据，那么，HTML、CSS 和 JavaScript 是可以缓存在客户端浏览器里的。在没有网络的情况下，也可以运行缓存里的应用程序（HTML+CSS+JavaScript），访问缓存的数据，例如图片、本地数据库等。虽然，浏览器有自带的缓存（Cache-Control 和 Last-Modified）机制，也是以文件为单位进行缓存，并有一定更新机制，但是，HTML 5 Application Cache 为我们提供的离线缓存应用技术，是为了更灵活地控制浏览器缓存机制，通过代码控制离线应用，最大的好处是加快移动 Web 应用的本地加载，对一些静态文件，在没有文件更新时，减少对服务器的请求。

16.2 离线应用原理

通过设置缓存文件列表来实现离线 Web 应用，其原理如图 16-1 所示，不管是离线或在线，浏览器总是首先访问缓存文件，没有缓存的文件，会向服务器发送请求，同时，浏览器会检查缓存的更新，在在线状况下向服务器发出更新请求。

离线应用也存在以下问题。

(1) 含有 manifest 属性的页面默认为缓存文件。

(2) 缓存文件的更新不是服务器主动更新，是依赖 manifest 文件的更新。所以，缓存的更新要两次服务器请求才能完成，第一次是下载 manifest 更新的文件，第二次才更新缓存列表文件。

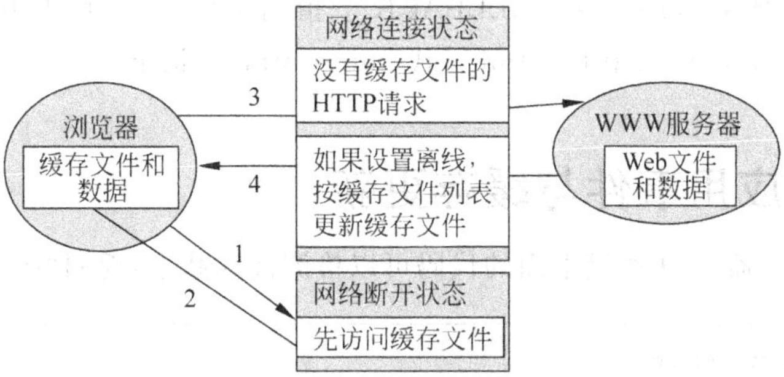

图 16-1 离线应用原理

(3) 更新缓存文件是整个列表里的文件，不能单独更新某个文件。但是，没有变化的文件请求依旧是 304 响应，真正更新过的资源文件是 200 响应。所以，也不用担心耗费带宽下载没有变化的文件。

(4) 对于一个缓存文件，如果它的 URL 链接参数发生变化，例如缓存文件 page. html，当用 page. html? name=1 打开页面时，会被认为是不同文件，而不会访问缓存文件 page. html。甚至 page. html? name=1 会当成新文件进行缓存，增加存储开销。

(5) 由于浏览器先访问缓存文件，服务器端访客统计方面的设计要忽略缓存文件的访问统计数。

16.3 创建缓存清单

首先创建一个缓存文件，文件的扩展名是. manifest。在这个文件里面写入缓存文件列表，可以是 HTML、图片、CSS、JavaScript 文件，在需要缓存的 HTML 页面中加入缓存文件，代码如下。

```
<html manifest = offline.manifest >
```

编写缓存清单，缓存文件有自己的固定格式，见表 16-1。

表 16-1 缓存文件格式

文件格式	说明
CACHE MANIFEST	第一行必须写的语法
#2016.10.3v1.0	注释，修改注释可以激活缓存更新
CACHE:	可以缓存的文件
f1. HTML f2. HTML	文件名单
NETWORK:	必须在线的文件(不能缓存)
f3. HTML	文件名单
FALLBACK:	如果处于离线状态，又定义了 network 文件清单，可以显示这里的文件
/index. html /f4. html	表示 Web 服务器根目录下的文件，离线时可以替代的文件

其中，CACHE 可以省略，直接在 CACHE MANIFEST 下面写需要缓存的文件，在第一次访问服务器时，浏览器会将指明的文件缓存到本地。在 NETWORK 之下的文件，是必

须强制通过网络资源获取的。在 FALLBACK 下指明文件，是一种失败的回调方案，比如 index. php 无法访问时，可以用 f4. html 替代 index. html 的请求。

16.4 离线应用事件与缓存更新

Navigator 浏览器 API 通过下面的代码可以检测离线状态，返回“true”或“false”。

```
window.navigator.online;
```

或者是加入监听事件来控制离线应用，代码如下。

```
window.addEventListener("online",function(e){log("Online");},true);
```

更多的离线事件见表 16-2。

表 16-2 离线事件

离线事件	说明
checking	浏览器发现< html >的 manifest 属性，事件激活
downloading	如果缓存清单没有下载过，事件激活
progress	缓存文件下载过程中，事件激活，可以显示已下载和等待下载文件数
cashed	缓存文件下载完毕，事件激活
noupdate	浏览器每次打开页面都检测缓存清单是否被修改：“没有”，事件激活；“有”，分别激活 doawloading、progess、updateready
updateready	缓存文件更新完毕后，事件激活

浏览器在首次加载 HTML 文件时，会解析< html >的 manifest 属性，并读取 manifest 文件，获取 CACHE 下的缓存文件列表，进行文件缓存。缓存文件的更新机制是由 manifest 文件的时间戳决定的，而 manifest 文件本身不能被自己缓存，manifest 文件是通过浏览器缓存机制来完成更新的。当缓存列表文件有更新时，必须要同时修改 manifest 文件。其实，只要在 manifest 文件中略为变动，例如，修改＃注释内容、保存文件生成新的时间戳。在浏览器加载或刷新网页时，首先会检查 manifest 的更新情况，来决定是否重新加载所有缓存列表里的文件，不管列表里文件是否有变动。

离线缓存的更新还可以通过 JavaScript 的 API 接口 window. applicationCache. update()强制更新浏览器端缓存文件。也可以手动清除浏览器的缓存设置来达到缓存文件更新的目的。

16.5 Web 服务器设置

通过例子 16-1 测试离线应用，首先要对 Web 服务器进行设置。大多数 Web 服务器是 Apache 服务器，在 Apache 服务器的 www 根目录下，每一个网站都有一个. htaccess 文件，将缓存文件类型 MIME 加入到该文件中：

```
AddType text/cache-manifest .manifest
```

或者，在 Apache 服务器中设置参数文件 web. xml 加入：

```
<mime-mapping>
<extension>manifest</extension>
<mime-type>text/cache-manifest</mime-type>
</mime-mapping>
```

例子 16-1:
part2/ch16/cacheapp.html

在做离线应用测试时，将服务器关闭，在浏览器的设置里把缓存清除，修改缓存清单文件，将 qq_logo. png、test. js 放到缓存 CACHE 下，再打开浏览器访问离线应用。通过 Chrome 浏览器的开发者模式，可以在 Resource 下查看 Application Cache 的情况。具体实验见第 31 章离线应用实验。

练习

1. 给例子 16-1 加上 online 在线状态检查。如果在线，执行 window. applicationCache. update()强制更新，否则弹出信息通知用户现在是离线状态。

2. 浏览器已经有了缓存机制，为什么还使用 HTML 5 的离线应用缓存技术？请修改例子 16-1，删除 manifest 缓存文件，用浏览器的开发者工具分析浏览器缓存机制和 HTML 5 离线缓存机制的区别。

第 17 章

WebSocket通信与Workers多线程

17.1 Web 通信

Web 是以 HTTP 为通信协议，在 B/S 构架下的浏览器与服务器通信，如图 17-1 所示。通信的建立过程是浏览器发出请求，服务器响应，通信结束。服务器永远处于被动状态。如果服务器端有实时数据变化，浏览器不发出请求，这些数据是不会马上发给浏览器端的。只有通过轮询机制，才能满足实时数据的传送。

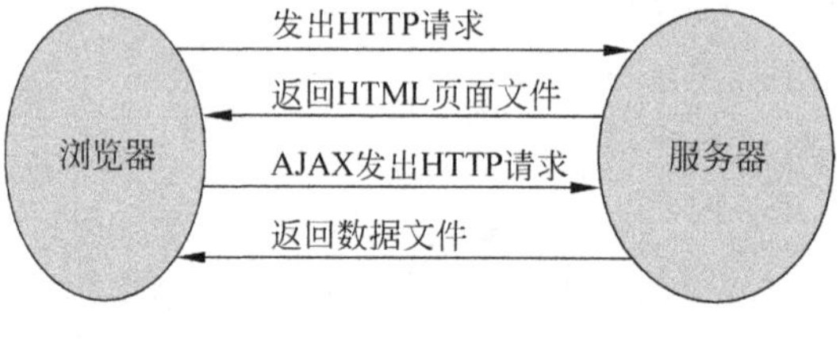

图 17-1　Web 的 HTTP 通信方式

17.2 WebSocket 通信方式

HTTP 的通信方式，每次都要建立握手机制来完成一次请求、响应服务，通信是一种单向行为，如果用来做实时通信，效率低，而且每一次通信的请求、响应服务结束是无状态记录的。Socket 是在 TCP/IP 的应用层上再设计出一个中间软件抽象层，在设计模式中，Socket 相当于一个门面模式，用 Socket 通信协议接口隐藏复杂的 TCP/IP。最重要的是 Socket 通信实现了实时双向，Socket 建立一次握手，形成一个实时通信通道，来完成双向数据传输。实现服务器的推送机制，也就是说服务器在有新数据时，马上可以主动推送给浏览器，而无须等待浏览器请求。很多高级语言都使用 Socket 协议来建立两台计算机之间的通信，例如，Java、C++、PHP。但是这种通信机制主要用于基于 C/S 架构的应用，即使应用在 B/S 架构，也都是通过服务器端的编程运行的应用，例如 PHPSocketAPI。

HTML 5 的 WebSocket API 是纯粹地基于 B/S 的架构，给 JavaScript 增加的 Socket 通信功能，而且是在客户端的编程。

HTML 5 的 WebSocket 通信协议实现了客户端浏览器的 Socket 通信方式，通信一旦建立，主机、客户机可以双向实时向对方发送数据，只有关闭通道，通信才停止，如图 17-2 所示。

图 17-2 Socket 的通信方式

17.3 专用的 WebSocket 服务器

HTML 5 的 WebSocket API 仅提供了客户端的 JavaScript 接口。服务器端还没有相应的 API 标准，服务器端的 Socket 服务还是需要不同的其他计算机语言完成，例如，PHP、Java、Python 和现在流行的 Node. js 等，部分实现 WebSocket 服务器端编码接口的，见表 17-1。

表 17-1 WebSocket 的服务器端实现

服务下载	语言	说明
http://code.google.com/phpWebsocket/	PHP	简单的 PHP 语言编写服务器端
http://code.google.com/p/pyWebsocket/	Python	Apache Web 服务器的 Socket 功能扩展
http://socket.io/	Node. js	Node. js＋socket. io 提供了客户端和服务器端统一接口

17.4 WebSocket 客户端编程

前面提到，服务器端可以用多种语言实现 WebSocket 编程，客户端除了采用 HTML 5 的 WebSocket API 标准，还可以采用很多基于 HTML 5 的 WebSocket API 上开发的第三方的 API，如 socket. io API 编写客户端代码。下面采用的是 HTML 5 的标准接口实现的客户端编程，客户端用 JavaScript 实现，见例子 17-1。首先创建一个 WebSocket 对象与服务器建立连接，如下。

例子 17-1：
part2/ch17/websocket-test.html

```
var url = "ws://localhost:8080 /";
var websocket = new webSocket(url)
```

注意，创建 WebSocket 对象，参数 url 是 ws://协议，不是 http://，这是一个异步通信过程，通过异步通信事件驱动回调函数完成不同任务。事件见表 17-2。

在消息接收方面，onmessage 事件提供了一个 data 属性，它包含消息的内容部分，由字符串组成，要想传递不同的数据类型，可以通过序列化/反序列化操作，实现更多的数据传递。

表 17-2 WebSocket 事件

WebSocket 事件	说 明
onopen	Socket 打开连接，通过 websocket. send()发送消息
onclose	Socket 断开连接，websocket. close()关闭连接
onmessage	客户端收到消息 event. data
onerror	Socket 发生错误

17.5 Workers 多线程编程

在许多计算机高级语言中，多线程的机制已经是最基本的功能。随着 Web 应用的流行，在客户端，大量事件是由单线程控制处理来完成已经不适合互联网的发展需求。为了解决多并发的应用，开发人员不得不采用轮询(使用 setTimeout()，setInterval())、异步调用(AJAX 的 XMLHttpRequest)来实现并发处理。然而，尽管这些通过异步调用的技巧来解决并发问题，但并没有充分利用多核 CPU 的资源。

HTML 5 给 JavaScript 赋予了多线程机制 API，让 Web 应用的编程几乎可以和 Java 等强大的应用相提并论了。线程就是在后台运行的一段程序代码，线程可以让 JavaScript 代码实时运行于后台，可以让多个 JavaScript 线程程序同时处理不同的信息。多线程机制是由一个主控程序，创建一个或多个并发运行的子程序一起进行协同工作，通过异步消息传递机制，也就是发送消息(数据)和接收消息(数据)来控制分配任务。JavaScript 的多线程原理如图 17-3 所示。

图 17-3 Workers 多线程机制

17.6 Workers 的编程实现

JavaScript 多线程编程分为两个部分，一个是主控程序，一个是子线程程序，分别是独立的两个程序。

例子 17-2:
part2/ch17/calc. html

主控程序编程是把相对独立的一段代码编写成外部 JS 文件，例如 worker. js，通过 new workers("worker. js")构造函数创建一个线程对象 worker。这个对象有以下两个事件属性。

(1) onerror：当 worker 运行出现错误时捕获。

(2) onmessage：当 worker 接收到主线程发送消息时捕获。

onmessage 的回调函数中，通过 event. data 获得消息或数据，它与前面提到的

WebSocket 的回调函数里的 event. data 返回的数据类型不仅是字符串，它可以是 JavaScript 的任何数据类型，例如，JSON 数据。

Worker 对象有以下两个方法。

(1) postMessage()：主控程序向线程发送消息，这个方法不仅发送字符串消息，而且支持所有 JavaScript 原生数据类型的传送。

(2) terminate()：在主控程序端终止 worker 执行。

子线程的编程思路是通过 this 或 self 自身对象来绑定事件和方法，例如，子线程通过下面的代码获取主控程序发来的数据。

```
this.onmessage = function (event) {
var data = event.data;}
```

子线程调用 postMessage()给主控程序发送数据，子线程可以通过 close()方法自己关闭线程，这与主控程序的 terminate()关闭一个子线程一样。代码如下。

```
self.postMessage(result);
self.close();
```

具体演示见例了 17-2。

17.7　Workers 编程注意事项

Web Workers 是运行在一个严格的无 DOM 访问的环境里，因为 DOM 是非线程安全的。想想看，如果众多线程都去修改同一个 HTML 元素属性，那是难以预防的，所以，子线程要把结果传递回主控程序，通过主控程序操作 DOM 来更新 HTML 页面。Workers 线程的编程会有更多限制，如下。

(1) 不可以访问 window、document、console 和父对象。

(2) 主控程序传递的消息是复制的，线程不可以直接修改，但是，可以访问 JavaScript 的全局对象 JSON、Date()、Array。

(3) 在主控程序中用线程对象 worker. onmessage 监控线程的消息事件，而在 worker 线程内部用 self 自身引用或 this. onmessage 监控来自主控程序的消息。

(4) 可以通过只读访问 location、navigator、XMLHttpRequest 和 localStorge 对象。

(5) 可以使用 setTimeout()、setInterval()、addEventListener()和 removeEventListener()。

(6) worker 必须遵守同源策略(same-origin policy)，同源策略也要求端口必须一致。

练习

修改例子 17-1，用 Workers 多线程方式，模拟不同用户访问 WebSocket 服务器。

移动篇

HTML 5 从根本上改变了开发 Web 应用的方式，从桌面浏览器演化到移动应用，HTML 5 就是为移动应用而生的。这个语言和标准正在取代原生移动应用的开发模式，将继续影响着各种操作系统平台（Android，iOS）的应用开发。

在移动应用领域，原生应用一直占领着主要的应用市场，而随着 HTML 5 标准的发展和移动设备硬件的不断提升，及云计算的成熟，两者之间的差异已经逐渐变得模糊。今天，HTML 5 最令人激动的革新是硬件设备访问能力，这是消除移动 Web 应用与原生应用界限的最大障碍。

HTML 5 的 Geolocation API 可轻易地实现地理定位编程，Camera API 让浏览器端直接访问移动设备和台式机的摄像头，更多的应用比如电池状态、通讯录、日历、加速器等都可以通过第三方的 API，例如 React Native、PhoneGap/Cordova 等达到和实现与移动原生应用的功能。

今天，利用 HTML 5 实现移动应用开发的框架如雨后春笋层出不穷，在本篇中，根据移动设备的特点，学习 HTML 5 的地理位置信息、摄像头、Device Orientation 和 Screen Orientation 接口，还介绍响应式设计和 Bootstrap 框架，UI 设计的概念和利用 jquery mobile 框架做 UI 设计，学习 PhoneGap/Cordova 混杂式 Hybrid web 开发，打包、编译成原生应用，最后，介绍了简单的移动 Web 应用测试工具和方法。

工欲善其事，必先利其器

第 18 章

Web移动应用新领域

18.1 Web 移动应用的发展概况

早期的功能手机是单任务系统，在互联网应用方面，仅提供电子邮件工具，及一个简单的浏览器，但是，桌面的 Web 网页是无法在手机浏览器里很好地显示的，所以，手机用户几乎不可以，也不愿意使用手机浏览器查阅网页内容。因此，研究人员开始提出针对移动 Web 的设计规则。

由于移动通信的特点，手机上网的网速和通信协议有关，第一个针对手机的上网协议由移动厂家爱立信(Ericsson)、诺基亚(Nokia)、摩托罗拉(Motorola)等通信业巨头在 1997 年提出，即 WAP(Wireless Application Protocol，无线应用协议)，这是一个开放式标准协议，其目的是通过移动网络 GSM、GPRS、CDMA、TDMA、3G 等移动通信协议把网页信息传送到移动电话或其他移动通信设备上。

同时，通过 WAP 代理服务器把 HTML 网页转换成 WML(Wireless Markup Language，无线标记语言)的网页，针对手持设备内存小和 CPU 的限制，采用类似于 JavaScript 的 WMLScript，手机通过 WAP 浏览器可以访问 WML 构成的 WAP 手机网站，实现手机无线上网。由于早期手机硬件和移动上网速度的限制，通过 WAP 访问互联网及网站并没有得到广泛的应用，应用较多的是收发电子邮件、天气和股票信息。WAP 的发展历史见表 18-1。

表 18-1　WAP 的发展史

时　间	移动 Web 应用	说　明
1997 年 7 月	WAP 标准出炉	WAP 论坛发起
1998 年 5 月	WAP 1.0	WML 1.0
1999 年 5 月	WAP 1.1	
2001 年 8 月	WAP 2.0	采用最新的 Internet 标准和协议 XHTML MP(Mobile Profile)，支持对 WML 1.0 的完全向后兼容

直到 2007 年，第一代 iPhone 上市，它的硬件已经和台式计算机接近，3G 移动网络技术的带宽已经足以让手机打开网页的速度接近桌面计算机。并且，Apple 公司的 iPhone 浏览器支持 HTML 5，并鼓励用户用 iPhone 访问桌面的 Web 网站。今天，我们所用的智能手机已经不再支持 WML 编写的网站，而是回归到 HTML 构建的网站。

HTML 5 的新特性让浏览器厂家开始采用 HTML 5 的技术支持，特别是在移动应用领域，HTML 5 和 CSS 3 标准让移动 Web 应用百花齐放，各种基于 HTML 5 的移动应用框架层出不穷，甚至有取代移动原生(Native)应用的趋势。

18.2 移动 App 与桌面 App

Web 开发最早的概念就是网站开发，但是，智能手机、移动设备出现以后，HTML 5 应运而生，Web 应用已经不是简单的网站了，今天人们用得最多的、最成功的应用就是网上银行。打开银行网站，登录后就可以完成账户查询、转账等功能。而台式计算机的网上银行和手机的网上银行在功能上已经一样，但是操作界面有所不同。首先看看它们在硬件方面的不同点，见表 18-2。

表 18-2 移动与桌面设备的特点比较

特 点	移 动	桌 面	说 明
屏幕大小	小	大	手机的最小屏幕是 3.5 英寸
分辨率	240～1920px，视网膜屏，2k	1024～2096px，2k，4k	手机和桌面显示器分辨率已经接近，但是还是受物理尺寸制约
触摸屏	有	无	现在的笔记本和平板电脑开始合二为一，Window 10 系统已经内置触摸屏功能
屏幕与设备连接	一体机	分离或一体机	随着 CPU 的强大，台式计算机越做越小，一体机流行
位置检测 GPS	有	无	台式计算机可以通过 IP 地址进行地理定位
各种传感器感应(重力，光线，距离，电子罗盘，陀螺仪)	有	无	IoT 物联网有可能会让台式计算机连接各种传感器
摄像头	前后两个摄像头	基本没有	台式计算机可以加装摄像头
键盘	虚拟键盘	物理键盘	手机等移动设备可以通过蓝牙、USB 连接物理键盘
鼠标	无	有	移动设备可以通过蓝牙、USB 连接鼠标
浏览器	每个移动操作系统有默认浏览器	可以安装不同的浏览器	移动浏览器和桌面浏览器在功能上有很大区别
操作系统	Android，iOS，Windows Mobile，Firefox OS，Chrome OS	Windows，Linux，OS X	Ubuntu 于 2015 年发布移动版，Firefox OS 和 Google 的 Chrome OS 移动操作系统在 2015 年年底都停止开发了
硬件	ARM 架构 CPU	Intel x86 架构 CPU	Intelx 86 也开始应用于平板电脑

18.3 Web App 与 Native App

在移动应用中，大多数是以原生应用为主，Android 系统的应用开发语言是 Java，苹果 iOS 系统的应用开发语言是 Objective-C。2014 年，Apple 公司在 C 和 Objective-C 基础上，发布新的编程语言 Swift，用来编写 OS X 和 iOS 应用程序，微软移动应用 Window Mobile 系统用的是 C#/C++编程语言。所以，开发一个应用在三个不同系统下运行，需要软件工程师学习三种不同的语言，学习成本和难度可想而知，而且还要学习不同的开发工具，例如，iOS 的 Xcode、微软的 Visual Studio、Android Studio。而 Web 应用主要是基于 HTML＋CSS＋JavaScript，学习简单多了，入门容易，学习曲线也比较平滑，开发工具多样化，从简单的代码编辑器如 Notepad＋＋，到功能强大的 Eclipse。随着 HTML 5 标准的实施，HTML 5 的应用开始得到关注。

Web App 和 Native App 的主要区别如下。

(1) Web App 运行于浏览器，B/S 架构；原生 App 运行于操作系统，C/S 架构。

(2) 原生 App 依赖于 SDK 开发包开发，例如，iPhone SDK、Android SDK 及复杂的开发环境搭建；Web 应用的开发环境相对简单，选择的开发工具也多。

(3) 原生 App 的升级受操作系统版本的影响，Web App 可以随时随地在线升级。

(4) 原生应用需要到应用商店下载安装，而 Web 应用无须下载安装。

(5) Web 应用跨平台，一次开发，不同平台操作系统可以直接运行。

Web 应用及原生应用的运行环境区别如图 18-1 所示。

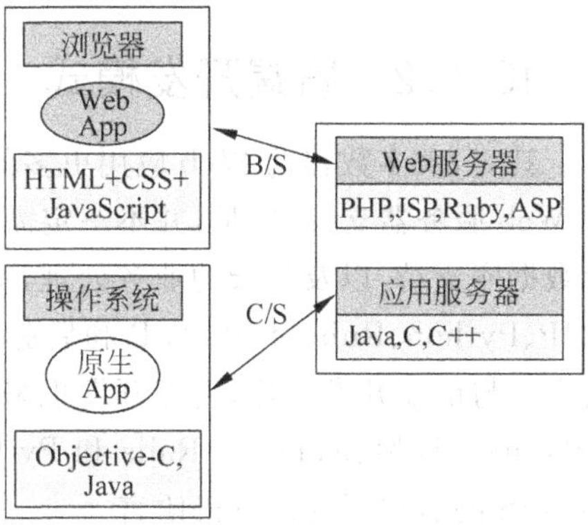

图 18-1　Web App 与 Native App 的结构

18.4 移动 Web 开发设计方法及优化

移动原生 App 的开发，可以是单机版的应用，例如，一个通过摄像头拍照的应用、一个美化照片的应用都可以独立地安装到移动设备中，而不需要网络和服务器支持。但是，移动 Web 开发，即使是所有功能都可以在客户端实现，它的应用系统永远是在 B/S 环境下运行，即使是在无网络环境下的离线应用。

所以，移动 Web 开发模式又分为客户端开发和服务器端开发。当然，客户端开发语言是基于 HTML＋CSS＋JavaScript，如果所有的功能都可以在客户端完成，无须服务器端进行数据处理和数据库访问，则结合 WWW 服务器就可以完成一个 Web 应用的开发，无须再学习其他开发语言。如果服务器端需要数据操作，则需要服务器端的脚本语言来完成一个 Web 的应用服务。服务器端开发语言百花齐放，有早期最流行的 PHP 和 Perl，及重量级的基于 Java 的 JSP 和微软的.NET 平台，随着云计算和大数据技术的发展，Ruby 和 Python

开始占主导地位。为了减少计算机语言的学习曲线，以及发挥 Web 跨平台的应用优势，一种基于 JavaScript 的服务器端开发框架诞生了，这就是 Node.js。由于服务器端和客户端采用统一的脚本语言 JavaScript，因此一个基于 JavaScript 的全栈开发也开始流行了。

18.4.1 前端开发模式

移动 Web 应用开发方法更强调前端开发，而基于客户端开发的模式更强调移动布局和 UI 设计，在这一领域出现了很多的开发框架和开发库，很多都是基于 HTML 5 开发出来的框架。几个著名的前端框架和库如下。

(1) jQuery Mobile：是从流行的 jQuery 开发库演化出来的针对移动 Web App 开发的版本。

(2) Sencha Touch：提供丰富的模仿原生 App 开发组件，UI 更像是用原生 API 开发的。

(3) Vue.js：2018 年最火的前端开发框架，是开发用户界面的渐进式框架，采用自底向上增量开发的设计，通过组合的视图组件实现 MVVM 数据绑定响应。

18.4.2 后端开发模式

其实，大多数移动 Web 应用更多的开发是基于前端的，虽然一个完整的 Web 应用还需要 Web 服务器支持，但是，并不一定需要服务器端编程。对于一些较大型的项目，需要有后台数据库支持，以及复杂的业务处理，那么，就要引入第三方基于服务器端的开发语言，例如 PHP、Python、Ruby、JSP、ASP 和后起之秀 NodeJS：一种基于 JavaScript 的服务器端编程语言。与前端开发一样，后端开发也采取框架开发模式，例如 Java EE 的 Struts 2、Spring、Hibernate 框架、Ruby on Rails 和 Python 的 Django Web 框架等。下面简单介绍 PHP 和 NodeJS 的后端开发计算机语言。

(1) PHP 是老牌的网站开发语言，几乎所有有开发网站经验的程序员都知道 PHP，但是，随着 Web 从网站向应用级发展，PHP 这种结构松散的开发模式有点力不从心了，在 PHP5 版本以后，开始引入框架开发模式：Laravel、CakePHP、Symfony 框架等，并且能与移动前端开发框架完美结合。

(2) NodeJS，前端后端使用同一种语言 JavaScript，模块化开发，有丰富的 Web 开发模块支持和强大的生态圈，流行的模块有：Kiss.js 使用 Django 风格的模板，Sails 类似 Ruby on Rails 的 MVC 框架，Total.js 是侧重于 Web 页面/应用的现代框架，并支持 MVC 架构开发。NodeJS 更容易培养 Web 全栈开发工程师。

18.4.3 响应式 Web 设计

从设计方法上讲，响应式 Web 设计(Responsive Web Design)已经成为移动 Web 应用的基本设计思想。响应式 Web 设计是通过流式布局、流式图片和媒体查询等结合的一种移动设计方法，是根据移动设备屏幕大小来自动调整页面内容的展现。这种方法的出现，解决了早期移动网站的开发方式下，桌面 Web 系统和移动 Web 系统分开开发的局面。例如，如果一个移动用户通过手机打开访问你的网站(yourdomain.com)，它会自动导向到针对移动的 mobile. yourdomain. com 或者 m. yourdomain. com 等之类的子域名。这种基于响应式 Web 设计的开发框架如 Bootstrap。其核心主要是一个网格 CSS 样式框架，利用 Media Query 功能实现了响应式布局，借助 jQuery 类似的 JS 框架来实现 AJAX 数据交互，适合做跨设备从桌面到移动的响应式前端设计。

18.4.4 单页面应用

早期的 Web 应用仅停留于网站开发模式，提供的主要功能是阅读、论坛、博客和百科等，设计方法也是多页(Multi-pages)的网站模式。而真正的桌面应用系统使用固定的图形用户界面(GUI)设计模式，而不会像网站那样有页面的切换过程。这种多页切换方式，不仅影响 Web 的响应速度，也影响了用户的交互体验。想想看，用浏览器的"前进"按钮和"后退"按钮来查找一个页面内容的局面。当 HTML 5 标准让 Web 应用可以和桌面应用相提并论的时候，把 Web 应用回归到桌面应用的 Single Page Application(SPA)的设计方法就被提出了。让用户体验的 Web 应用就像原生的 App 一样，而不是一个网站。

SPA 的设计方法不仅是把多页的网站放到一个页面，而是把更多的 UI 设计从服务器端转移到日益强大的客户端。SPA 的设计思路来源于 AJAX 异步通信技术，把 UI 和数据分离，客户端的 UI 就是固定于一个页面，所有的用户交互都是通过数据更新来完成，而不是传递整个 Web 页面。最知名的单页面应用框架是 BackBone. js 和 Angular. js。

(1) Angular. js：是一个创建于 2009 年，由 Google 负责更新和维护的开源 JavaScript 框架，是基于 MVC 的前端架构，通过自定义指令简单地扩展 HTML 属性，使得数据能够和页面元素进行双向绑定，实现动态更新。

(2) backBone. js：是一个轻量级的 MVC 框架，创建于 2010 年，没有自己的模板，需要第三方插件 Underscore. js 和 jQuery 等插件一起工作。其基本概念是基于模型/集合、视图、路由。BackBone. js 是一个极简主义的框架，得益于体积小，易学习。

18.4.5 混合式应用

从跨平台开发角度出发，移动应用的另一个领域是混合式(Hybrid App)的开发，主要设计思想是基于 Web 技术，再通过第三方提供的针对不同移动操作系统的硬件接口完成一个移动应用开发，并提供编译工具将 WebApp 转换成不同移动操作系统的原生 App。这方面的框架有以下几个。

(1) PhoneGap (Cordora)：PhoneGap 是通过 HTML 5 实现的移动 App 开发，PhoneGap 的开源版又可称为 Cordova，它提供了比 HTML 5 更多的手机硬件和系统级接口，比如定位、摄像头、通知、提醒、联系人、罗盘等。并可以通过再编译，生成 iOS、Android 和 Windows Mobile 的原生 App。

(2) ReactNative：是 Facebook 在 2013 年发布的移动 App 开发平台，使用 JSX 语法，与 Native 接口混编来支持移动功能开发，同时也满足各端开发需求，但是需要针对 iOS 和 Android 开发两套代码。其开发理念是"Learn ouce，write anywhere!"

(3) Ionic：是基于 Cordova＋AngularJS 的混合式开发平台，可以真正实现"Develop once，deploy everywhere"。

18.4.6 移动 Web 开发优化

针对移动应用领域的 Web 开发，提出了以下优化的策略。

(1) 尽量采用成熟的 Web 移动应用开发框架，它可以解决浏览器及设备兼容问题。

(2) 采用响应式设计，single column designs（单栏设计）也是移动布局采用的策略之一，考虑到平板电脑移动设备，设计也不要超过三列布局。

(3) 移动 Web 设计中，应避免滚动条和弹出窗口出现。

(4) 通过简洁的导航和大小适合的按钮，减少单击次数。

(5) 考虑移动流量等成本问题，如何减少过大的图片、文本和多媒体控制内容大小也是移动开发优化的考虑问题。

(6) 图片优化上，一些小图片 icon 之类的 UI，可以将图片转换成 Base64 编码，或者采用图标型字体来代替图片，以减少网络请求。

(7) 视频方面，应考虑兼容 HTML 5 的视频播放，禁用 Flash 视频。

(8) 开启硬件加速优化动画效果，CSS 的一些特效需要开启 GPU 加速，需要某些 CSS 规则来触发。

(9) 字体设计上，使用 rem 替代 em 单位。rem 是 CSS 3 新增的一个单位，相对于 HTML 的根节点的 em 而不是相对于父元素的 em 单位。

(10) 由于移动设备网络环境的不稳定性，设计 App 时应尽量考虑到离线和在线两种情况。

练习

1. 试着用手机浏览器打开 www.baidu.com 和 www.163.com，发现 URL 地址分别会自动切换到 m.baidu.com 和 3g.164.com，在台式计算机浏览器中打开百度和 163 首页，比较和手机首页的区别。

2. 移动用户习惯通过主屏幕打开 App 应用，而 Web 应用需要打开浏览器，输入 URL 地址，操作起来稍微麻烦。其实，移动浏览器已经有一个添加到主屏幕的功能，把一个 Web 的 url+ favicon（收藏夹图标）模拟成一个 App 的 Logo，创建到主屏上，使得 Web 应用和原生 App 一样方便使用。请将练习 1 中的百度和 163 首页通过移动浏览器的“添加到主屏幕”功能，在手机屏幕上生成“百度新闻”和“网易新闻”Logo。

第 19 章

移动Web响应式设计

由于移动设备的屏幕和分辨率多样性，移动 Web 开发的一个问题是要让 Web 应用适应不同的移动设备屏幕尺寸。让用户使用同一个应用，不管是在桌面大屏幕上和移动小屏幕上使用，都提供一致的用户体验，没有任何的不适应感觉或功能的缺失。同时，也让应用开发者不需要编写烦琐的代码，在一个应用上设计出弹性的 UI 来自动适应不同移动设备的需求。

移动响应式 Web 设计是把固定的(Fixed)UI 布局变为相对的(Relative)设计，主要从三个方面入手：Fluid Grid(流体网格)、动态图片(Liquid Image)、媒体查询选择器(CSS 3 Media Queries)。

19.1 关于视口、像素和分辨率

移动 Web 开发的一个主要目的就是把 Web 页面的 CSS 布局在移动浏览器中，让用户得到良好的体验。要改变一个 CSS 布局来适应移动设备屏幕，将要涉及像素、视口(Viewport)和分辨率的技术问题。

19.1.1 屏幕分辨率、像素、像素密度与 CSS 问题

在 Web 开发中，CSS 用得最多的单位就是像素(Pixel)，而在讨论计算机屏幕特性的时候，我们也很关心屏幕的分辨率，希望分辨率越高越好，高分辨率可以带来良好的视觉体验。而分辨率的最小单元就是像素。屏幕像素是把屏幕分割成最小的一个显示亮点，像素就相当于一个灯泡，可以被计算机控制：点亮或熄灭。分辨率是指在屏幕的高和宽上有多少个像素点，分辨率越高，像素点越密集，画质越细腻。

但是，到了 Web 时代，像素分成以下两个独立概念。

(1) 设备像素：设备屏幕的物理像素，例如，台式计算机的显示器分辨率基本上是 1920×1080=2 073 600 个像素。

(2) CSS 像素：为 Web 开发规范定义的，在 CSS 布局中使用的一个抽象的像素单位。

由于 Web 开发者使用的是 CSS 的像素单位，那么 CSS 像素和物理设备的像素之间是如何匹配的呢？当 Web 开发者定义一个 300px 宽的元素样式时，浏览器会帮助我们把 CSS 像素按比例覆盖到物理像素点上。由于 Web 页面有缩放功能，CSS 像素会按相应缩放比例重新计算后，覆盖到物理像素点。例如，如果页面的缩放比例是 100%，那么一个 CSS 像素相当于一个屏幕物理像素，当用户把 Web 页面缩小到某一程度，多个 CSS 像素就相当于一个物理像素。

但是，当苹果公司发布 iPhone 4 手机后，手机的屏幕分辨率发生了重大变化，并提出了像素密度(Pixel Per Inch，PPI)概念，定义为沿着对角线，每英寸所拥有的像素(Pixel)数目(可以用三角形的勾股定理计算对角线长度，再除屏幕尺寸)。PPI 把屏幕尺寸和分辨率组合计算，来表示显示屏的密度。当 PPI 值大于 300 时，人类眼睛已经无法分辨图像的每个像素颗粒感，所以，大于 300PPI 的屏幕也称为视网膜屏。iPhone 4 的高、宽像素分辨率提高到 iPhone 3GS 的两倍，(320×2)×(480×2)＝960×640(相应 PPI＝326)，所以，iPhone 4 的屏幕称为视网膜屏。

在早期第一代手机应用开发编写的 App 应用，是直接根据物理屏幕分辨率(320×480px)绝对定位坐标来写代码，那么这些开发的 App 运行在新一代手机上就会发生 UI 界面不兼容问题，所以，苹果公司提出了 point(点)的概念来替换物理像素。这样的处理方法，将之前以像素作为单位转换成以点作为单位，原来的绝对值(x，y)坐标，以点为单位，这样 iPhone 3GS 的应用程序就也可以运行在 iPhone 4 上面不会变形。对于矢量数据，例如，文字显示更清晰，但是，图片可能显示会模糊，因为分辨率低的小图片会按比例二倍放大显示在 iPhone 4 上。

19.1.2 视口

视口(Viewport)是针对 Web 应用开发提出的抽象窗口，简单来说是通过一个窗口看到的网页内容。CSS 样式布局是工作在一个抽象的窗口层面，称为布局视口。

在台式计算机时代，Web 开发的 CSS 布局视口虽然是根据台式计算机显示器的分辨率来制定布局尺度，但是，CSS 布局视口与浏览器窗口关系最密切。例如，我们定义一个 CSS 的元素宽度是 width＝36%，这个百分比是相对于浏览器窗口的宽度，而不是相对显示器分辨率的宽度。注意，台式计算机的浏览器可用于任意调整窗口尺寸，悬浮在屏幕上，所以，浏览器的窗口尺寸是可以变化的。我们从下面的代码中可以获取物理屏幕宽度和浏览器窗口的宽度，见例子 19-1。

```
alert('物理像素宽度：' + window.screen.width);
alert('屏幕可用宽度：' + window.screen.availWidth)
alert('浏览器窗口宽度：' + $(window).width());
alert('文档对象宽度：' + $(document).width());
alert('网页宽度：' + document.body.clientWidth);
```

例子 19-1:
part3/ch19/screen-pixel.html

从获取的数据可以看到，屏幕分辨率宽度永远是显示器设定的分辨率宽度，而浏览器窗口宽度会随着浏览器窗口大小而变化，如果不对页面进行缩放的话，缩小的浏览器窗口只能看到页面的局部内容。

到了移动终端时代，视口的概念又出现新的定义。这是由于移动设备的小屏问题决定了CSS的布局视口不再与浏览器视口产生联系，而是重新定义了三种视口。这是由苹果公司在开发第二代苹果手机时，提出的Web应用解决方案，具体如下。

(1) 布局视口(Layout Viewport)：是CSS抽象出来的一个视口，用来解决台式计算机网页内容在手机屏幕显示的问题，因为早期的Web开发是针对台式计算机的，CSS的像素单位通过浏览器与物理像素捆绑，例如，大多数台式计算机网站默认的页面宽度是960px，而第一代智能iPhone手机的分辨率是320×480，显然，网站页面设计的宽度大大超出了手机屏幕宽度，而移动浏览器的宽度也是设备屏幕宽度320px，这样的网站内容在手机显示时，传统情况下，浏览器应该会重新计算CSS像素和设备像素的比例，从960px强制压缩到320px，相当于三倍的压缩比，造成手机屏幕显示的内容变小，阅读效果差。为了解决这个问题，CSS的布局视口完全独立，移动浏览器不再强制计算压缩CSS像素。用户可以通过缩放解决手机阅读Web页面问题。也就是下面说的视觉视口。为了兼顾桌面浏览器设计的网站，大多数移动设备内置的移动浏览器默认布局视口的宽度定义为980px或1024px(根据不同设备略有区别)，可以通过下面的代码获得布局视口宽度值。

```
document.documentElement.clientWidth;
```

(2) 视觉视口(Visual Viewport)：简单地说就是用户通过手机屏幕看到的那部分内容，在布局视口不可变的情况下，用户通过缩放来浏览网页内容，视觉视口就相对于手机屏幕，整个网页是放在布局视口里面，相当于一张报纸，用手机看网页，就好比用放大镜读报纸，通过手机触摸屏缩放来看局部内容或整个内容。用户的缩放操作会改变视觉视口的大小，但不会影响布局视口，布局视口还是保持在原来的尺寸不变。所以，放大操作让视觉视口变小，缩小操作让视觉视口变大。例如，一条1024px的线条，用户通过缩放操作放大200%，相对于视觉视口，是缩小一倍，也就是用户的视觉视口缩小到512px，看到的布局视口里面的1024px线条只有一半。下面是通过JS代码获取视觉视口宽度。

```
window.innerWidth;
```

(3) 理想视口(Ideal Viewport)：可以简单地理解，布局视口是针对Web开发人员的，视觉视口是针对用户的，理想视口是针对设备厂商的。首先，CSS布局视口的默认宽度为980px，并不是一个理想的宽度，正常情况下，一个网站页面都希望按最合理的宽度显示在手机屏幕里面，而不需要用户去做缩放观看，所以，当一个网站针对手机优化的时候，开发人员会用到下面的代码。

```
<meta name = "viewport" content = "width = device - width; initial - scale = 1.0;
user - scalable = no;">
```

在这个语句里面，width＝device-width就是把CSS布局视口的默认宽度980px，改变成理想视口宽度，initial-scale＝1设定页面缩放比例为100%，user-scalable＝no表示用户不可以通过缩放方式观看网页。理想视口像素是由设备厂家设定的固定值,也叫 DIP (Device Independent Pixels,设备独立像素),与设备屏幕分辨率无关。理想视口可以通过以下代码获取(依赖于不同浏览器,得到的值可能是物理设备像素)。

```
screen.width;
```

iPhone 的理想视口值,物理像素与像素密度比的关系见表 19-1。

表 19-1 iPhone 手机理想视口像素分辨率值

设 备	理想视口分辨率	物理像素分辨率	像素密度比	屏幕宽高比
iPhone 3GS	320×480px	320×480px	1	320/480=0.667
iPhone 4	320×480px	640×960px	2	320/480=0.667
iPhone 5	320×568px	640×1136px	2	320/568=0.563
iPhone 6	375×667px	750×1334px	2	375/667=0.562
Iphone 6 Plus	414×736px	1242×2208px	3	414/736=0.563

19.2 媒体查询选择器

HTML 5 提出从以下两个方面来解决移动应用显示界面问题。

(1) 根据不同的显示设备,及屏幕大小和分辨率来选择不同的样式文件,这是通过< link >标签的 media 属性解决样式文件的选择,也称之为媒体查询选择器。

(2) 通过< meta >标签的 name="viewport"属性来解决移动设备的物理分辨率与视口分辨率(也称之为 CSS 分辨率)差异,通过缩放页面来提高用户的视觉体验。这个概念最早是由 Apple Safari 浏览器提出的技术,已经得到其他浏览器的支持。

19.2.1 Media 媒体查询

CSS 3 的媒体查询是通过在链接样式表标签< link >中加入一个 Media 媒体属性,可以根据不同的媒介优化选择不同的样式表。不同 Media 媒体如表 19-2 所示。

表 19-2 Media 媒体值

Media 值	说 明
all(默认)	适用于所有设备
handheld	小屏幕、有限的带宽移动设备
projection	投影机
print	打印预览模式/打印页。打印机输出
screen	显示器屏幕
tv	低分辨率的电视类型设备屏幕
width	显示区的宽度。可加“min-”和“max-”前缀
height	显示区的高度。可加“min-”和“max-”前缀
device-width	显示设备/纸张的宽度。可加“min-”和“max-”前缀
device-height	显示设备/纸张的高度。可加“min-”和“max-”前缀

下面是通过媒体检测来决定使用不同样式的例子，设备的屏幕宽度是媒体查询基本参数之一。

（1）检测设备的显示区域小于480px和设备屏幕宽度小于480px时，采用style480.css样式表。加入关键字only是让旧浏览器忽略样式表。代码如下。

```
<link rel = "stylesheet" href = style 480.css
media = " only screen and (max - width:480px), screen and (max - device - width:480px)" />
```

（2）检测移动设备屏幕方向来决定使用不同的样式表，landscape表示横屏，portrait表示竖屏，就是指定输出设备中的页面可见区域高度大于或等于宽度。代码如下。

```
media = "screen and (orientation: landscape)"
media = "screen and (orientation:portrait)"
```

（3）检测屏幕比例来决定不同的样式表。例如，16∶9和4∶3的屏幕比例。代码如下。

```
only screen and (aspect - ratio: 16/9)
only screen and (aspect - ratio: 4/3)
```

（4）如果媒体查询是直接写在CSS文件里面，下面代码第一行表示如果屏幕处于竖屏，背景颜色改为红色，第二行表示如果检测到屏幕为横屏，则导入landscape.css样式。

```
@media screen and (orientation:portrait){background:red;}
@import url(landscape.css) screen and (orientation:landscape);
```

（5）以像素密度比（Device Pixel Ratio，DPR）来决定样式。但是，这种方式是针对WebKit浏览器引擎的。现在很多智能手机的屏幕分辨率已经超过480px宽度，例如，iPhone 4的视网膜分辨率达到640×960px，但是由于手机屏幕尺寸还是在3.5～5英寸之间，所以，设备像素max-device-width还是定义为320px作为显示理想视口宽度，而实际宽度的分辨率已经达到640px，所以这两个之间的比例定义为像素密度比。可以通过window.devicePixelRatio获取像素密度比。下面的代码是以像素密度比作为媒体查询。

```
media = "(max - device - width = 320px) and ( - webkit - min - device - pixel - ratio:2)"
```

（6）像素密度比也可以给不同分辨率的手机设备分类。例如，如果浏览器的设备像素（理想视口）定义为320px，则设备物理分辨率与设备像素（理想视口）比率为1的手机有：iPhone（第一代）、iPhone 3等，比率为1.3的设备有Google Nexus 7，比率为1.5的有：Google Nexus S、Samsung Galaxy S II、HTC Desire等，比率为2的有：iPhone 4、iPhone 4S、iPhone 5、iPad等。

> ***例子19-2:***
> *part3/ch19/media.html*

在例子19-2的media.html中，针对屏幕分辨率小于

480px 的设备，布局从两栏变成一栏，要求块元素宽要达到屏幕宽，取消块浮动，所以，代码变成：

```
article {float:none;width:auto;}
```

用 Google 的 Chrome 浏览器的开发者工具来模拟移动设备的物理分辨率来查看 media.html 分别在小于 480px 宽的设备和大于 480px 宽的设备中不同的布局效果。

19.2.2 viewport 的缩放技术

当一个网页在桌面打开时，它是以默认的 960px CSS 分辨率宽度显示，所以，任何台式 PC 上都可以正常显示一个完整的网页。但是，当一个 CSS 分辨率为 960px 宽的网页在移动设备屏幕显示时，其效果就不同了。如果一个移动设备屏幕物理显示分辨率是 480px 宽，我们只能在手机屏幕上看到网页的一部分内容，如果移动设备物理显示分辨率是 960px 宽，虽然可以看到全部的网页内容，但是，对于一个手机屏幕是 4～5 英寸的尺寸来说，网页内容又显示太小。虽然用户也可以通过触摸屏来缩放查看内容，但是，这种方式的用户体验较差。所以，通过 viewport 技术< meta name="viewport"…>来让浏览器获取设备的实际宽度(width=device-width)(前面提到的理想视口宽度)，而不是屏幕分辨率，通过像素密度比 960/480=2，相当于 2px CSS 像素=1px 物理像素，让页面在这个比例压缩为满屏显示。

一个移动网页优化的满屏显示页面 viewport 的定义代码如下，这里的 width=device-width 是让视口的宽度和设备屏幕宽度相同，来自动缩放达到满屏。

```
<meta name = "viewport" content = "width = device - width, initial - scale = 1, maximum - scale
= 1">
```

具体参数说明如表 19-3 所示。

表 19-3 viewport 的参数

viewport 参数值	说　明
width	viewport 宽度，可以是 px 值，一般设为 device-width 设备的宽度，相当于 100%的 CSS 的像素单位缩放
height	指定 viewport 高度
initial-scale	页面加载时初始缩放比例，可以是浮点数，缩放值 0.01～10
maximum-scale	允许用户通过触摸屏缩放到的最大比例
minimum-scale	允许用户通过触摸屏缩放到的最小比例
user-scalable	用户是否可以手动缩放
target-densitydpi	针对 Android 系统的一个参数，屏幕像素密度

Android 系统根据移动设备屏幕像素密度分为高中低三种，target-densitydpi 的值就是不同像素密度的 Android 设备。目前，Android 系统已经放弃这个属性，建议不要采用。

(1) device-dpi：使用设备原本的 dpi 作为目标 dpi，不会产生默认缩放。但是通过

viewport 的 width 定义为与设备的 width 匹配，来让页面和屏幕相适应。

(2) high-dpi：使用 hdpi 作为目标 dpi，中等像素密度和低像素密度设备相应缩小。

(3) medium-dpi：使用 mdpi 作为目标 dpi，高像素密度设备相应放大，像素密度低设备相应缩小。这是默认的 target-densitydpi。

(4) low-dpi：使用 ldpi 作为目标 dpi，中等像素密度和高像素密度设备相应放大。

(5) < value >：指定一个具体的 dpi 值作为 target-densitydpi，这个值的范围必须在 70～400 之间。

19.2.3 使用 viewport 的效果比较

例子 19-3 是一个用户登录页面，定义了页面的 CSS 宽度是 960px，login 区块占了 500px 宽，login 的 input 占了 300px 宽。noviewport. html 页面没有定义 viewport，viewport. html 定义 viewport 的属性 width = device-width，500viewport. html 定义 viewport 的 width=500，用 Chrome 浏览器模拟移动设备屏幕分辨率是 320px 宽的效果图如图 19-1 所示。可以看到，viewport. html 的效果最好，满屏，字体大小与屏幕匹配，用户体验最好。500viewport. html 的视口宽定义 500px，而登录区设置的宽为 500px，但是，它还是按比例装进了 320px 宽的物理屏里面，并且，字体清晰。而没有采用 viewport 技术的 noviewport. html 显示的效果最差，用户名和密码基本看不清楚。

例子 19-3:
part3/ch19/viewport. html, noviewport. html, 500viewport. html

图 19-1 viewport 效果图比较

19.3 流体网格布局

早期的 Web 设计是针对桌面计算机的，具有固定的布局模式。所谓固定布局，就是用绝对的像素值 px 来设计页面元素的高宽，一般默认的页面总宽为 960px，有三栏和多栏的布局方式。但是，针对移动应用的布局，考虑移动设备多数的屏幕像素是 320px 或 480px，虽然现在流行视网膜屏，即相当于台式计算机的分辨率，可是，移动屏幕尺寸还是以 4～5.5 英寸为主流，所以，网页的移动布局设计常常被设计成一栏或两栏的布局结构。并且，考虑到一个应用要适应台式计算机、平板电脑和手机的要求，要实现响应式移动布局，就要从固定的变成相对的、可流动的设计方法，需要从几个方面进行改变。

19.3.1 网格布局

网格(Grid)布局，是通过把一张网页划分成固定的格子结构，来进行网页布局设计。这样可以让格子来定位和分配网页内容，具有良好的浏览体验。

把一个页面拆分成多个网格区块，当屏幕宽大的时候网格区块是自动向水平扩展，当屏幕变窄的时候，格子区块纵向堆叠，从而实现响应式设计的页面布局。见例子 19-4。

例子 19-4:
part3/ch19/responsive.html

19.3.2 将 CSS 的块单位从像素变成百分数

移动布局的重点是考虑宽度有关的 CSS 规则，凡是有宽度定义的地方，都要改成与上级容器宽度的百分比单位，因为，我们无法知道一个移动设备是 320px 宽还是 480px 宽，或者是其他。所以，用百分比单位是最适合移动应用设计的，当屏幕大小和分辨率改变的时候，我们的移动布局页面是按百分比充满屏幕。例如，页面定义了 body{width:960px}，导航栏 #nav{width:260px}，内容栏 #main{width:500px}，边栏 aside{width=200px}，移动布局必须修改成 body{width:100%}，#nav{width:27%}，#main{width:52%}，#aside{width:21%}。一个通用的公式是：当前区块像素/父区块像素=百分比数。

19.3.3 字体的流式布局

我们已经把页面的块元素大小都从固定值变成了百分数相对值，页面的字体大小也要从固定值 px 转变成流式的相对值 em 单位，而 em 单位是相对父元素的值，还要在页面的顶层容器 body 元素下定义字体为 100%，作为基准字体的重置，代码如下。

```
body{font-size:100% }          //默认字体 16px * 100% = 16px
p{font-size:1em}               //16px * 1 = 16px
h1{font-size:1.5em}            //16px * 1.5 = 24px
```

如果上面代码中的 h1 还有嵌套元素，这个元素字体就要相对 h1 来计算。所以，每次设置都要知道父元素的字体值，非常麻烦。CSS 3 提出了新字体单位 rem，所有元素字体为 HTML 元素字体的相对值，这样，只要调整 HTML 的字体值，所有元素字体都会按比例调整，这样便于维护。

19.4 动态图片处理

如果把图片尺寸也按百分比的流式网格布局修改，但是，图片并不遵循这种流式网格布局的方法，大的图片往往会超出上级容器范围。解决的方法是在 CSS 定义代码如下：

```
img{max-width:100%;height:auto;}
```

这个方法同样也适用于视频(video)，object 元素对象。这样设计，再大的图片和多媒体元素就不会超出父元素的范围。

但是，使用图片的 width 和 height 属性设置，并不能完全解决小屏幕的图片收缩变形问题，同时，处理大图片还会浪费移动带宽和处理器资源。从原理上讲，可以针对不同屏幕大小，采用大小不同的图片来达到图片响应式设计的理想效果。但是，在 HTML 中 img 元素无法加载多个图片源，所以，只能通过 JavaScript 获取视口来实现图片的切换，代码如下。

```
var viewport = window.innerWidth;                    //获取当前视口
if (viewport <= 480) {img.src = "images/img480.jpg";} else {img.src = "images/img1024.jpg";}
                                                     //根据视口切换图片
```

这种方法的问题是大多数浏览器先加载 HTML 页面，再加载 JavaScript 代码，为防止浏览器提前下载图片，需要把网页的图片 src 属性设置为空< img src="">，这样设计容易产生维护问题。其他关于流式图片的解决方法还有通过自定义属性“data-”加媒体查询“@media”来根据屏幕分辨率切换图片。代码如下。

```
<img src = "about:blank"data - 480px = "image - 480px.jpg"data - 800px = "image - 800px.jpg"
alt = "">
<style>
@media (min - device - width:480px) {
img[data - 480px] {content: attr(data - 480px, url);}}
@media (min - device - width:800px) {
img[data - 800px] {content: attr(data - src - 800px, url);}}
</style>
```

还有通过第三方图片服务器(也称之为响应式图像服务器)来解决图片切换问题。例如，通过 senchar.io 为每一种设备提供大小适合的图像。其方法是把 img 的 src 改写成 http://src.sencha.io/http://[图像的路径]，sencha 会将原图收缩成适当的大小来适应访问的设备。

19.5 BootStrap——一个 Web 响应式框架

以网格布局(Grid System)的 Web 响应式前端设计框架有很多，例如，BootStrap 和 Foundation 都是响应式的流体网格、移动优先(Mobile First)的布局框架。

这里分析 BootStrap 的基本设计思想。BootStrap 目前的 3.x 版与 2.x 版有很大差别，下面的代码案例是基于 3.x 版的。首先，BootStrap 将页面划分为 CSS 的类，容器(.container)、行(.row)和列(.column)，列共分成 12 等宽的列。container、row、column 必须是包含的层级关系。也就是 container 包含 row，row 里面有 column。col-md-4 表示 4 个列组合成一个块栏目，共有三个栏目块。代码如下，见例子 19-5。

```
<div class = "container">
<div class = "row">
<div class = "col - md - 4"></div>
<div class = "col - md - 4"></div>
<div class = "col - md - 4"></div>
</div>
```

例子 19-5:
part3/ch19/bootstrap/bootstrap.html

BootStrap 定义了 4 种不同屏幕尺寸的 class，前缀分别是 col-xs、col-sm、col-md、col-lg，分别表示超小（<768px）、小（≥768px）、中（≥992px）、大（≥1200px）的屏幕，当设备屏幕在定义的阈值范围内时，一行里面的列块是按水平排列的，否则按垂直排列，从而实现响应式设计。

BootStrap 的导航条也可以实现响应式设计风格，设计分成两个部分，一个是折叠的 icon-bar 图标放在 button. navbar-toggle 按钮里面，一个是导航条的菜单内容放在 div. navbar-collapse 容器里。按钮里面的 data-target=#menu 与导航条内容 id=menu 产生关联，触发响应的阈值是当屏幕宽度小于 768px 时，导航条变成只显示 icon-bar 图标按钮，单击 icon-bar 图标按钮，垂直展开导航条菜单内容。当屏幕大于 768px 时，导航条恢复水平布局。见例子 19-6，代码如下。

例子 19-6:
part3/ch19/bootstrap/bootstrap-navbar. html

```
<div class = "navbar navbar - default">
<div class = "navbar - header">
<button class = "navbar - toggle" type = "button" data - toggle = "collapse" data - target =
"#menu">
<span class = "sr - only"></span>
<span class = "icon - bar"></span>
<span class = "icon - bar"></span>
<span class = "icon - bar"></span>
</button>
</div>
<div class = "collapse navbar - collapse" id = "menu">
<ul class = "nav navbar - nav">
<li><a href = "##">首页</a></li>
<li><a href = "##">HTML5 教程</a></li>
<li><a href = "##">Bootstrap 介绍</a></li>
<li><a href = "##">响应式设计</a></li>
<li><a href = "##">WEB 移动开发</a></li>
</ul>
</div>
</div>
```

BootStrap 不仅是一个响应式设计框架，它也提供了丰富的 UI 设计组件。例如，字体图标、按钮、下拉菜单、导航栏、表格、表单等样式。

练习

1. 按照移动 Web 响应式设计，编写一个页面，使用媒体查询技术，当屏幕分辨率大于 800px 时，导航菜单采用水平拉伸，小于 800px 时，变成垂直拉伸。

2. 修改第 1 题代码，当手机处于横屏时，导航栏菜单采用水平拉伸，处于竖屏时，菜单采用垂直拉伸。

3. CSS 3 在字体的流式布局中采用了新的相对单位 em 和 rem，这两个单位分别是相对于父元素和 HTML 根元素的字体相对值。此外，CSS 3 还提出了 vw 和 vh 单位，是相对视口的宽，高度的 1%大小相对值，例如 p{font-size：3wv}，在视口 480px 时的字体大小是 3×480/100＝14.4px。编写代码，定义一个 vw 单位的字体，用浏览器的开发者工具的移动模拟器查看不同视口宽度对字体大小的影响。

4. BootStrap 提供响应式图片定义 class＝"img-responsive"，编写代码，在浏览器中测试效果。

第 20 章

移动Web UI设计

20.1 人机交互的UI设计

UI(User Interface,用户界面)设计,就是人与计算机进行交流的界面接口。GUI(Graphical User Interface,图形化用户界面设计)是 UI 的一个子集。通过易用性(Usability)的指标,来评价用户与计算机交互过程的满意程度,通常也称为用户体验设计。

20.1.1 人机交互的发展

计算机最早的主要功能就是计算,通过键盘、穿孔卡读入数据完成计算功能。早期的计算机交互是通过一个 CLI 命令行终端来完成的,用户通过键盘输入指令,计算机处理的结果打印在屏幕上。这种用命令行来操作的应用程序有 WordStar,它是最早的文本编辑系统,通过各种组合键来完成文本的插入、删除、修改及排版工作。一直到现在,一些常用组合键仍然是所有应用软件的默认操作,例如,Ctrl+X 表示剪切,Ctrl+C 表示复制,Ctrl+V 表示粘贴。著名的 UNIX/Linux 操作系统下的程序编辑器 VI 也是键盘人机交互的经典应用系统,一直到现在仍然有大批的编程开发人员使用。随着计算机应用的普及,人机交互的要求也越来越高,微软公司发明了图形界面的操作系统 Windows,紧接着是鼠标的出现,使人机交互有了一场革命性的进步。同时,拥有菜单的应用程序更方便用户的交互,用户不用去记住太多的命令,而是通过菜单来完成操作。例如,像今天人们熟悉的微软 Office 办公系统。除了菜单的界面交互,越来越多的应用程序添加了图形化的工具栏来加强用户体验,工具栏使用更形象的图标或符号来表示一个操作的功能。例如,大多数应用程序都用早期软盘的图标来表示保存操作。这种图标工具栏最后演变成与现实世界更接近的按钮。特别是随着智能手机和平板电脑的流行,人机交互的方式又进行了一场新的革命,从台式计算机的键盘+鼠标发展到了触摸屏的交互方式,移动设备上应用软件把按钮作为人机交互界面必不可少的元素。如图 20-1 所示是人机交互的演变过程,分别是 Windows 的字符终端,Windows 的文件浏览器图形界面,以及锤子手机的应用商店界面。

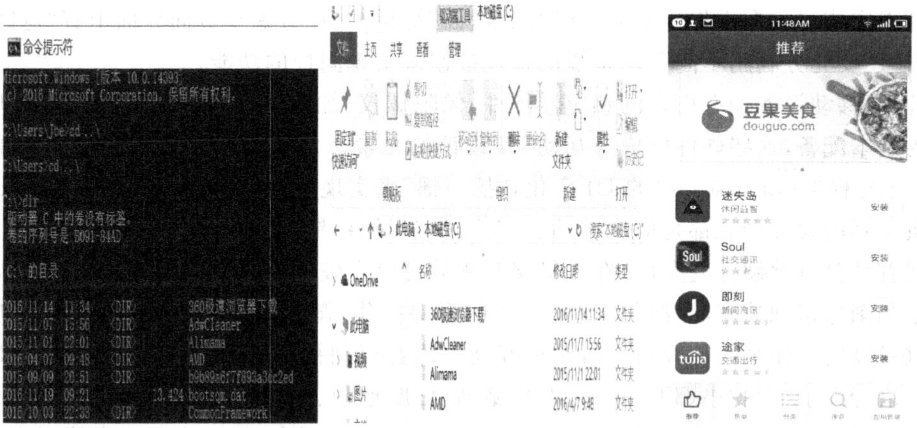

图 20-1　三种人机交互界面的演变

20.1.2　移动设备的交互特殊性

随着移动设备的触摸屏和视网膜屏的出现，以及移动处理器的性能提升，手势人机交互成为手机平板等移动设备的基本操作。例如，双指捏合来缩放屏幕内容，左右滑屏进行翻页，上下滑屏替代了视窗上的上下滚动条，在手机桌面拖曳应用图标。

当然，移动设备的人机交互也有让传统用户不适应的地方，如物理键盘被软键盘替代了。虽然加拿大手机公司的 Blackberry 手机一直坚持使用物理键盘，但是，也逐渐被用户放弃。手机的输入方式没有在桌面计算机上的输入速度和体验好，所以，移动应用软件的UI 设计上，更多的是在软键盘上优化，例如，软件输入的是数字，软键盘在有限的屏幕空间内通过去掉字符按钮来提供更大的数字按钮；如果输入的是网址或电子邮件，还可以在软键盘中增加“@”按钮和“. COM”按钮，让用户减少字符和符号软键盘间的切换。

移动设备不仅没有了物理键盘，也没有了鼠标的操作，人的手指替代了鼠标。在桌面系统上，鼠标的定位精度很高，通常可以在几个像素的范围内，但是，人的手指在移动设备上的定位范围是很粗的，大约在 20～50 个像素，这就是为什么我们在使用软键盘的时候常常会误按到其他按钮，影响了输入速度。所以在 UI 设计上要使用较大的按钮和图标来满足和提高手指单击的体验。

此外，移动设备的屏幕尺寸比桌面机小，而且手机的屏幕尺寸和分辨率大小还有不同，所以在 UI 设计上也是重点考虑的问题之一。虽然手机的屏幕分辨率已经在向桌面计算机靠拢，也可以达到桌面显示器的通用分辨率 1920×1080，但是在一个 Web 应用设计中还是要考虑如何解决匹配不同移动设备屏幕尺寸问题。例如，在布局上采用流式布局和响应式布局，把在桌面计算机上的应用菜单切换成按钮，总之，在移动设备上，应尽可能地简化交互的 UI 界面，但又不能牺牲功能和内容。

除了键盘、鼠标、屏幕的因素外，由于移动设备的尺寸较小，在硬件设计上，可用的物理按钮操作就很少。例如，iPhone 的硬件交互按钮只有音量键和一个 Home 键，Home 键可用来实现很多功能，最主要的功能就是“返回”，让应用从下一级菜单返回到上一级菜单，或替代移动浏览器 Web 页面的“返回”按钮。Android 系统的硬件交互在设计上除了 Home键外，还有“返回”键。所以，移动 Web 应用的 UI 设计也要考虑不同移动设备的物理键的响应事件来完成某一个操作。例如，常用的“返回”键设计，在考虑在页面界面上有“返回”按钮的同时，还要充分利用不同移动系统的物理按钮来实现同样的功能。

此外，移动设备拥有更多的感应器硬件，像陀螺仪、加速度仪、电子罗盘、光线感应等已经成为基本配备，这些硬件已成为互动 UI 设计的元素。例如，设备旋转让屏幕产生的竖屏(Portrait)/横屏(Landscape)的 UI 变化，“摇一摇”来实现两个手机之间联系人名片交换，这些人机交互的设计理念都是应用移动感应器件实现的结果。

随着计算机软硬件的发展，在人机交互领域已经突破了传统的二维交互界面。例如，视频技术和图像识别技术的发展促进了三维的手势操作，微软的 Kinect 游戏体感控制，让用户通过身体的动作来与计算机进行游戏互动。语音识别技术的发展，也成就了 Apple 公司的 Siri 语音助手、微软小娜 Cortana 语音秘书、百度地图、淘宝网的语音搜索。以前科幻小说家的虚拟世界已经开始通过 VR(Virtual Reality，虚拟现实)技术实现。虚拟现实技术是一种可以创建和体验虚拟世界的计算机仿真系统，它利用计算机生成一种模拟环境，是一种多源信息融合的交互式的三维动态视景和实体行为的系统仿真，使用户沉浸到该环境中。用户完全可以抛弃人机交互的传统工具——键盘、鼠标和触摸屏，通过 VR 眼镜进入一个可以去感触和控制的虚拟世界。目前，人机交互已经成为一门独立的学科，已经跨越了传统的计算机 UI 设计领域。

20.2 菜单、导航与标签栏

菜单、导航栏和标签栏是应用软件中最常用的 UI 元素，也是原生应用的基础控件。导航栏在 Web 网页设计中是最常用的一个 UI 布局方式，到了移动时代，这个经典的界面仍然是最流行的设计。但是，传统的导航栏常常作为一个垂直列布局，在移动布局的设计上，多采用单列布局，所以，垂直导航栏就变成了水平导航栏的方式。如图 20-2 所示为淘宝头条

图 20-2　淘宝头条的水平导航栏

的 Web 应用的水平导航栏。导航栏更像是内容的分类，单击一个导航项都会引导切换到布局相同但内容不同的视窗。

标签栏更像是导航栏的上一级菜单，但是，它会切换到不同布局和不同内容的视窗。如图 20-3 中，淘宝头条的客户端下载标签栏的视窗与首页视窗是不同的布局和内容。

图 20-3 淘宝头条的标签栏

移动 Web 应用仍然保持传统的下拉菜单，但是，菜单只有一级，而且菜单的边距要拉开，让用户通过手指更准确地触摸单击菜单项。如图 20-4 所示是知乎的移动 Web 页面的下拉菜单。

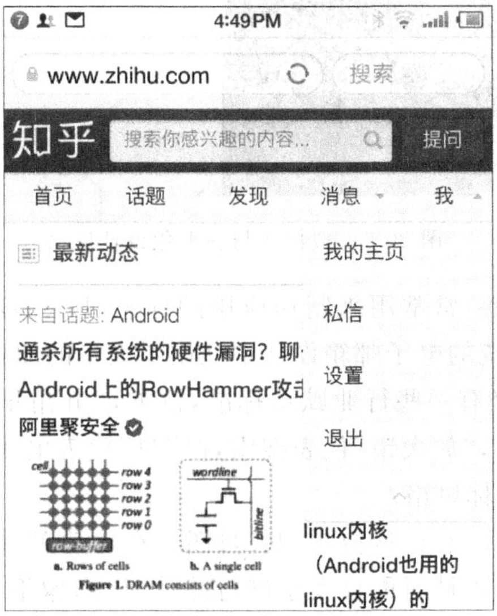

图 20-4 知乎的移动 Web 页面菜单

20.3 图标、按钮拟物化设计与扁平化风格

计算机的图标、按钮都是通过模拟现实世界的外观来引导用户与计算机的交互元素。但是，把计算机世界里面的所有元素都过度地追求视觉上的逼真，甚至有 3D 的效果，这种过度的拟物设计方式会消耗计算机的资源，反而会影响交互功能的响应和体验。特别是在 Web 应用中，浏览器渲染引擎需要调用硬件的 GPU 来达到视觉上的现实效果，因此对硬件的要求越来越高。拟物化设计首先是由操作系统兴起的，例如，微软的 Windows Vista 是追求视觉效果的操作系统代表，但是由于兼容性等问题，微软的 Windows 升级版 Windows 7 和 10 都回归到扁平设计风格，苹果的 iOS 7 也不例外。

扁平化设计风格追求的是简洁，去掉那些对交互没有太多帮助的修饰性属性，让计算机的交互界面不再装饰成真实三维世界，而是二维的符号来表述人机交互的界面。扁平化设计的回归更是得益于计算机和智能移动设备的普及，大众已经适应了菜单、导航栏、标签栏、图标等交互元素，拟物化设计有低估用户的计算机操作常识，反而像幼儿园的玩具，华而不实。正是由于人类在与计算机交互上的进步，人们更注重于交互的功能，而不是华丽的外表。如图 20-5 所示分别是 iOS 10 在 iPad mini 中的扁平桌面风格和锤子手机 Smartisan OS 的时钟拟物设计风格。

图 20-5 拟物化与扁平化设计风格

图标就是图形化的标签，常常用来制作应用的标志(Logo)或标签栏、按钮的图形化设计，例如，锤子手机操作系统的电子邮箱设计中就用了大量的图标设计，如图 20-6 所示。

图标在 UI 设计中已经有一些行业默认标准，例如，"五角星"代表收藏，"头像"代表个人账户，"垃圾桶"代表删除，"放大镜"代表搜索，"信封"代表电子邮件，"齿轮"代表设置等。如图 20-7 所示是 iOS 的图标风格。

图标是图像的一种格式，有像素位图和矢量图。在移动 Web UI 设计中，建议使用矢量图图标，矢量图的好处是可以针对屏幕大小进行缩放时，图像不会失真，因为矢量图保存的是数学公式的画图参数和画图代码，而像素位图需要根据不同的屏幕大小来裁剪不同的图

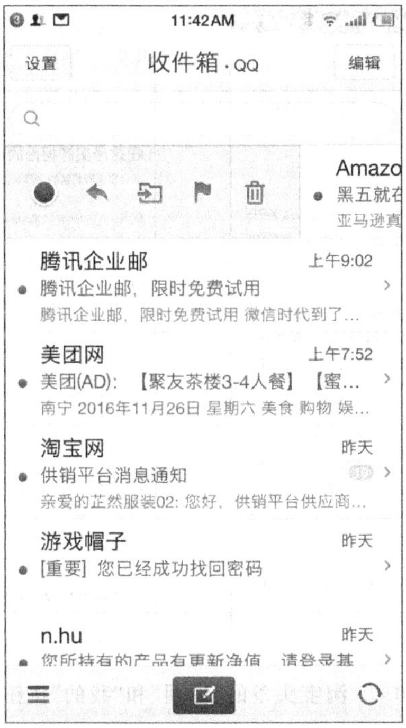

图 20-6　用图标式按钮的电子邮件应用

图 20-7　常见图标

（图片来源：http://www.lanrentuku.com/psd/tubiao/30-icons-chapps.html）

像大小，因此小像素的图片放大时会失真。

按钮的位置在设计中也是非常讲究的，有些设计是因为长期使用习惯形成的，也就是习惯成自然。例如，桌面机浏览器的“向后”按钮在左上边，“向前”按钮设置在右上边。在移动应用设计时也应该按照习惯，把“返回”按钮设计在左上角。用户登录后的账号管理按钮按习惯是在视窗的右上角或右下角，如图 20-8 所示。所以，按钮设计不要太标新立异，违反习惯。

图 20-8 淘宝头条的“返回”和“我的”按钮位置

20.4 表单

作为数据输入的交互元素，在移动 UI 界面中应尽量减少键盘输入项，如果必须使用键盘输入，尽量采用 HTML 5 的输入类型属性。例如，电子邮件输入定义输入属性 type="email"，软键盘会提供“.com”和“@”按钮，简化输入。

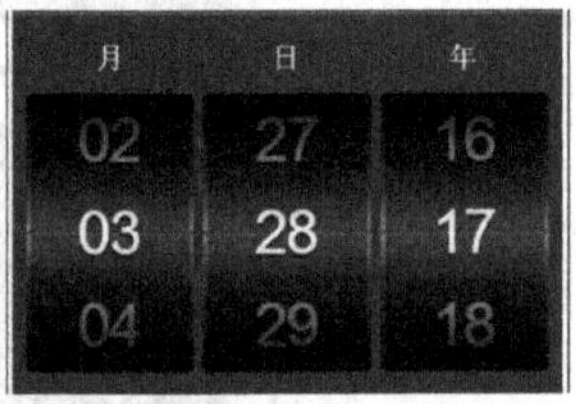

图 20-9 日期的滚轮输入效果

移动表单输入更多采用滚轮输入方式来替代键盘输入。如图 20-9 所示为采用滚轮输入日期。

20.5 表格

在移动设备中显示表格是一个不好的体验效果，但是可以采用以下方法解决移动表格显示问题。

(1) 通过过滤器，让用户选择主要列显示，而不是显示整张表。

(2) 通过纵向滑动浏览表格。

(3) 对于数据量大的表格，可以作成翻页显示。

(4) 用列表代替表格。

(5) 将表格转换成图片方式显示，这样可以通过图片的缩放来浏览表格。

(6) 用图表，例如饼型图、棒型图来替代表格显示数据。

20.6 jQuery Mobile 类库

jQuery 是一个流行的 JS 组件库，提供一种更简洁的 JavaScript 代码编写风格，通过 CSS 选择器快速查询、获取 DOM 元素对象，更便捷地操作 DOM 元素，修改页面内容。此外，还有增强的事件处理能力，漂亮的页面动态效果，及各种丰富的 UI 组件，例如，日历组件等，并减少浏览器兼容问题。

jQuery Mobile 是针对移动 Web 应用程序的框架组件，通过使用 HTML 5 和 CSS 3 以尽可能少的脚本对页面进行移动布局和 UI 优化，增加了针对移动端浏览器的事件处理，例如，触摸、滑动、定位等事件。

20.6.1 jQuery Mobile 的设计风格

jQuery Mobile 的设计风格是引入了 HTML 5 的自定义属性“data-＊”，给一个页面做语义化布局，用 data-role＝"page"定义一个独立页面，data-role＝"header"定义标题栏，data-role＝"footer"定义页脚栏，data-role＝"content"定义内容栏。这里的 data-role＝"page"可以在一个物理页面文件中虚拟多个 div 块作为移动的页面，不用通过手机移动设备在一个物理页上下移动阅读，而是把一个物理页面虚拟成多个页面，通过翻动页面来阅读。如下代码是把一个 div 块定义成一个虚拟的页面，例子 20-1 中定义了两个虚拟页面，并可以相互跳转。代码如下。

```
<div data - role = "page">
  <div data - role = "header">
    <h1 >标题栏</h1 >
  </div >
  <div data - role = "content">
    <p >这是第一页内容</p >
  </div >
  <div data - role = "footer">
  <h1 >页脚栏</h1 >
  </div >
</div >
```

例子 20-1:
part3/ch20/jqm.html

通过 data-transition 属性，可以在移动设备的页面跳转添加 HTML 5 的过渡效果，代码如下。

```
<a href = "#page2"data - transition = "flip">第二页<a/>
```

过渡效果有下面几种方式，见表 20-1。

表 20-1 data-transition 的过渡效果值

过 渡 值	说 明	过 渡 值	说 明
fade	(默认值) 淡入淡出效果	slidefade	滑动并淡入效果
flip	翻动效果	slideup	从下到上滑动效果
flow	抛出效果	slidedown	上到下滑动效果
pop	弹出窗口效果	turn	转向下一页
slide	滑动效果	none	无过渡效果

过渡是有方向性的，如果过渡是从左到右，用 data-direction＝"reverse"可以改变过渡的方向，代码如下。

```
<a href = "#page2"data - transition = "flip" data - direction = "reverse" >第二页<a/>
```

20.6.2 jQuery Mobile UI 控件

按钮是最常用的控件，通过属性 data-role＝"button"定义，除了 HTML 定义的具有按钮性质的标签，例如< button >和< input >，通常是在< a >标签上定义一个按钮，外观的控制由 data-corners(圆角)、data-mini(小型)、data-shadow(阴影)的布尔值属性决定，还可以通过 data-icon 属性给按钮加图标。如果按钮由文字和图标组成，还可以通过 data-iconpos 属性值 top、bottom、right、left 定义图标在文字的上下左右出现。如表 20-2 所示列出了常用图标。

表 20-2 按钮图标 data-icon 属性值

图 标 值	说 明	图 标 值	说 明
data-icon＝"arrow-l"	左箭头	data-icon＝"back"	返回
data-icon＝"arrow-r"	右箭头	data-icon＝"search"	搜索
data-icon＝"delete"	删除	data-icon＝"grid"	网格
data-icon＝"info"	信息	data-icon＝"plus"	十符号
data-icon＝"home"	首页		

按钮代码如下。

```
<div data - role = "header">
  <h1 >标题栏</h1 >
  <a href = "#home" data - icon = "home">首页</a>
  <input type = "button" data - icon = "search" class = "ui - btn - right"></input>
</div>
```

页眉 data-role＝"header"可包含一个或两个按钮，页脚 data-role＝"footer"没有限制。但是页眉里面如果有文字，要用 class＝"ui-btn-right"来让第二个按钮移到右边，显示效果见例子 20-2。

例子 20-2:
part3/ch20/jqm-button.html

导航栏 data-role="navbar"里面封装了< ul >< li >< a >标签作出的导航列表，导航栏里面的导航条均匀分布在水平线上，最大容纳 5 个导航条，超过 5 个会自动分成两列。像按钮一样，导航条可以添加 data-icon 图标，图标默认位置在上方，也可以通过 data-iconpos 改写图标的位置。导航栏可以分别嵌入到页眉、页脚和内容栏里面。见例子 20-3，部分代码如下。

例子 20-3：
part3/ch20/jqm-navbar.html

```
<div data-role="header">
  <div data-role="navbar"data-iconpos="left">
    <ul>
      <li><a href="#"data-icon="home">首页</a></li>
      <li><a href="#"data-icon="search" >教程</a></li>
      <li><a href="#"data-icon="info" >我们</a></li>
    </ul>
  </div>
</div>
```

jQuery Mobile 框架还给 HTML 传统的列表和表单进行了外观优化来适应移动设备要求，通过在列表标签< ol >或< ul >中添加属性 data-role="listview"，及表单通过用带有 data-role="fieldcontain"属性的< div >或< fieldset >域容器元素来封装 label 或表单元素。见例子 20-4，部分代码如下。

例子 20-4：
part3/ch20/jqm-form.html

```
<form method="post" action="#">
  <div data-role="fieldcontain">
              <label for="name">名字:</label>
              <input type="text" name="name" id="name">
              <label for="passw">密码:</label>
              <input type="password" name="passw" id="passw">
</div>
```

20.6.3 jQuery Mobile 移动事件

除了标准的 jQuery 事件外，jQuery Mobile 还有专为移动浏览器和触摸屏制定的事件。

（1）触摸事件：单击和滑动触摸屏幕时触发。

（2）滚动事件：页面上下滚动时触发。

（3）方向事件：设备旋转移动时触发。

（4）页面事件：当页面创建、加载或卸载时触发。

触摸事件相当于台式计算机的鼠标单击，按住鼠标左键并移动鼠标相当于触摸屏的滑动，这些动作事件可以用台式计算机的鼠标模拟完成测试。

触摸事件主要有以下几种，表 20-3 是触摸事件的名称。

表 20-3 触摸事件的值

触摸事件	说 明	触摸事件	说 明
tap	单击触摸	swiperight	从左向右滑动超过 30px 时被触发
taphold	单击并保持 1 秒钟	swipeleft	从右向左滑动超过 30px 时被触发
swipe	水平滑动超过 30px 时被触发		

触摸事件的触发代码很简单,通过选择器函数 $() 获取到 HTML 标签元素对象,调用事件函数 on()来处理响应事件。代码如下。

```
$("p").on("swiperight",function(){alert("You swiped right!");});
```

滚动事件可以分成两个事件:内容滚动开始(scrollstart)和滚动结束(scrollstop)。但是,scrollstart 在 iOS 上还无法实现。代码如下。

```
$(document).on("scrollstart",function(){alert("开始滚动!");});
```

注意:上面代码中的 jQuery 选择器参数是 document 对象,表示整个页面的滚动事件。

方向事件 orientationchange 是移动设备在垂直或水平方向旋转时触发,触发事件对应的对象是 window,通过 window.orientation 来获取设备的方向状态是横屏还是竖屏,代码如下。

```
$(window).on("orientationchange",function()
{ if (window.orientation == 0 || window.orientation == 180){
        Alert( 'portrait');}
    else if (window.orientation == 90 || window.orientation == -90){
        alert( 'landscape');}});
```

页面事件被分为以下 4 个方面。

(1) 当前页面打开及 jQuery Mobile 完成页面初始化;

(2) 当外部页面加载或卸载,及加、卸载失败;

(3) 当页面跳转过渡前后;

(4) 当页面被更改,或更改失败。

jQuery Mobile 把一个页面的创建分成三个阶段(例子 20-5):创建前、创建时和 jQuery Mobile 已完成页面增强的初始化工作。代码如下。

```
$(document).on("pagebeforecreate",function(event){
  alert("触发 pagebeforecreate 事件!");});
$(document).on("pagecreate",function(event){
  alert("触发 pagecreate 事件!");});
$(document).on("pageinit",function(event){
  alert("触发 pageinit 事件!")});
```

例子 20-5:
part3/ch20/jqm-event.html

练习

1. 字体图标是制作 Web UI 的最基本组件，互联网上有许多免费的字体图标库，例如，http://fontawesome.io/，一个字库里面有 675 个字体图标，学习下载使用这些图标，创建按钮、菜单、导航栏。

2. Bootstrap 提供了包括二百五十多个来自 Glyphicon Halflings 的免费字体图标（见：http://v3.bootcss.com/components/）。使用字体图标定义<span class="glyphicon glyphicon-plus" aria-hidden="true"></span>，表示添加一个"+"图标。请编写代码比较 jQuery Mobile 提供的按钮图标 data-icon="plus"和"+"图标的差别。

3. jQuery Mobile 默认有 5 个主题模板 a～e，在互联网上还有很多免费的主题，学习下载安装一个 jQuery Mobile 的主题。

第21章

地理位置检测

21.1 地理位置信息

地理位置信息主要是由经纬度组成，经纬度是地球的坐标，地球有一个假想的旋转地轴，相当于一条通过地球南北两极和地球中心的线，赤道就是在地球腰中间画一个与地轴垂直的圆圈，沿着赤道再向地球南北两边画出许多和赤道平行的圆圈，就是纬线。纬度定义为地球面上一点到球心的连线与赤道平面的夹角。所以，赤道的纬度为零度，向南北极各为90°，位于赤道以南的叫南纬，记为“S”，位于赤道以北的叫北纬，记为“N”。

绕着北极点到南极点画出许多与地球赤道垂直的圆圈，就叫经线。国际上规定经过英国伦敦的格林尼治天文台的经线作为起点零度，向东面的为东经，共180°；向西面的为西经，共180°。东经180°和西经180°又回到经度起点。如图21-1所示是通过http://www.gpsspg.com/maps.htm网站查询一个位置的经纬度信息。

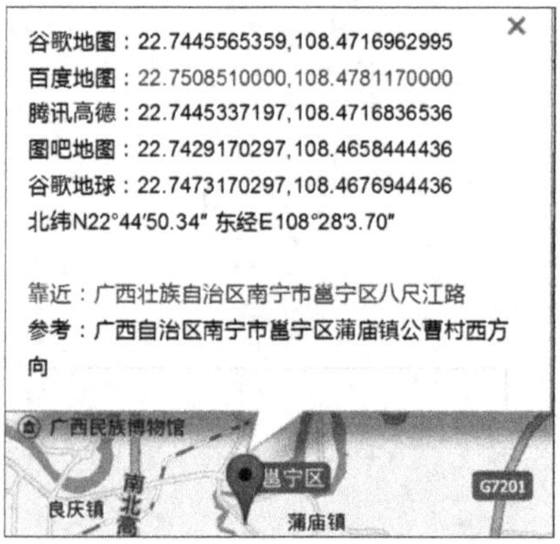

图21-1 一个地理位置的经纬度

HTML 5提供了Geolocation API，用来计算地理位置信息的经纬度、海拔、精确度、移动速度等。

21.2 地理位置检测方法

检测地理位置有多种方法，见表21-1。早期的台式计算机用IP，移动设备用无线网络、手机基站、GPS全球定位。如果是手机的GPS定位，浏览器可以直接获取经纬度等数据，如果没有GPS，浏览器通过IP地址及手机基站的信息，发送到代理位置定位服务器，例如，

Google 位置服务器，以计算出经纬度值。地理位置信息可以应用在购物、地图、导航、拍照定位、防诈骗、定向广告、游戏等方面。

表 21-1　地理位置检测方法

检测方法	精确度	优缺点
IP	城市，单位区域级	靠位置服务器提供计算，不可靠。成本低，不需要任何附加设备
Wi-Fi 网络，蓝牙，RFID	20m	可以用于室内定位。户外效果不好
手机基站	三个基站定位，100m	户外、室内都可以定位，需要手机网络，非免费服务
GPS 全球定位	10m	室内效果不好，需要附加 GPS 设备功能，适合野外没有任何网络的地方

21.3 Geolocation API

地理位置信息对象是 navigator 对象下面的子对象，即 navigator. geolocation，它包含两个获取位置的方法，一种是异步请求获取定位 getCurrentPosition()，这种定位方法可以快速返回基于 IP 或 Wi-Fi 定位的低精度数据，但是，如果是 GPS 设备下定位，可以通过参数选择高精度数据，这样定位时间会长些。另一种是轮询调用定位 watchPosition()，轮询定位是不断更新位置的变化信息，更适用于导航。具体详细定义见表 21-2。

例子 21-1:
part3/ch21/geolocation. html

表 21-2　geolocation 方法

geolocation 方法	说明
getCurrentPosition(onsuccess, onerror, positionOption)	onsuccess 回调函数返回一个 position 对象，可选 onerror，以及参数设置 positionOption
wid=watchPosition(onsuccess, onerror, positionOption)	轮询探测位置，方法本身返回 wid 监视器对象，其他参数和上面方法一样
clearWatch(wid)	通过 wid 停止轮询探测

getCurrentPosition()和 watchPosition()都接收一个成功回调函数，一个可选的失败回调函数和一个可选的 PositionOptions 参数设置对象。可选参数对象是一个 JSON 对象，包含的属性见表 21-3。

表 21-3　PositionOptions 参数设置对象属性

PositionOptions 对象属性	说明
enableHighAccuracy	true/flase，高精度设置
timeout	毫秒，超时
maximumAge	当前的 position 信息有效期，ms

onsuccess 返回的 position 对象中包含 coords 坐标子对象及其属性见表 21-4。

表 21-4 position 对象属性

position 的属性	说 明
coords. latitude	纬度，-90.00～+90.00
coods. longitude	经度，-180.00～+180.00
coords. altitude	海拔高度，m
coords. accuracy	纬度，经度精确度，m
coords. altitudeAccuracy	海拔高度精确度，m
coords. heading	以正北为基准，顺时针移动的角度
coords. speed	移动速度，m/s
position. timestamp	获取地理位置的时间戳

onerror 返回的 positionError 对象属见表 21-5。

表 21-5 positionError 对象属性

positionError 的属性	说 明
code	错误代码
	0—unkown error，未知错误
	1—permission denied，访问服务被拒绝
	2—position unavailable，联网中断
	3—timeout，超时
message	错误信息

通过例子 20-1 来获取地理位置信息可能会出现一些问题，在 PC 上测试，建议将代码放到 Web 服务器端并连接互联网，使用国产搜狗浏览器访问 http://localhost/geolocation.html，具体操作见 33 章 33.3.2 节。主要代码如下：

```
function onsuccess(position) {
    var lat = position.coords.latitude;
    var lon = position.coords.longitude;
    }
function onerror(positionError) {
  alert('ERROR:' + positionError.code + ': ' + positionError.message);
};
var positionOptions = {
  enableHighAccuracy : true,
  maximumAge         : 1330000,
  timeout            : 26000
};
navigator.geolocation.getCurrentPosition(onsuccess, onerror,positionOption);
```

21.4 地理位置与地图接口

获取的地理位置信息，是纬度经度和海拔高度的抽象数据，但是可以通过一些地图 API，在地图上显示具体位置。常用地图服务商见表 21-6。

表 21-6 提供地图服务的一些公司

地图服务商	说明
Google Maps API	最好的地图服务
Bing Maps API	大公司,但对中国地图服务内容少
高德地图 API	比较专业的地图服务,导航服务最好
百度 Map API	API 文档全,服务功能多,应用全
腾讯 Map API	移动开发 API 还没有开放,应用方面案例不多,但是接口简单易学

按开发分类,地图服务商会提供自己的移动 API,包括 Android 和 iOS 的 API,Web 开发的 JavaScript API 和 URI API,以及一些其他服务和工具。按服务分类,可以是地图服务、导航服务、街景服务等。使用地图提供商的开发 API 可以提供定位精度,但是,地图服务商都会要求开发者注册并申请一个开发密钥 key,在加载开发 API 包时需要用 key 作为参数。例如,腾讯的开发 key 在 Web 开发中调用代码如下。

```
<script charset = "utf - 8"src = "http://map.qq.com/api/js?v = 2.exp&key = YOUR_KEY"></script>
```

其中的 your_key 就是开发密钥。使用地图服务虽然免费,但是有次数限制,作为商业用途,选择付费可以解除次数限制。但是,大多数地图服务商对 URI API 是不用注册和申请密钥的,可以按照一定的 URI 格式调用地图服务。使用 URI API 可以把上面通过 Geolocation API 获取的经纬度数据直接调用地图,显示地理位置信息,将抽象的地理位置数据信息转换成地图。

URI API 提供以下服务。

(1) 地点标注:根据经纬度数据,调用 URI 地图服务展示一个标注点,分享位置,标注商铺名。

(2) POI(地点)检索:以当前位置(经纬度数据)为中心,在周边半径 1km 范围,根据关键字进行地图检索,通过地图显示 POI 检索结果的详细信息页。

(3) 公交线路查询:根据线路名称,通过地图显示公交线路图。

(4) 线路导航:根据起点、终点名称或经纬度数据,显示地图道路路径。

(5) 地址解析:根据经纬度查询地址,或地址信息查询坐标,通过地图服务展示该位置。

下面介绍腾讯和百度地图 URI API 结合 Geolocation API 的使用方法。

21.4.1 腾讯地图的 URI API

URI API 是一组用于打开腾讯地图网站或者打开用户手机上安装的腾讯地图产品的协议接口,一般在第三方网站或应用中需要用到地图相关的功能时,可以通过这套接口启动腾讯地图产品的不同功能模块,为用户提供地图及导航服务。

调用腾讯 Web/Wap 版地图 URI 接口格式,代码如下。

```
http://apis.map.qq.com/uri/v1/method?param = value[&param = value&..]
```

其中,method 方法的值是对应的服务项目。

(1) Search：地点搜索，周边搜索。

(2) Routeplan：路线导航。

(3) Geocoder：地址解析。

(4) Marker：地点标注。

(5) Streetview：街景展示。

这里用 Marker 地点标注作为应用例子。地点标注 URI 要求至少两个参数：marker 和 referer。referer 是应用名称，必须填写；marker 属性用键值对表示，属性之间用分号分隔。属性有以下几个。

(1) Coord：经纬度，value 形式为“lat,lon”。纬度在前，经度在后。必填。

(2) Title：标注点名称，例如公司、单位或店铺名称。必填。

(3) Addr：具体的街道地址。必填。

(4) Tel：电话。可选项。

(5) Uid：指定一个 POI 的唯一标识。可选项。

例子 21-2:
part3/ch21/mapit.html

根据以上参数，抓取到的经纬度变量为 lat 和 lon，下面的代码用来显示所在位置标识，见例子 21-2。

```
"http://apis.map.qq.com/uri/v1/marker?marker = coord:" + lat + "," + lon + ";title:南宁学院;
addr:龙亭路 8 号 &referer = web 地图";
```

21.4.2 百度地图服务的 URI API

百度地图 URI API 是为开发者提供直接调取百度地图产品(百度 Web 地图、百度地图手机客户端)以满足特定业务场景下应用需求的程序接口，开发者只需按照接口规范构造一条标准的 URI，便可在 PC 和移动端浏览器或移动开发应用中调取百度地图产品，进行地图展示和检索、线路查询、导航等功能，无须进行复杂的地图功能开发。该套 API 免费对外开放，无须申请 ak。

目前，百度的 URI API 是 2.0 版本，地点标注 URI 的调用接口是：

```
http://api.map.baidu.com/marker?param = value[&param = value&..]
```

地址标注 marker 的参数值用等号“=”连接，下面是具体参数。

(1) Location：lat <纬度>，lng <经度>，必填。

(2) Title：标注点名称，例如公司、单位或店铺名称。必填。

(3) Content：标注点显示内容，例如，公司介绍。可选项。

(4) Output：输出类型，Web 应用必须指定值为“html”。必填。

(5) Src：应用名称。必填。

一个地点标注引用代码如下。

```
"http://api.map.baidu.com/marker?location = " + lat + "," + lon + "&title = 我的位置 &content
 = xx 学院 &output = html&src = web 地图";
```

练习

1. 修改例子 21-1 的代码，将 getCurrentPosition()替换成 watchPosition()，变成一个导航应用。

2. 去腾讯位置服务申请开发密钥：http://lbs.qq.com/guides/startup.html，通过地图组件(H5)->地图选点组件，做一个类似微信中的“发送位置”功能。

第22章 移动设备其他功能接口

22.1 摄像头 API

浏览器厂商开始加入了摄像头接口，让 Web 应用可以像原生应用一样访问摄像头。目前的接口不仅仅是针对移动设备的，桌面设备也将实现同样的摄像头接口。

getUserMedia API 有两种方法调用：navigator. getUserMedia 和 navigator. mediaDevices. getUserMedia。前一种方法是早期的设计，需要在方法前面加浏览器前缀。后一种方法就不需要，只要浏览器支持，统一了接口，代码更简单。但是，为了安全，需要 HTTPS 访问摄像头服务，所以需要 SSL 证书来协同 API 工作。

HTML 代码如下。

```
<video id="video" width="640" height="480" autoplay></video>
<button id="snap">照相</button>
<canvas id="canvas" width="640" height="480"></canvas>
```

video 标签用来播放来自摄像头的视频，单击“照相”的按钮后，将抓取的照片放到 canvas 标签里面显示。JavaScript 的代码比较简单，getUserMedia()带一个 JSON 格式的参数{video:true,audio:true}，来决定对视频或音频的抓捕。然后，从设备抓取的视频数据流 stream 通过 window. URL. createObjectURL(stream)转变成视频源，代码如下。

```
if(navigator.mediaDevices && navigator.mediaDevices.getUserMedia) {
      navigator.mediaDevices.getUserMedia({ video: true }).then(function(stream) {
        video.src = window.URL.createObjectURL(stream);
        video.play();
    });}
```

拍照功能，是把 video 里面的内容放到 canvas 里面画图，代码如下。

```
var canvas = document.getElementById('canvas');
var context = canvas.getContext('2d');
var video = document.getElementById('video');
document.getElementById("snap").addEventListener("click", function() {context.drawImage
(video, 0, 0, 640, 480);});
```

拍照的完整代码见例子 22-1。

> *例子 22-1:*
> *part3/ch22/camera.html*

22.2 设备移动方向 API

在移动设备中，加速度计、陀螺仪、指南针（罗盘）是检测设备移动的基本硬件。大多数智能移动设备都已经是基本配备，可以用于控制游戏，手势识别和定位测量。原生应用接口也很完善，对于 Web 应用，HTML 5 提供了这些硬件接口标准，目前大多数移动浏览器支持这个接口。

22.2.1 设备方向与 alpha、beta、gamma 定位值

设备旋转移动由三个坐标 XYZ 控制，如下表示。

(1) X 轴方向是从东到西水平方向，往东方向为正值。

(2) Y 轴方向是从北到南方向，往北方向为正值。

(3) Z 轴方向是从上到下方向，往上方向为正值。

坐标轴起点在设备屏幕水平放时，位于屏幕的中心位置，如图 22-1 所示。

这时，X，Y，Z 的取值如下。

(1) X：沿屏幕水平方向，往右为正值。

(2) Y：沿屏幕水平方向，往前为正值。

(3) Z：沿屏幕上面方向，往上为正值。

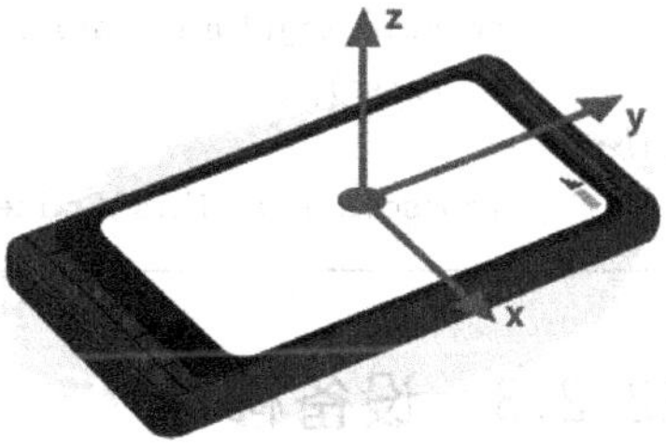

图 22-1　X，Y，Z 轴的取向

（图片来源：http://wf.uisdc.com/en/device-access/device-orientation/index.html）

其中有三个针对每个轴旋转的属性如下。

(1) alpha：围绕 Z 轴旋转的角度值，当设备顶端指向正北方向时，该属性的取值为 0。从指向正北方向顺时针旋转，角度增加。取值范围(0, 360)。

(2) beta：围绕 X 轴前后旋转的角度值，当设备与地球表面保持平行时，该属性的取值为 0。当设备顶部翘起，高于地球水平面，角度增加。取值范围(−180, 180)。

(3) gamma：围绕 Y 轴旋转的角度值，当设备的左右两边与地球表面保持平行时，该属性的取值为 0。设备右边翘起高于地球水平面，角度增加。取值范围(−90, 90)。

> *例子 22-2:*
> *part3/ch22/deviceorientation.html*

角度属性示意如图 22-2 所示。

先将例子 22-2 的文件复制到 Web 服务器，通过手机浏览器

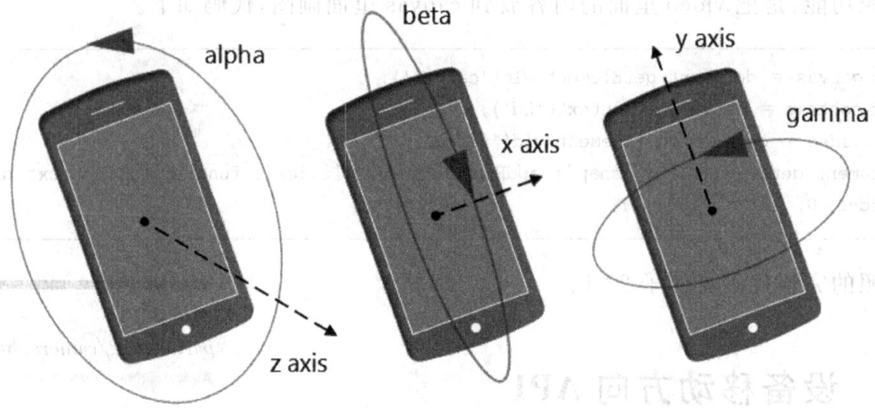

图 22-2　绕 Z、X、Y 轴旋转的 alpha、beta、gamma 的角度属性
（图片来源：https://msdn.microsoft.com/en-us/library/dn433240(v=vs.85).aspx）

连接到服务器(参见 27.3.4 节，通过手机访问 apache Web 服务器)打开例子 22-2，沿着 X、Y 和 Z 轴转动或移动手机，观察 alpha、beta 和 gamma 等数值的变化。

22.2.2　deviceorientation 事件编程接口

通过 deviceorientation 事件获得 alpha 沿 Z 轴转动，beta 沿 Y 轴转动，gamma 沿 X 轴转动的值，单位为弧度，代码如下。

```
if (window.DeviceOrientationEvent) {
        window.addEventListener('deviceorientation', function(event)
        {var a = event.alpha, b = event.beta, g = event.gamma;
        console.log('Orientation - Alpha: ' + a + ', Beta: '+ b + ', Gamma: ' + g);
        }, false);}
else
        {console.log('This device does not support deviceorientation');}
```

22.2.3　设备移动

摇一摇功能，如微信的摇一摇找附近好友，京东、淘宝的摇一摇抽奖，就是由手机加速传感器提供的 API，在很多原生 App 中可以实现的功能，现在在 Web 移动应用中也可以实现了。通过监听到手机晃动加速变化触发事件获取的数据来做出相应行为。

设备移动用两种状态：加速度和旋转速率来描述移动与旋转。移动加速度以“m/s^2”单位表示，设备的旋转速率使用单位“°/sec”。

22.2.4　devicemotion 事件编程接口

当设备旋转移动时，devicemotion 事件会被触发。事件返回 4 个属性值，分别如下。

(1) acceleration：在(X,Y,Z)轴上的加速度。

(2) accelerationIncludingGravity：在(X,Y,Z)轴上的加速度，考虑地球引力的加速度。

(3) rotationRate：(alpha，beta，gamma)的旋转角度的旋转速率。

(4) Interval：取样数据间隔。单位是 ms。

事件触发代码如下。

```
if ((window.DeviceMotionEvent) {
  window.addEventListener('devicemotion', getMotionData, false);
} else {
  Console.log('Not supported!');
}
```

移动旋转数据处理代码如下。

```
function getMotionData(event) {
  var acceleration = event.acceleration;
var x = acceleration.x;
  var y = acceleration.y;
var z = acceleration.z;
  acceleration = event.accelerationIncludingGravity;
var xg = acceleration.x;
  var yg = acceleration.y;
  var zg = acceleration.z;
  var rotation = event.rotationRate;
  var a = rotation.alpha;
 var b = rotation.beta;
var g = rotation.gamma;
  intl = event.interval;
}
```

完整代码见例子 22-3。

> *例子 22-3：*
> *part3/ch22/devicemotion.html*

22.2.5 指南针 Compassneedscalibration 事件

Compassneedscalibration 事件会在浏览器检测到指南针需要校准时被触发。其规范还规定，“用户代理应当只在校准指南针能够增加 deviceorientation 事件数据准确性的前提下被触发”。该事件主要用于通知用户指南针需要校准时发生。

22.3 屏幕方向 API

当设备移动时，设备的屏幕内容会随着设备的方向调整，设备的方向是以旋转角度(alpha，beta，gamma)来度量的，但是，屏幕内容不会以角度方式倾斜变化，而是以屏幕方向来变化。屏幕方向只有横屏(Landscape，相当于屏幕宽度＞高度)和竖屏(Portrait，相当于屏幕高度＞宽度)两种模式来衡量。人类的阅读习惯是从上到下，从左到右，当设备屏幕从竖屏顺时针旋转 90°变成横屏时，屏幕内容也要跟着切换成横屏方式，否则会影响阅读。响应式 Web 设计也会根据媒体查询屏幕方向 portrait 或 landscape 来调整布局。但是有一些应用必须要锁定屏幕方向，例如，Web 游戏，切换屏幕方向产生画面重写，对于实时性要求很高的应用来说，严重影响用户体验。

屏幕方向 Screen Orientation API，就是让开发者可以检测和控制屏幕方向的状态，并锁定在某一方向上。屏幕的横竖模式又分为主(primary)和次(second)模式，共有 4 种状态模式，如下。

(1) portrait-primary：屏幕保持在一个正常的竖屏状态，设备顶部朝上，底部朝下。

(2) portrait-secondary：屏幕从正常竖屏状态旋转 180°，设备顶部朝下，底部朝上，也就是倒过来。

(3) landscape-primary：屏幕处于一个正常的横屏状态，相当于屏幕从一个正常的竖屏状态顺时针旋转 90°。

(4) landscape-secondary：屏幕处于一个相反的横屏状态，相当于屏幕从一个正常的竖屏状态逆时针旋转 90°。或者，是从正常的横屏状态旋转 180°。

22.3.1 全屏模式

屏幕方向 Screen Orientation API 需要在全屏模式下才能工作，所以，这里先让屏幕的内容页面进入全屏模式。通过一个页面元素对象调用 requestFullscreen()方法来进入全屏模式。全屏模式还有浏览器兼容问题，需要加浏览器前缀。退出全屏模式可调用 document. exitFullscreen()来完成。代码如下。

```
function Fullscreen(element) {
            if(element.requestFullscreen) {
                element.requestFullscreen();
            } else if(element.mozRequestFullScreen) {
                element.mozRequestFullScreen();
            } else if(element.webkitRequestFullscreen) {
                element.webkitRequestFullscreen();
            } else if(element.msRequestFullscreen) {
                element.msRequestFullscreen();
            }
        }
```

22.3.2 读取屏幕模式

screen. orientation 有两个读取屏幕方向的属性：type(方向)和 angle(角度)，返回值如下。

(1) type：可以是 portrait-primary、portrait-secondary、landscape-primary、landscape-secondary 4 种状态值。

(2) angle：0°表示设备厂家默认屏幕方向，相当于 portrait_primary，90°相当于 landscape_parimary，180°相当于 portrait_second，270°相当于 landscape_second。

在全屏模式下，通过 change 事件读取这两个属性，代码如下。

```
screen.orientation.addEventListener("change", function(evt) {alert(screen.orientation.
type + " " + screen.orientation.angle);}, false)
```

22.3.3 锁屏接口

通过 lock()来锁定一个或一对屏幕方向模式，执行 lock 前需要调用 requestFullscreen()，切换到全屏模式，并需要用户许可，才能锁定屏幕方向，锁定成功返回“true”，否则返回“false”。用 unlock()来解除锁定，解除全屏模式也会自动解除屏幕锁定。lock 参数除了可以是上面 4 种状态模式外，还可以有以下几种锁定模式。

(1) Landscape：表示可以是 landscape-primary 或 landscape-secondary 模式。

(2) Portrait：表示可以是 portrait-primary 或 portrait-secondary 模式。

(3) Any：表示可以是 portrasit 或 landscape 模式。

(4) Natural：设备厂家默认的当前屏幕方向。

代码如下。

```
screen.orientation.lock("portrait-primary");
screen.orientation.unlock();
```

22.3.4 浏览器支持

Screen Orientation API 只有移动浏览器支持，可以通过下面的代码检查浏览器支持情况。

```
if ("orientation" in screen) {var support = true;}
```

最新 Chrome 和 Opera 浏览器不需要加浏览器前缀，但是，IE 和 Firefox 浏览器需要加前缀，而且还使用旧的方法名 lockOrientation()和 unlockOrientation()，读取屏幕方向属性事件是 orientationchange，代码如下。

```
screen.lockOrientationUniversal = screen.lockOrientation || screen.mozLockOrientation ||
screen.msLockOrientation;
if (screen.lockOrientationUniversal("landscape-primary")) {
  console.log('orientation was locked');} else {console.log('orientation lock failed');}
```

练习

1. 在例子 22-1 代码中，修改 videoObj={ audio：true，video：{ facingMode："user" } }，加入前置或者={ audio：true，video：{ facingMode："environment" } }后置摄像头的设置，在页面代码中添加相应的前置后置摄像头选项。

2. 在线搜索“html5 摇一摇抽奖代码”，下载运行，分析其原理。

第23章 移动混合(Hybrid)应用开发

23.1 Web、Native和Hybrid App的比较

Web App无须安装,但需要打开系统上的浏览器来运行,因为打开的感觉是网页,应用体验不太好,操作没有原生应用灵活,局限性大。

Native App是直接安装在系统上的应用,有较好的应用体验,但是开发难度大,并且需要针对不同系统开发对应的版本,开发和维护成本太高。

Hybrid App综合了上述两种App的优点,模仿面向Native App的开发模式,用户UI界面通过Web规范编写实现,使用JavaScript调用第三方封装好的系统API,并充分利用Web开发跨平台优势,不再需要任何原生语言参与开发,最后再打包编译成不同操作系统平台的原生应用。

Hybrid App实质上是Web APP全屏运行于一个封装了浏览器(WebView)基本内核的apk/ipa原生程序。Hybrid App开发的优点是跨平台,Hybrid App基本保证了App的功能、性能和体验。

Hybrid App开发有以下两种模式。

(1) 一种是基于HTML+CSS进行界面布局,通过加强的Web前端框架渲染优化页面,同时采用标准JavaScript进行原生扩展来实现跨平台App开发,例如,PhoneGap(Apache Cordova),Titanium移动开发平台,Ionic跨平台开发。

(2) 另一种是放弃HTML+CSS的UI界面布局方式,依靠第三方的中间语言(如JS)来实现Android和iOS的系统级接口编程调用,从而实现跨平台。这种方式的应用需要开发不同操作系统的UI组件,再配合中间语言来完成开发,最大的优势是提高了性能,但这样也失去了HTML+CSS布局的标准性和灵活便捷。这种方式开发的框架有Native React。

下面来通过PhoneGap框架看Hybrid的开发模式。

23.2 PhoneGap(Apache Cordova)

PhoneGap 可以同时支持几乎所有流行的移动平台的开发框架。PhoneGap 被 Adobe 公司收购后，它的核心技术仍然是开源的，改名为 Cordova，交由 Apache 基金托管。PhoneGap 最重要的部分是为应用封装了系统级的 JavaScript API，应用开发者可以直接访问移动设备的硬件和系统接口，例如，相机、GPS、联系人等，最后打包编译成不同的应用平台，通过一个 WebView 来加载实际应用。

自从 PhoneGap 于 2010 年被 Adobe 公司收购分成两块后，PhoneGap 还是基于 Cordova 内核建立的开发接口，基于 Apache Cordova 项目和 PhoneGap 项目是可以互通的，只不过是 Adobe 公司打造了一个在线打包编译平台(https://build.phonegap.com/)，如图 23-1 所示，把 PhoneGap Build 打包工具这一部分变成了商业版，虽然仍给开发者提供一个私有项目免费的打包编译和无限制的开源项目免费打包编译，但必须是来自公共 GitHub 的开源项目。其他更多的项目转换原生应用需要升级到付费版。PhoneGap Build 的优势是无须考虑原生 SDK 的安装维护，一键即可把应用代码上载到云端打包编译完成。

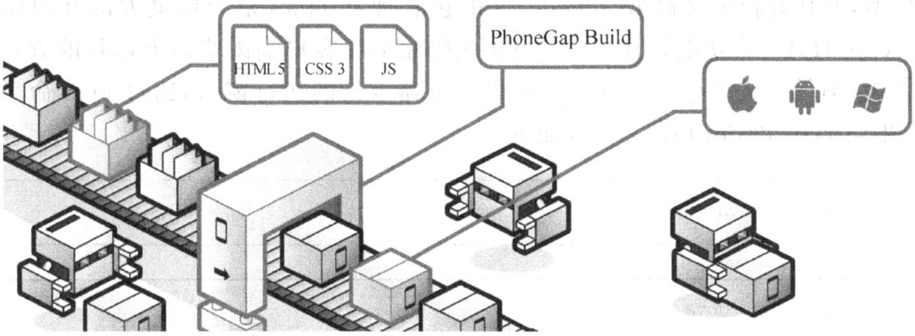

图 23-1 PhoneGap 在线打包工具
(图片来源：https://build.phonegap.com/)

23.3 PhoneGap 开发环境

早期 PhoneGap 开发环境搭建非常复杂，不仅需要手动下载安装包，对于 Android 的混合应用，还要安装 Android 开发工具包及 Eclipse 集成开发环境。最新版 PhoneGap 提供丰富的开发工具，可以摆脱 Android 开发工具包依赖。这些新的开发工具包括移动端的 PhoneGap Developer App，桌面端的 PhoneGap Desktop App，云端的 PhoneGap Build and PhoneGap Enterprise。而所有桌面开发命令行环境搭建是通过 Node.js 的运行环境下包管理工具 NPM 安装完成。

在桌面端的开发工具有以下两种方式。

(1) 一个图形界面的桌面端开发工具 Desktop App，可以用来创建一个新 App 项目，或添加一个已有的 App 项目，同时，它也等同于一个 Web 服务器。

(2) 一个命令行的开发工具 PhoneGap CLI，可以创建、添加一个项目，并启动 Web 服务器。

为了配合桌面的开发工具，PhoneGap 还提供了一个移动端的 Mobile App 开发工具，可以在 Apple Store、Google Store 和 Window Phone Store 下载 PhoneGap Developer App。通过 http://172.24.16.126:3000 连接到桌面端的 App 项目，它等于一个 Sandbox(沙箱)环境，并装了一些插件，所以不需要编译和代码签名就可以运行于移动设备上，主要用来测试 App 项目和查看 App 的局面效果。

PhoneGap 提供以下两种方式打包编译应用。

(1) PhoneGap CLI：命令行的打包编译工具。操作较复杂，免费。

(2) PhoneGap Building：在线云打包编译，操作快捷简单，但是只提供一个免费项目，更多的项目需要付费。

对于不同的移动操作系统，还要安装相应的操作系统开发包 SDK 来完成本地编译工作。例如，Android 的 SDK 开发包，来编译 Android App，iOS App 还要在苹果台式计算机操作系统下安装 iOS SDK 开发包。

PhoneGap 3.0 版以后，PhoneGap 都是在 Node.js 环境下安装运行。Node.js 是一个基于 Chrome V8 引擎的 JavaScript 运行环境。Node.js 使用了一个事件驱动、非阻塞式 I/O 的模型，使其既轻量又高效。Node.js 的包管理器 npm，是全球最大的开源库生态系统。Node.js 的另一个功能是让 JavaScript 代码原本在客户端浏览器上运行的方式变成可以在服务器端运行，安装好的 Node.js 提供一个命令行的运行窗口，通过 npm 命令来安装最新版 PhoneGap 和 Cordova。命令如下。

```
npm install -g phonegap
```

```
npm install -g cordova
```

参数-g 表示全局安装，这样可以在任何目录下执行 PhoneGap 命令。

Cordova 和 PhoneGap 的区别在于开发工具，PhoneGap 开发依赖于 Cordova 的 API，Cordova 只提供核心接口 API 及命令行的编译，PhoneGap 除了提供自己的命令，其命令的语法基本与 Cordova 命令相同，也可以直接调用 Cordova 的命令。更多的命令见表 23-1。

表 23-1 Cordova 和 PhoneGap 的基本命令

命令描述	命令例子	说明
创建项目	cordova create test com.cordova.test test	创建项目工程 <文件夹名><包名><app 名>
添加平台支持	cordova platforms add android --save --fetch	必须进入项目文件夹下执行命令，添加 Android 平台支持，--save 表示保存安装的 Android 版本到 config.xml，--fetch 表示用 npm 安装并保存到 node_modules 目录，这两个选项可以忽略
删除平台	cordova platform rm android	删除 Android 平台支持
显示平台	cordova platforms ls	显示已添加的平台
检查平台要求	cordova requirements android	检查 Android 的平台是否符合打包、编译要求

续表

命令描述	命令例子	说　明
编译应用	cordova prepare android cordova compile android	这里分成两步：打包，编译
打包编译	cordova build android	将打包、编译合一
在模拟器运行	cordova emulate android	必须先安装 Android SDK，并通过 AVD Manager 创建一个具体 Android 版本的模拟器
在手机上运行	cordova run android	开发台式计算机上必须通过 USB 连接一个 Android 设备
添加插件	cordova plugin add cordova-plugin-camera -save --fetch cordova plugin add https://github. com/apache/cordova-plugin-camera. git	添加照相设备 API 插件，可以从本地或远程添加插件，--save 表示保存指定的插件到 config. xml，--fetch 表示用 npm 抓取插件并保存到 node_modules 目录，这两个选项可以忽略

PhoneGap 命令和 Cordova 基本一样，只是将上面的 cordova 命令改成 phonegap，效果一样。但是，PhoneGap 还提供了云平台，所以还有云应用的打包编译命令扩展，见表 23-2。

表 23-2　PhoneGap 的远程命令

命令描述	命令例子	说　明
登录云端	phonegap remote login	登录到 Adobe PhoneGap 云端平台
退出云端	phonegap remote logout	退出云端平台
云端打包编译	phonegap remote build android	在云端打包编译 Android 应用
云端运行	phonegap remote run android	在云端打包编译 Android 应用，并安装运行

23.4 PhoneGap 的基本架构

PhoneGap/Cordova 的开发架构主要由三部分组成：基于 HTML+CSS+JavaScript 的 Web 应用代码，嵌入的 HTML 渲染引擎(WebView)，及 Cordova plugins 插件，用来提供与 Android 操作系统服务及硬件的接口，Cordova 的应用是运行在 WebView 里面，如图 23-2 所示。

PhoneGap/Cordova 是 Android 平台应用上基于事件驱动的开发模式，一个 Hybrid App 应用的生命周期和原生 App 生命周期基本类似。Cordova 应用有三种状态：创建、暂停和恢复，对应 Cordova 的三个事件，与 Android 原生应用事件与应用的生命周期对比见表 23-3。

表 23-3　Cordova 应用与 Android 原生应用设计与生命周期状态表

Cordova 事件	相当于 Android 事件	说　明
deviceready	onCreate()	应用启动
pause	onPause()	应用进入后台运行
resume	onResume()	应用恢复前台运行

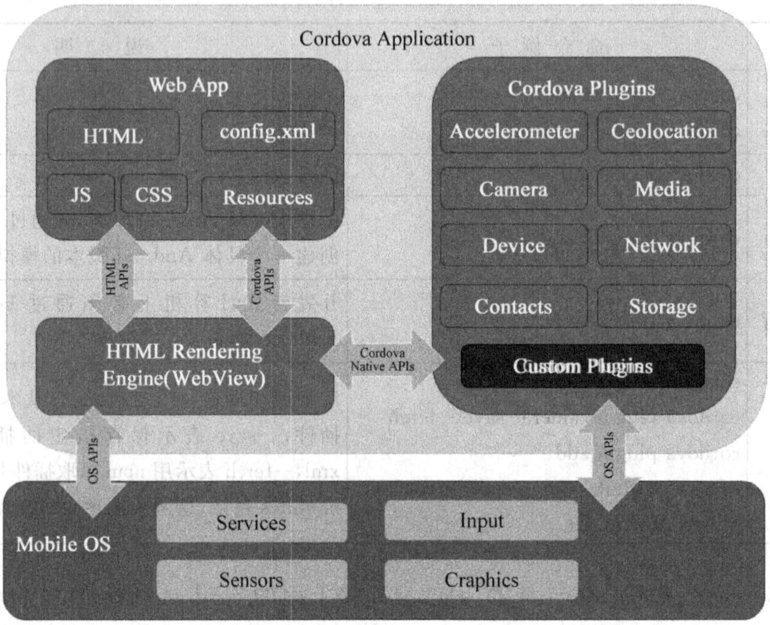

图 23-2 Cordova 的架构体系

(图片来源：http://cordova.apache.org/docs/en/latest/guide/overview/)

当一个 PhoneGap 应用启动时，会触发 deviceready 事件，当按下移动设备 Home 键或返回键，phoneGap 应用被切换到后台，触发 pause 事件，重新打开一个后台运行的 PhoneGap 应用会激活 resume 事件。

23.5 PhoneGap 的 API

Cordova 提供了各个移动操作系统平台的核心插件，PhoneGap 开发是基于 Cordova 的插件来调用针对不同操作系统平台的系统服务和硬件接口，Cordova 提供下面支持系统平台的插件：Android、iOS、Windows、Blackberry、Ubuntu、Firefox OS、Mac OS、WP8、Browser。用户也可以自己开发插件来满足特定的开发需求。下面是 Cordova 提供的系统核心插件。

(1) Battery Status，电池状态检查，由 window 对象的三个事件触发：batterystatus、batterycritical、batterylow。代码例子如下。

```
window.addEventListener("batterylow", onBatteryLow, false);
function onBatteryLow(status) { alert("电池电量低 " + status.level + " % ");}
```

(2) Camera，摄像头 API，定义的对象接口是 navigator.camera，可以从摄像头或系统的相册库获取图像。如下是获取照片的函数调用，若获取照片成功会调用函数 cameraSuccess 来处理照片，若调用错误会调用函数 cameraError 来处理错误。代码如下。

```
navigator.camera.getPicture(cameraSuccess, cameraError, cameraOptions);
```

(3) Console，后台终端输出信息 API，定义的接口全局对象是 console，必须在 document 对象的 deviceready 事件发生后才起作用。代码如下。

```
document.addEventListener("deviceready", onDeviceReady, false);
function onDeviceReady() {
    console.log("App 启动");}
```

(4) Contacts，系统联系人，定义的接口对象是 navigator. contacts，提供这个对象可以查询系统联系人的数据库。如下代码是创建一个联系人对象。

```
var myContact = navigator.contacts.create({"displayName":"user1"});
```

(5) Device，获取设备信息，定义的全局对象接口是 device，document 的 deviceready 事件发生后，device 对象才有效。如下代码是获取设备的型号或产品名称。

```
document.addEventListener("deviceready", onDeviceReady, false);
function onDeviceReady() {
    console.log(device.model);}
```

(6) Device Motion，加速度计接口，通过 navigator. accelerometer 接口对象获取 X，Y，Z 轴的数据，基本代码如下。

```
navigator.accelerometer.getCurrentAcceleration(onSuccess, onError);
function onSuccess(acceleration) {
    console.log('axeX: ' + acceleration.x + '\n' +
          'axe Y: ' + acceleration.y + '\n' +
          'axe Z: ' + acceleration.z + '\n' +
          'Timestamp: ' + acceleration.timestamp + '\n');
}
function onError() {
    alert('Error!');}
```

(7) Device Orientation，指南针罗盘接口 navigator. compass，通过回调函数 onSuccess 获取罗盘航向对象 CompassHeading 实例 heading，代码如下。

```
navigator.compass.getCurrentHeading(onSuccess, onError);
function onSuccess(heading) {
    alert('Heading: ' + heading.magneticHeading);
};
function onError(error) {
    alert('CompassError: ' + error.code);
};
```

(8) Dialogs，通过全局对象接口 navigator. notification 获取本地的推送通知，提供 4 种推送通知：navigator. notification. alert()；navigator. notification. confirm()；navigator.

notification. prompt()；navigator. notification. beep()。

(9) File，访问设备文件的 File API，接口对象是全局 cordova. file。可以访问系统文件目录，读写文件，创建文件、目录。

(10) File Transfer，上传下载文件接口，通过 FileTransfer 和 FileUploadOptions 构造函数创建实例对象来操作文件的上传下载。

(11) Geolocation，地理位置信息接口，通过全局对象 navigator. geolocation 获取经纬度，代码如下。

```
navigator.geolocation.getCurrentPosition(onSuccess, onError);
var onSuccess = function(position) {
        alert('Latitude: ' + position.coords.latitude + '\n' +
              'Longitude: ' + position.coords.longitude + '\n' +
              'Altitude: ' + position.coords.altitude + '\n' +
              'Accuracy: ' + position.coords.accuracy + '\n' +
              'Altitude Accuracy: ' + position.coords.altitudeAccuracy + '\n' +
              'Heading: ' + position.coords.heading + '\n' +
              'Speed: ' + position.coords.speed + '\n' +
              'Timestamp: ' + position.timestamp + '\n');
    };
    function onError(error) {
        alert('code: ' + error.code + '\n' +
              'message: ' + error.message + '\n');
    }
```

(12) Globalization，语言、时间和本地化设置，接口对象是 navigator. globalization，下面的代码是获取当前语言设置。

```
document.addEventListener("deviceready", onDeviceReady, false);
function onDeviceReady() {
navigator.globalization.getPreferredLanguage(
    function (language) {alert('当前语言: ' + language.value + '\n');},
    function () {alert('获取语言出错! \n');}
);}
```

(13) Inappbrowser，在应用内部打开浏览器窗口，相当于替代 window. open()打开浏览器窗口的方式。接口对象是 cordova. InAppBrowser，下面的代码是在 WebView 内打开 URL 地址链接，显示地址栏。

```
var ref = cordova.InAppBrowser.open('http://apache.org', '_self', 'location=yes');
```

(14) Media，录音和播放设备的音频文件，该功能接口没有与 W3C 的媒体标准执行，我们知道，HTML 5 已经提供了非常强大的媒体接口，未来，Cordova 会取消这个接口。

(15) Media Capture，抓取设备的图片、视频和音频，涉及设备的摄像头和麦克风硬件访问，所以，App 应用必须按隐私安全条款要求，让用户决定摄像头和麦克风的访问。接口对象是 navigator. device. capture，下面的代码用于抓取一个图像。

```
navigator.device.capture.captureImage( onSuccess, onError, {limit:1});
var onSuccess = function(imageFiles) {
  // do something interesting with the file};
var onError = function(error) {
    navigator.notification.alert('Error code: ' + error.code, null, 'Capture Error');
};
```

（16）Network Information，检查网络连接信息，接口对象是 navigator. connection，通过获取 navigator. connection. type 属性，得到网络连接状态，这些状态以常量表示，有 UNKNOWN，ETHERNET，WIFI，CELL_2G，CELL_3G，CELL_4G，CELL，NONE。

（17）Splashscreen，显示一个应用的启动图像，又分为单启动图像和多启动图像，无须写代码，仅在 config. xml 中添加< splash >标签如下，src 表示启动要加载的图像源。代码如下。

```
<splash src = "res/screen/ios/Default@2x~universal~anyany.png" />
```

（18）Vibration，设备发出振动，与 W3C 组织在 2016 年提出的规范一致，接口对象是 navigator. vibrate，下面的代码是让设备发出 1s 振动。

```
navigator.vibrate(1000);
```

（19）StatusBar，状态条，通过 StatusBar 全局对象和 config. xml 设置来重新定义 Android 和 iOS 的状态条，下面的代码是让状态条的文字显示为白色，背景为黑色。

```
StatusBar.styleLightContent();
```

（20）Whitelist，定义在 WebView 中浏览的 URL 地址白名单策略，默认的 URLs 是 file:// URLs 本地文件地址，其他许可策略要在 config. xml 中添加< allow-navigation >标签定义。下面的代码定义是允许访问域名 http://example. com/下面的资源。

```
<allow - navigation href = "http://example.com/ * " />
```

23.6 PhoneGap App 开发调试

下面通过例子 23-1 来了解整个 App 的开发过程。首先，通过 Cordova 或 PhoneGap 创建一个项目后，会生成一个项目的目录文件，在 WWW 目录下有一个 index. html 文件，我们的开发代码就从这里开始。注意，这个 index. html 文件名不能修改，它相当于 Java 的 main()方法，是 Web 应用的首页文件。另外，在项目文件夹

> ***例子 23-1:***
> *part3/ch23/myapp*

下还生成了一个重要的设置文件 config. xml。Platforms 目录是存放开发不同操作系统平台的目录。

由于 PhoneGap 是事件驱动的编程模式，大多数 Cordova 插件都是在 deviceready 事件发生后才可以调用，况且，要模拟原生的应用生命周期，PhoneGap 必须加入 deviceready 事件监听。这里通过添加代码和 camera 插件来完成一个拍照功能的应用。

首先，通过 Cordova create myapp 创建一个项目，修改 www\index. html，添加照相按钮< button >和显示照片的区块< img >。代码如下。

```
<div class = "app">
        <div>
            < img id = "get - picture - result" />
        </div>
            <Button id = "take - picture - button"> Take Picture </button>
        </div>
```

修改 js\index. js，定义应用的一些状态数据，在应用处于后台运行时，要保存这些状态数据，在应用处于前台运行时，恢复这些数据。注意，PhoneGap/Cordova 采用 JSON (JavaScript Object Notation, JavaScript 对象表示法)的编程风格。代码如下。

```
var appState = {
    takingPicture: true,
    imageUri: ""
};
var APP_STORAGE_KEY = "exampleAppState";
```

应用 App 对象封装有 bindEvents 函数对象，在 App 启动时必须初始化 deviceready、pause、resume 事件监听，并定义回调函数控制 App 的生命周期状态。代码如下。

```
bindEvents: function() {
        document.addEventListener('deviceready', this.onDeviceReady, false);
        document.addEventListener('pause', this.onPause, false);
        document.addEventListener('resume', this.onResume, false);
    },
```

当应用启动后(deviceready 事件触发后)，监听照相按钮的 click 事件，如果按钮单击事件发生，则调用 getPicture()从摄像头抓取图像。代码如下。

```
document.getElementById("take - picture - button").addEventListener("click", function() {
            appState.takingPicture = true;
            navigator.camera.getPicture(cameraSuccessCallback, cameraFailureCallback, {
                      sourceType: Camera.PictureSourceType.CAMERA,
                      destinationType: Camera.DestinationType.FILE_URI,
                      targetWidth: 250,
                      targetHeight: 250} );
        });
```

当应用被切换到后台事件(pause)发生时，调用回调 onPause，将应用的状态数据保存。代码如下。

```
onPause: function() {
        if(appState.takingPicture || appState.imageUri) {
            window.localStorage.setItem(APP_STORAGE_KEY, JSON.stringify(appState));
        } },
```

当应用从后台恢复到前台事件(resume)发生时，把存储的应用状态数据读回来，并检查如果照相已经完成(appState.takingPicture=false)，就将已经抓取到的图像显示出来。如果处于照相状态(appState.takingPicture=true)，并检查 camera 插件接口是否成功调用，如果是，就把结果传回 cameraSuccessCallback()，否则，结果传回 cameraFailureCallback()。代码如下。

```
onResume: function(event) {
      var storedState = window.localStorage.getItem(APP_STORAGE_KEY);
        if(storedState) {
            appState = JSON.parse(storedState);
        }
        if(!appState.takingPicture && appState.imageUri) {
            document.getElementById("get-picture-result").src = appState.imageUri;
        }
        else if(appState.takingPicture && event.pendingResult) {
            if(event.pendingResult.pluginStatus === "OK") {
                cameraSuccessCallback(event.pendingResult.result);
            } else {
                cameraFailureCallback(event.pendingResult.result);
        } } }}
```

最后，成功完成一个拍照过程，会调用回调函数 cameraSuccessCallback()，把抓取的图像放到显示区显示出来，并修改应用的状态数据。代码如下。

```
function cameraSuccessCallback(imageUri) {
    appState.takingPicture = false;
    appState.imageUri = imageUri;
    document.getElementById("get-picture-result").src = imageUri;
}
```

23.7 Ionic(Html+Angular.js+Cordova)介绍

Ionic 是基于 HTML、CSS 及 JavaScript 开发的移动设备 Web App 开发框架，采用 Sass(一种类似于计算机代码风格的 CSS 样式，通过引入变量、函数、运算符等来定义 CSS，用这种方式写的 CSS 文件扩展名为".scss"，通过编译器，可以转换成传统的 CSS 格式)+AngularJS 及 Cordova 的开发模式。通过它可以构建接近原生体验的移动应用程序。Ionic 主要注重应用程序的 UI 交互外观和体验，是基于 Hybird 模式的 HTML 5 移动应用程序开发。

使用 HTML+Sass+AngularJS 基于网页开发模式，达到跨平台效果，系统级服务和硬件访问通过调用 Cordova 插件解决，通过添加 JavaScript 代码完成移动应用的开发。

AngularJS 是 Google 的一个 Web 开发框架，通过 Directive 指令(使用 JavaScript 来实现语义化标签，相当于 JSP 的 taglib 标签库)来实现丰富的 UI 控件，通过常用 Icon 库(Icon Pack)实现完美的用户界面。AngularUI Router 模块实现页面路由、采用 Hammer.js 做多点触控实现左右滑动菜单、下拉更新、自定义主题等 UI 功能。

DOM 是一种消耗性能的交互技术，Ionic 通过限制或完全移除 jQuery，使用移动设备的 GPU 硬件加速来提高性能，所以要求更新一代的移动操作系统版本。Ionic 仅支持 iOS 6 及和 Android 4.1 以上的版本。

要进一步了解 Ionic，可以到官网 http://ionicframework.com/及下载源码地址 https://github.com/driftyco/ionic/查询。

23.8 React Native(JS+CSS)介绍

React Native 起源于 Facebook 的内部项目，仅用 JavaScript 通过原生 UI 组件来开发出效果接近原生的 Android、iOS 的应用。

开发框架的理念是“Learn once, write anywhere”，可以理解为，学习一次 React JS 前端 Web 框架，实现任何终端的 App 开发。但是，虽然都是基于 JavaScript 编写的应用，对于 Web、iOS 和 Android 平台，应用代码也会有差别。

虽然 React Native 代码用纯 JavaScript 编写，但是用的是 JSX 风格，这是一种很像 XML 的 JavaScript 语法扩展，再经过预编译处理，转换成支持 ECMAScript 6 规范的 JS 代码。其目的是把代码的逻辑控制和视图模板放在一个语法规范里完成(例如，传统的 HTML 代码和 JS 代码是不同的语法规范，是分离的结构，而 JSX 语法风格是把 JavaScript 代码和 HTML 元素标签合在一个语法里来写)，由于是基于 JavaScript 语言开发的应用，所以可以像 Web 应用一样在 Chrome 浏览器中调试运行。

React 的主要技术是 Virtual DOM 渲染，相当于模拟浏览器的 DOM(文档对象模型)技术。Virtual DOM 是把移动操作系统原生的 UI 组件和 HTML 元素结合在一起，通过 JSX 抽象成 DOM 元素来渲染。例如，除了可以渲染 HTML 结构元素外，还可以创建类似 HTML 的标签元素、元素属性等来形容原生 UI 组件，再通过不同的渲染引擎生成不同平台(Web、iOS 和 Android)下的 UI 布局，同时支持 CSS 子集。JS 和 Native 原生 UI 控件之间通过 Bridge 模块的异步 Async 消息协议来通信。

由于 React Native 采用原生 UI 控件，接近原生的人机交互体验，可提供更好的移动设备触摸、手势识别功能，实现更丰富和高性能的动画效果，整体性能更出色。

练习

Cordova 提供了丰富的移动硬件访问接口，例如，摄像头，分别运行例子 22-1 的 HTML 5 的 Camera API 和例子 23-1 的 Cordova Camera API，看看有哪些不同。

第 24 章

移动Web应用测试方法

24.1 搭建测试环境

Web 应用开发是基于 B/S 的开发构架，虽然大多数编程是在前端完成，也就是说编写代码和部分单元模块调试可以不依赖 Web 服务器，但是，在系统集成测试时，必须有完整的 B/S 环境，就是要安装 Web 服务器和各种常用浏览器，如果要做远程测试，把手机或移动模拟器通过网络连接到远程或本地服务器，必须要有 Wi-Fi 路由器等联网设备与 Web 服务器连接。

24.1.1 Web 服务器

最流行的开源 Web 服务器是 Apache Web 服务器，可以在 Windows 和 Linux 操作系统下运行。但是，作为初学者，推荐带有图形界面工具的集成 Web 服务器。例如，在 Windows 环境下的 WAMP(Windows＋Apache＋MySQL＋PHP)，把移动 Web 应用文件复制到 WAMP 安装目录下的 WWW 目录下，通过浏览器或在线移动模拟设备访问 WAMP 服务器，访问服务器的地址是 http://localhost/。

24.1.2 浏览器

在 B/S 构架下开发的 Web 应用，当然离不开浏览器。我们在台式计算机上开发的移动应用基本上是在台式计算机浏览器上做初步测试，那么，台式计算机上，作为移动 Web 应用的调试，推荐使用 Chrome、Firefox、Safari、Opera 和 Internet Explorer。

24.1.3 网络连接

开发环境必须有 Wi-Fi 路由器，这样真实的移动设备可以通过 Wi-Fi 连接到 Web 服务器，完成最后的移动设备测试。

24.1.4 移动模拟器

可以通过桌面浏览器的开发工具来模拟移动设备进行测试，也可以安装独立的移动模拟器做测试。注意，这里的模拟器（Simulator）不同于仿真器（Emulator），仿真器的原理是把移动底层API转换成 Windows API，所以具有更强大的硬件模仿功能。仿真器主要用来在台式计算机上玩 Android 游戏，例如 BlueStacks。移动模拟器主要作为移动测试工具。

24.2 桌面浏览器与移动浏览器

Web应用都是基于浏览器环境下运行的应用系统，移动 Web 应用首先是在桌面计算机上开发，在桌面计算机环境下模拟手机移动设备进行测试，但是，最终还是要到移动设备真实环境下进行测试。因为桌面计算机无法提供手机移动设备的一些硬件，例如，GPS、电子罗盘、加速度仪等。虽然桌面与移动硬件环境有很大差别，及操作系统上的差别，但是这两个因素都不太重要，最重要的是移动浏览器和桌面浏览器的差别。

24.2.1 移动浏览器

每一个移动操作系统都会自带内置浏览器，属于基本配置，iOS 是 Safari，Android 是 WebKit，Windows Mobile 是 IE。内置浏览器基本是与操作系统捆绑在一起的，操作系统升级的时候才能更新。桌面版浏览器有很多，但是移动版浏览器主要有 Opera、Firefox、Chrome 和 UC。WebView 是一个比较特殊的浏览器组件，它内置了 HTML 渲染引擎，可以被原生应用调用来显示 HTML 页面，iOS 强制所有可以在 Apple Store 商店下载的浏览器必须采用 Apple 公司规定的 iOS 内置渲染引擎。所以，在 iOS 系统下载的浏览器基本是一样的，例如 Chrome 和 Opera Coast。还有一种浏览器叫代理浏览器，它是没有内置渲染引擎的，所以在命名上加上"mini"。这些代理浏览器把 HTTP 请求发送到一个有渲染引擎的代理服务器上，代理服务器把抓取的 HTML 网页文件在服务器端渲染后，压缩打包发回给客户端的代理浏览器。例如，Opera Mini 和 UC Mini 浏览器。这种代理浏览器主要是给低硬件配置的手机使用，并节省移动数据流。缺点是交互功能差，主要用于阅读。

24.2.2 渲染引擎

流行的 HTML 渲染引擎有 WebKit，是 Android 内置浏览器的引擎，是用得最多的浏览器引擎。Chrome 也是 Google 开发的浏览器，是基于 Google 开源浏览器 Chromium 的实现版，2013 年后将 WebKit 改用新的 Blink 渲染引擎，JavaScript 引擎还是 V8。但是，Chrome 浏览器和 Android 内置浏览器还是有一些区别。此外，还有 IE 的 Tredent 和 Firefox 的 Gecko 渲染引擎。但是，即使都是 WebKit 的浏览器，版本的差别也影响到渲染的效果和对 HTML 5 和 CSS 3 的支持程度。所以，在使用移动浏览器测试应用时，如果按平均三年手机的换代速度，测试应该考虑三年范围内的浏览器版本。在很多情况下，手机用户都是使用默认的内置浏览器，虽然浏览器的版本会和操作系统同步更新，但是 Android 操作系统是一个开源的系统，很多手机生产厂商通过修改系统 UI 界面来与其他厂商的系统区分开来，同时也会对内置的浏览器配置参数进行修改，所以同是一个版本的 Android 内核，来自不同厂商的 Android 系统，浏览器渲染效果也会有些差别。Google 公司在 4.3 版 Android 系统中把 WebKit 浏览器替换成带 Blink 引擎的 Chrome，也是为了统一 Android 浏览器的问题。

24.2.3 浏览器识别

为了让 Web 应用更好地兼容不同的浏览器，JavaScript 提供了浏览器信息查询接口，虽然这是一个不可靠的信息，因为这些信息可以在浏览器端进行重新设置修改，但是有些信息还是有用的，例如，浏览器的版本信息、操作系统信息。浏览器又称为用户代理(User Agent)，通过下面的代码 userAgent 可获取包含浏览器信息的字符串：

```
var ua = window.navigator.userAgent;
```

ua 包含的信息会有些不同，例如，Firefox 35 在 Windows 7 下运行，得到的返回字符串是：

```
Mozilla/5.0 (Windows NT 6.1; WOW64; rv:35.0) Gecko/20100101 Firefox/35.0Gecko/20100101
Firefox/35.0
```

运行在 Windows 8 系统下的 IE 11 浏览器返回的 userAgent 字符串是：

```
Mozilla/5.0 (Windows NT 6.3; Trident/7.0; rv:11.0) like Gecko
```

采用 Chromium 引擎的 Opera 25 版在 Windows 7 下运行的信息如下：

```
Mozilla/5.0 (Windows NT 6.1; WOW64) AppleWebKit/537.36 (KHTML, like Gecko) Chrome/38.0.
2125.101 Safari/537.36 OPR/25.0.1614.50
```

如果是 Android 版的 Opera，还会出现"mobile"信息。

这里还有一个在线检查浏览器信息的工具：https://whichbrowser.net/。

24.3 通过桌面浏览器做移动测试

24.3.1 专用 HTTP 测试工具

针对 HTTP 协议的浏览器测试插件常常用来模拟发送 HTTP 请求，设置 HTTP 请求方法，例如 get、post、put 和 delete 等，以及修改 headers 的参数和 body 请求体信息，通过服务器端返回 HTTP 响应结果，来分析测试 Web 应用。常用的 HTTP 测试插件有：

- FireFox 浏览器的 RestClient。

- Chrome 浏览器的 Postman。

除了浏览器 HTTP 测试插件外，Postman 也提供独立的客户端程序，到官网 https://www.getpostman.com/下载，可以选择 Windows、MacOS 和 Linux 版本。此外，还有一个强大的 HTTP 命令行工具 curl，完全可以模拟浏览器的 HTTP 行为，利用 URL 语法，通过命令行窗口与 Web 服务器交互。早期主要应用于 UNIX 和 Linux，现在也提供 Windows 的移植版本。可以到官网：https://curl.haxx.se/download.html 选择合适的版本安装。

24.3.2 使用开发者工具

浏览器本身就是一个测试平台，在多数浏览器中会默认安装了一个开发者(Developer)工具，虽然每一个浏览器的开发者工具有些不同，但是都会有一个可以测试移动设备的模拟功能，及前端代码调试功能。下面具体介绍不同浏览器开发者(Developer)工具的移动设备模拟功能。

(1) IE 浏览器的开发者工具，有仿真功能，可以在桌面浏览器上模拟测试 Windows Phone 下的 Web 应用，甚至还提供模拟 GPS 的功能，如图 24-1 所示。

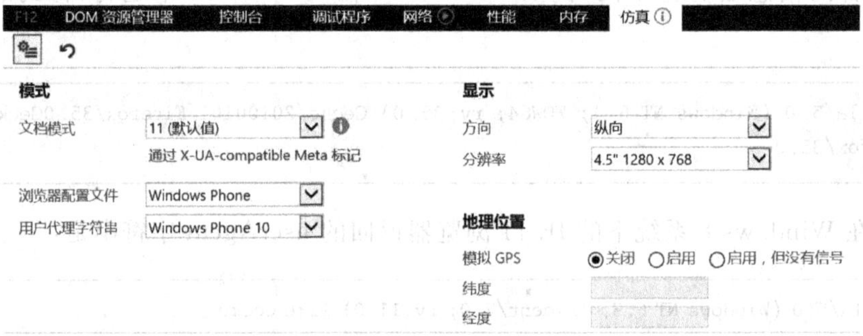

图 24-1　IE 浏览器的开发者工具的仿真移动功能

(2) Chrome 浏览器的开发者工具提供有移动设备模拟的功能，可以模拟不同厂商移动设备的分辨率来测试 Web 应用，如图 24-2 所示。

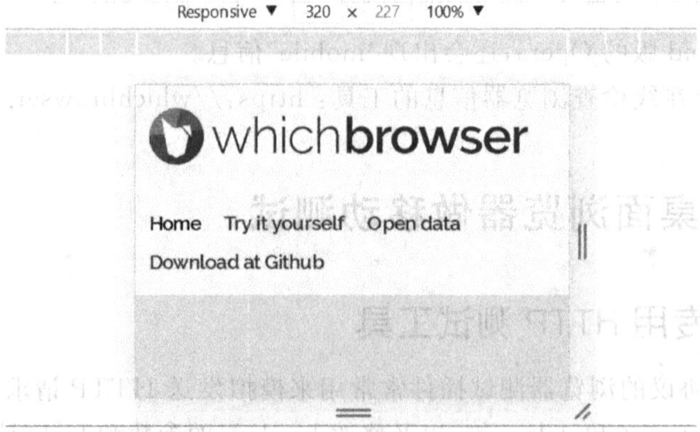

图 24-2　Chrome 浏览器的开发者工具移动设备模拟功能

(3) Firefox 浏览器的开发者工具下的移动设备模拟功能，提供了不同设备分辨率、自定义分辨率、模拟触屏、屏幕旋转，如图 24-3 所示。

图 24-3　Firefox 浏览器的开发者工具的响应式设计测试功能

24.3.3　修改桌面浏览器用户代理

Web 应用的 http 请求头信息包含用户代理(User Agent)信息，Web 服务器端会根据这个信息来判断 http 请求是否来自移动端浏览器，并决定向客户端发送移动端的特定资源或模板。一些桌面浏览器提供修改 http 请求头的 User Agent 信息。

Safari 浏览器在“开发”菜单中提供了用户代理的修改设置，可以将桌面的浏览器修改成为 iOS 或 Android 的用户代理浏览器，来假装一个来自移动浏览器端的请求。

Chrome 浏览器通过 User-agent Switcher 插件也可以改变用户代理设置，模仿一个来自 iOS 或 Android 移动浏览器的请求。

24.4　移动设备模拟器

移动设备模拟器就是在台式计算机上安装一个可以模拟移动设备的运行环境，甚至可以运行移动应用的软件。为什么要使用移动设备模拟器呢？最大的原因是我们不可能在一个小屏幕设备上开发应用代码，几乎所有的移动应用开发都是在台式计算机上完成的。当然，也有用户用移动设备模拟器来在台式计算机上运行 Android 游戏。作为移动应用开发人员，大部分时间都是在台式计算机上先做测试，来减少开发成本，况且也不可能在所有移动手机上做测试。

24.4.1　在线模拟网站

打开 http://www.responsinator.com 移动模拟网站，输入要测试的 URL 地址，它可

以马上模拟 iPhone 5、iPhone 6、iPad、Google Nenux 4 (Android)等移动设备的横屏、竖屏的效果，主要用于响应式 Web 的测试。

Ipadpeek. com 是一个模拟 iPad/iPhone 的在线模拟器。

Iphone5simulator. com 可以提供更细微的 iPhone 4、iPhone 5、iPhone 5S 和 5C 的模拟界面，如图 24-4 所示。

在线模拟器也有一些缺点，有的在线模拟器并不能保证更新到最新设备，有些网站没有持续维护而失效。此外，大多数在线模拟器不能做本地测试，也就是说，要把 Web 应用先上载到服务器端，并有域名才能测试。

图 24-4 iPhone 在线模拟的效果

24.4.2 模拟器软件

打开 http://www. opera. com/zh-cn/developer/mobile-emulator 下载 Opera Mobile Emulator，安装到桌面系统后，可以选择模拟各个厂商的设计型号，也可以通过设置设备分辨率、像素密度自定义一个模拟移动设备环境。

24.4.3 浏览器插件的移动模拟器

Ripple Emulator 是一个 Chrome 的扩展，它可以模拟每个移动设备的详细信息，例如 user_Agent、Geolocation 等，在不同的平台上测试 HTML 5 移动应用。它还可以支持 Blackberry WebWorks and PhoneGap 的测试。打开的 Ripple Emulator 界面如图 24-5 所示。

图 24-5 Ripple Emulator 的界面

中间是模拟手机的屏幕，左右两边是设置区域，可以单击“←”或“→”按钮关闭设置区域。它还内置了 PhoneGap 的 Device API，可以用来测试 PhoneGap/Cordava 的应用开发，通过“http://localhost:4400”来访问 PhoneGap/Cordava 的应用。所以，它可以用桌面的浏览器测试 PhoneGap Accelerometer API 的加速度计的功能、Geolocation API 地理位置功能、Camera API 摄像头功能(通过加载一个照片文件)和 Compass API 指南针功能。

24.4.4 厂商 SDK 开发工具包自带模拟器

每一个移动操作系统都会为开发者提供原生的 SDK 开发工具包。下载安装 Google 公司的 Android SDK 开发包，通过 SDK Manager 选择安装一个 Android 版本的 System Image 系统镜像文件，再通过 Android Virtual Devices（AVD）Manager 虚拟设备管理器来创建一个模拟器。

Xcode 是运行在操作系统 Mac OS X 上的集成开发工具（IDE），大多数 OS X 和 iOS 应用程序是通过 Xcode 工具开发的。Xcode 本身就自带 iOS 模拟器，可以模拟不同的 iOS 版本。

24.4.5 虚拟机下的模拟器

通过虚拟机平台，例如 Virtualbox、VMware Workstation 虚拟机平台，来安装真实的移动操作系统。虚拟机可以直接将被虚拟的操作系统调用传给底层真实硬件 CPU 和 GPU。目前，iOS 和 Android 都提供了 x86 虚拟机镜像（VM images），也就是说，可以安装在台式计算机上的模拟机，用来做移动测试。

24.5 远程测试

如果仅仅做 PC 上的应用测试是不全面的，必须在最后一关进行移动设备上的测试。由于移动设备屏幕尺寸的限制，测试的方法是移动设备通过 USB 线或 Wi-Fi 网络连接到开发服务器，访问 Web 应用，通过 PC 浏览器＋手机浏览器的远程调试模式完成测试。也就是说，手机浏览器打开，并操作 Web 应用，同时在 PC 浏览器端同步观察到测试结果来调试代码。

下面是常用的移动远程调试工具。

（1）Chrome 浏览器的开发者工具提供 Remote Device 远程设备连接。首先，在 PC 和 Android（4.0 版以上）移动设备两边都安装了 Chrome（32 版以上）浏览器，把 Android 移动设备通过 USB 接口连接到 PC 上，如图 24-6 所示。

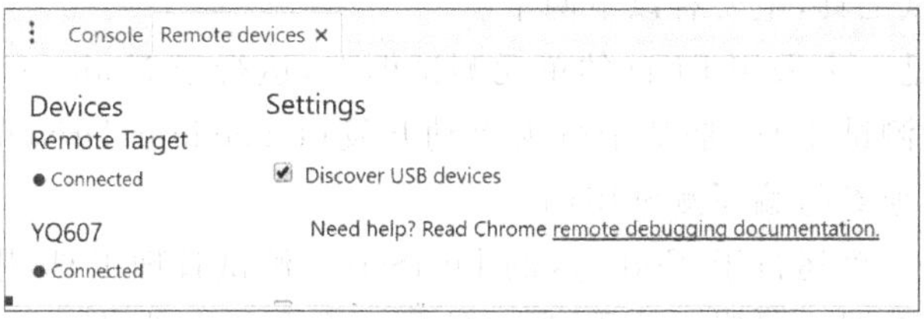

图 24-6　Chrome 桌面浏览器的开发者工具连接上一个 Android 设备

在 PC 上打开开发者工具的 remote devices 选项，在移动端打开 Chrome，输入 URL 测试网址来完成远程调试。具体教程见 https://developers.google.com/web/tools/chrome-devtools/remote-debugging/?utm_source=dcc&utm_medium=redirect&utm_campaign=2016q3。更多的远程测试介绍如下。

(2) Firefox for Android + ADB。首先，必须在 PC 和 Android 移动设备两边都安装 Firefox 浏览器，通过 USB 把这两个设备连接，并在 PC 上安装 Android SDK 开发包，通过 ADB 命令行工具及 Firefox 浏览器设置建立连接，通过开发者工具远程调试移动 Web 应用代码。具体教程见 https://developer.mozilla.org/en-US/docs/Tools/Remote_Debugging/Firefox_for_Android。

(3) Safari Web Inspector-Safari on iOS。通过 Safari 浏览器远程测试 Apple iOS 移动设备的 Web 应用。具体教程见 https://developer.apple.com/library/content/documentation/AppleApplications/Conceptual/Safari_Developer_Guide/GettingStarted/GettingStarted.html#//apple_ref/doc/uid/TP40007874-CH2-SW1。

(4) Weinre 是运行于 Node.js 环境下的一个应用，对于没有远程调试工具的浏览器，可以通过 Weinre 达到远程调试目的。具体教程见 http://people.apache.org/~pmuellr/weinre/docs/latest/Installing.html。

24.6 Web 软件测试范围

一个软件应用开发的最后一个环节是软件测试，测试手段主要是单元测试和集成测试。而软件测试主要模型有测试驱动开发(Test Driven Development，TDD)和行为驱动开发(Behavior Driven Development，BDD)。TDD 更关注于测试接口设计，是一种软件设计思想，也就是在写代码的时候就考虑软件测试的需求定义。BDD 更注重业务设计，让用户与开发者更好地沟通，完成软件开发测试过程。

24.6.1 单元测试

单元测试是测试软件功能最基本的要求，对于 Web 应用，需要测试所有的代码，包括 HTML、CSS 和 JavaScript 是否正常地工作？基本功能是否实现？这些功能基本是在前端实现的，所以也叫页面测试。软件开发首先通过浏览器内置的开发者工具来完成软件调试，调试可以说是手工简单测试，还需更多的自动化测试工具来完成测试。

IDE 集成开发工具，例如 NetBeans、Eclipse 都有针对 Web 的单元测试插件，也可以单独安装这些单元测试工具，主要有以下两个。

(1) Jasmine：是一个采用 BDD 的单元测试框架，运行于 Node.js 环境，是一个不依赖浏览器、开发框架的测试工具，是基于行为驱动开发(Behaviour Driven Development)的框架，让用户可以容易地参与编写测试用例。

(2) Karma：是一个运行于 Node.js 的 JavaScript 测试管理工具，用来测试浏览器端的功能，可以和代码编辑器一起集成使用，通过编写一个配置文件，Karma 就会自动找到系统中装好的浏览器执行代码，通过 console.log 显示测试结果。

24.6.2 端到端测试

基于 B/S 应用，必然涉及服务器端，如果服务器端的代码是 PHP、Python、JSP、Node.js 等，服务器可能还提供一些其他服务，例如，数据库、RESTful 服务、WebSocket 通信或离线应用功能等，所以，软件测试要在浏览器与服务器连接的环境下完成。端到端测试相当于软件测试的集成测试，也叫跨页测试，较流行的端到端测试工具主要有以下几个。

Protractor：一个主要针对 AngularJS 的测试框架，运行于 Node.js 环境下的端到端测试工具。

Mocha：最流行的基于 TDD/BDD 测试模型的 JavaScript 测试框架，在浏览器和 Node.js 环境都可以测试。Mocha 还需要与 assert 断言库结合使用，例如，cai、should 断言库。

Grunt：强大的软件测试管理集成工具，用于构建版本的持续集成(CI)。特别适合团队开发环境，当队员向版本管理服务器提交代码的时候，配置好的 Grunt 会自动实时对项目进行测试，可以把多个测试框架，例如 Mocha 集成管理，并且可以通过邮件输出报告给每一个团队成员。

24.6.3 UI 与浏览器兼容测试

响应式布局测试是移动 Web 应用测试最多的功能之一，测试不同屏幕宽度和断点的响应，同时，也要做横屏竖屏的响应测试。用户界面测试还包括布局、颜色、按钮、导航栏、菜单、表单、图片、数据表格的显示效果。由于移动设备屏幕的特殊性，还需要在真实移动设备上测试交互功能，特别是触摸屏的手势效果、滑动、单击、缩放等。所以，UI 测试更注重用户的体验效果。

虽然 HTML 5 的标准已经正式发布，但是各个浏览器厂商对 HTML 5 所有功能的支持程度还是有差别，在 Web App 正式上线前，除了手工对各种常用浏览器进行测试外，建议还要通过一些在线测试工具完成 HTML 5 标准和浏览器兼容测试，特别是不同浏览器采用的 HTML 渲染引擎和 JS 引擎不同，对 UI 的影响显著，所以还需要完成浏览器兼容性测试。下面介绍几个在线测试工具。

(1) W3C Markup Validation Services(http://validator.w3.org/)：测试 Web 应用是否符合 HTML 的规范标准，及跨浏览器兼容性、Web 页面加载速度检查，可以上传 Web 代码文件或通过 URI 进行检查。

(2) 浏览器截图(http://browsershots.org/)：浏览器兼容测试，针对不同的操作系统和浏览器引擎(Gecko，KHTML/WebKit)测试，主要是针对台式计算机的浏览器。

(3) 屏幕查询(http://beta.screenqueri.es/)：免费的响应式设计在线测试。它模拟了30个不同的设备预设，来检测网站的响应式设计。

24.6.4 性能测试

性能测试主要考虑三个方面：客户端性能、服务器端性能及网络性能。

客户端性能测试会与 HTML、CSS 和 JavaScript 有关联，大容量的 HTML 页面和过度的 CSS 特效及复杂的 JavaScript 程序结构会影响到 App 的客户端性能表现。此外，HTTP 的网络协议的一些特征也对性能产生影响，其中影响最大的特性是客户端的缓存技术，缓存参数的设置对性能影响非常重要。由于客户端的运行环境是在浏览器里面，所以，浏览器的性能优化是很重要的一个方面。浏览器本身就带有测试工具插件，例如，前面提到的 Developer 开发者工具、Firebug 都可以做网络性能测试，缓存测试，检查 HTTP 参数的设置。

解决客户端性能的一些建议如下。

(1) 采用 HTML 5 离线技术减少访问服务器的频率。

(2) 网页文件、图片尽量进行优化处理。

(3) 针对移动 Web 应用的优化处理。

服务器端的性能测试比前端测试要复杂得多，需要更专业的测试工具，例如 LoadRunner 商业测试工具来做服务器端的测试。服务器端测试的性能指标主要有以下几个方面。

(1) 负载测试：通过模拟在线用户的访问数来测试性能。

(2) 压力测试：了解性能的极限和拐点，即在性能达到极限的情况下服务器的表现行为，通过压力测试来分析应用构架、组件和编码的优化。

(3) 耐久性测试：测试系统是否能提供 24×7 小时的在线服务，系统长时间运行是否会变慢？

(4) 可扩展性测试：测试应用系统是否可以适应业务的增长需求。不需要修改更多的代码，通过调整后端设置、负载均衡设置、新增服务器硬件等措施来适应并解决性能的瓶颈。

(5) 基准测试：通过标准化的测试套件进行测试。可以是内部自定义的标准化套件或对外公开的标准化套件进行性能测试。

随着移动网络技术的快速发展，移动网络从 3G 基本升级到 4G 时代，并准备进入 5G 时代。目前流行的 4G 通信速度理论达到 100Mb/s，实际测试平均速度在 10Mb/s，3G 实际测试平均速度在 4Mb/s。目前的 Wi-Fi 技术也在不断升级，从最高速率 2Mb/s 的 802.11 到 2013 年新的 3.6Gb/s 速度的 802.11ac 标准也开始进入市场，虽然目前家庭的 Wi-Fi 网络基本在 150～450Mb/s 之间，从上面的数据分析可知，无线网络技术已经可以保证我们的移动 Web 应用要求，但是在网络性能测试上，还需考虑到两个方面问题，一个是移动通信的费用成本，另一方面是无线网络速度容易受外部环境影响。无线网络是共享网络，在某一个区域内共享设备多或少对网络速度影响很大，还有信号的质量也会对网络速度造成影响。

浏览器开发者工具提供了网络测试工具，可以测试从服务器端下载的每一个资源所需要的时间，如图 24-7 所示是 360 极速浏览器打开 https://hao.360.cn，通过开发者工具观察的网络瀑布图，总共花了 3.14s 才完成加载。

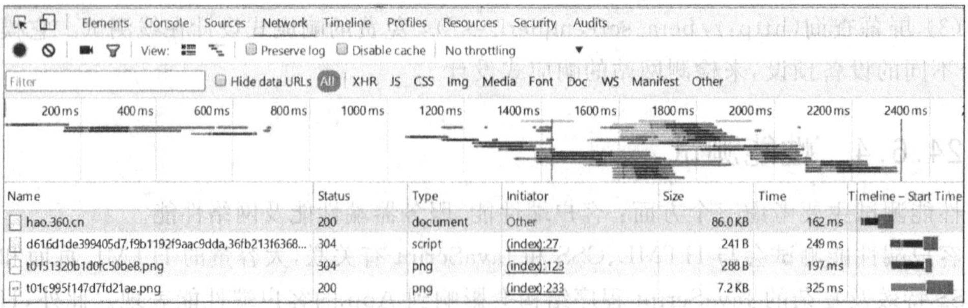

图 24-7　开发者工具测试的网络性能图

移动 Web 应用的网络性能优化应该考虑下面几个问题。

(1) 采用 HTML 5 的离线缓存技术，来解决移动设备经常断网问题。

(2) 采用 HTML 5 的 LocalStorage 存储技术来在客户端保存数据，减少对服务器数据的依赖。

(3) 通过网络性能测试，发现消耗网络带宽最大的资源来做优化。

除了网络性能测试，浏览器渲染网页的性能也是一个主要的性能测试指标，不同的浏览器开发者工具都提供性能测试，图 24-8 是通过 Microsoft Edge 浏览器测试 www.baidu.com 页面，得到的开发者工具的性能图。

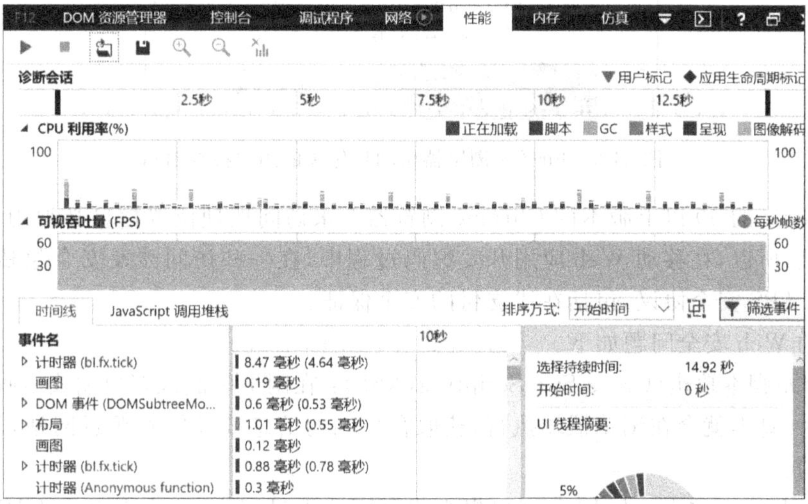

图 24-8　Microsoft Edge 浏览器性能测试

性能测试主要分成以下几大事件。

(1) 正在加载(Loading)：页面加载事件，包括 CSS 解析、HTML 解析、HTTP 请求的事件。

(2) 脚本(Scripting)：处理和执行 JavaScript 的事件，包括动画帧回调、DOM 事件、脚本赋值、定时、媒体查询监听事件。

(3) 垃圾回收(GC)：清理内存的垃圾变量。

(4) 样式(Styling)：布局及与 CSS 样式有关的元素位置大小改变的计算。

(5) 呈现(Rendering)：将 HTML 元素显示到屏幕，包括画图、图像解码。

(6) 其他与浏览器有关的计算。

从 CPU 利用率看，脚本和 GC(垃圾回收)占用较多的 CPU 时间，从时间线的事件名看，布局和画图事件发生最多。根据这些数据，可以找到代码需要优化的地方。

24.6.5　安全要求

在原生应用方面，安全问题一直得到很好的控制，首先是应用商店就已经进行了第一道门的把关，有安全问题的应用会拒之门外，特别是 iOS 的应用，审查机制非常严格。对于 Android 系统，有不同的 Android 定制版应用商店，安全管理就没有那么严格。但是，原生应用的安装有一个用户授权过程，当用户安装一个原生应用时，系统会提示用户，这个 App 会访问哪些资源，例如，摄像头、通讯簿等，让用户在授权的情况下完成安装。而移动 Web

应用的安全问题，与各个浏览器厂家有关，例如，用 Firefox 浏览器访问摄像头或地理位置信息都会弹出用户授权许可的提示窗，如图 24-9 所示。

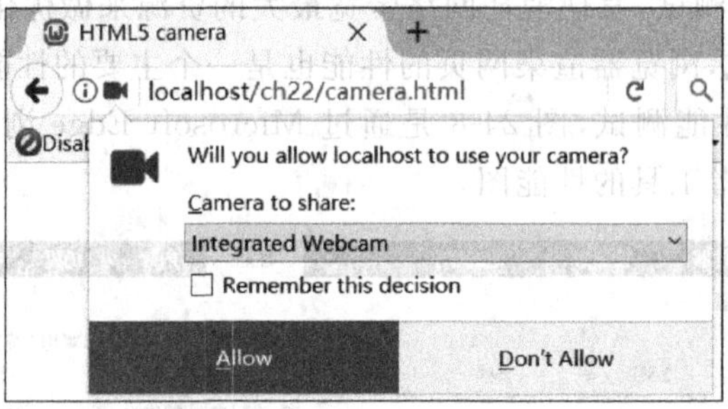

图 24-9 Firefox 浏览器访问摄像头的用户授权窗口

而 Google 的 50 以上版本的 Chrome 浏览器要求访问地理位置信息必须用 HTTPS 安全协议连接，所以，在移动 Web 应用开发编码过程中，在一些访问涉及安全隐私问题时，考虑切换 HTTPS 安全协议，包括在线支付的安全保证。

常见的 Web 安全问题如下。

(1) 跨站脚本攻击(Cross Site Scripting，XSS)：在网页中嵌入客户端攻击脚本，当用户打开网页时，脚本就会在浏览器端执行，获取客户端的信息或导航到恶意网站，从而达到攻击者的目的。

(2) SQL 注入攻击：在 Web 表单提交或页面请求过程中，攻击者会在 URL 的查询字符串中插入 SQL 代码，传送到服务器端，执行恶意的 SQL 命令。

(3) SSL 劫持攻击：攻击者通过在用户与服务器之间拦截获得 HTTPS 传输的明文数据，然后伪造服务器发给浏览器证书，之后用来解密传输中的数据。

(4) SSLStrip 攻击：攻击者也是在用户和服务器之间截获 HTTPS 的访问地址，并修改成 HTTP 返回给用户浏览器，如果用户继续用 HTTP 操作，攻击者会轻易截获用户的信息，如登录账号、密码。

练习

1. Navigator 对象除了能提供 navigator. userAgent 用户代理报头信息，还可以提供访问浏览器的更多信息，用 QQ 浏览器打开：http://www. w3school. com. cn/jsref/prop_nav_useragent. asp，里面有浏览器检查代码，看看 QQ 浏览器用的是哪一个开源浏览器内核？

2. 打开浏览器，用 http://mail. qq. com 访问 QQ 邮箱，看看 URL 地址是否自动切换成 HTTPS 协议？

全栈篇

在 B/S 应用架构中，我们关注于浏览器端的开发多于服务器端的，虽然所有的代码都是存储在服务器，我们花很多时间写的代码都是由 HTML＋CSS＋JavaScript 组成的。但是，现在我们说的 Web 应用，已经不是传统的网站开发概念了，没有服务器端运行的代码，根本就不能算是一个完整的 Web 应用系统。早期的 Web 开发分工非常清楚，用 HTML＋CSS＋JavaScript 语言开发的工程师只能称为网页设计师，而服务器端开发的工程师才是程序员，因为要用到 PHP、JSP、C＃、Ruby 等计算机语言。但是，随着 Node. js 成功地让 JavaScript 成为服务器运行环境语言，基于 Node. js 的软件生态圈日益扩大，各种基于 JavaScript 的应用开发框架逐渐成为主流，例如，AngularJS、Vue. js、Backbone. js、Ember. js 等。况且，随着移动 Web 应用的开发热潮，一个 Web 移动应用开发者必须具有前端（浏览器）和后端（服务器）的开发技能，这就是下面要学习的目标——全栈开发。

全栈开发主要得益于技术的进步，云计算平台例如，Heroku、Google Cloud、Azure、AWS，让服务器端管理更简单，NoSQL 数据库 MongoDB、Redis 等，让数据库管理更简单，各种 Web 开发框架简化了 Web 编程，所有这些技术的完美结合，构造出一个全栈开发环境。

山重水复疑无路，柳暗花明又一村

第25章

全栈Web开发

全栈开发者(Full Stack Developer)要求互联网软件项目的开发人员应该具有全局的思维理念,也就是说通过多种技术结合,来完成一个互联网应用的开发,这些技术包括前端的、后端的、数据库、UI设计、移动的响应式设计等。早期的Web应用开发,基本上分为前端和后端,后端用PHP、微软的ASP或者是Java的JSP等其他计算机语言技术,而前端开发人员很少接触这些高级的计算机语言。但是,随着互联网的普及,早期的互联网应用是以网站开发为主流,或者说是以静态网页为主流的应用,而今天已经进入了一种新的商业应用模式,特别是移动App的流行,促进了各种新的技术不断出现,例如,Node.js和Python语言技术,各种框架和模块化的开发,使得系统架构师不得不全盘考虑一个应用软件系统应该采用哪些技术来完成这个项目。同时也要求Web开发工程师,不仅会前端的设计,还要掌握网络技术,包括TCP/IP网络协议、Socket协议等,还要了解服务器端的开发环境,例如Web服务器,数据服务器连接后台的脚本语言。过去的Web开发分工明确,开发Web的人力资源成本高,随着Web开发技术的不断进步,及移动Web开发带来了新技术革命,例如,HTML 5和各种移动Web应用框架的流行,让传统的Web开发技术HTML+CSS+JavaScript把前后端开发融合,也就是今天提出的全栈Web开发。Web新技术革命降低了我们的学习曲线,让培养一个全栈Web软件开发工程师成为可能。

25.1 Web开发三层软件架构

作为一个全栈开发者,首先必须了解软件的三层开发架构。软件的三层开发架构是针对于网络应用项目的一种开发模型。

第一层是表现层,也就是用户的界面,是一个应用软件的最顶层,在这一层,用户可以直接访问Web页面,操作系统的GUI界面。在这一层,基于Web应用的计算机语言是HTML+CSS+JavaScript,可以更强调使用HTML 5+CSS 3技术,甚至大量使用框架编程,例如,本书提到的AngularJS、BootStrap前端框架。

第二层是应用层或者称为逻辑业务层,主要是实现和控制软件的某一个功能需求详细流程，是应用系统的核心层，需要用到面向对象编程或框架进行编程。基于 Web 应用的计算机应用有 PHP、Ruby on the Rails、JSP、ASP、Python、Perl 及 Node.js(JavaScript 的服务器端编程)。

第三层是数据层，包括数据的持久化机制，例如数据库或者文件共享，数据的访问和查询都在这一层来完成。用到的关系数据库系统是 MySQL、MongoDB 等，在这一层有可能涉及非关系数据的存储。

而针对于 B/S 的 Web 开发应用软件系统，都是应用三层软件架构来开发的，我们说的前端开发(浏览器端)就是处于第一层，而后端开发(服务器端)就是处于第二层和第三层。最常用的 Web 开发是 MVC 模型。

(1) View——表示三层软件架构的第一层，也称之为视图层、用户界面层、表示层。

(2) Contbrol——表示控制层，相当于三层软件架构的第二层，逻辑业务层。

(3) Model——数据模型，相当于三层软件架构的第三层数据层。

25.2 全栈 Web 开发的三层软件架构

这里的全栈 Web 开发是基于 Node.js 的系统，再加上 HTML＋CSS＋JavaScript 模板及 Web 开发框架，及数据库，不需要其他计算机语言编写服务器端脚本，来完成一个 Web 应用的开发，如图 25-1 所示。

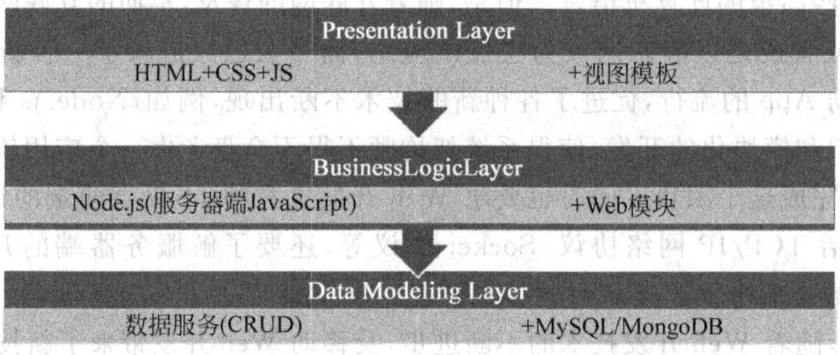

图 25-1 全栈 Web 开发的 MVC 架构

从全栈 Web 开发 MVC 构架看，展示层由视图模板引擎构成，开发语言是 HTML＋CSS＋JS，逻辑业务层后端由 Node.js 完成，数据模型层由 Node.js 提供数据库接口，完成数据的处理。

25.3 Node.js

Node.js 是基于 Chrome V8 开源 JavaScript 解释器，从 Chrome 浏览器分离出来的一个实时 JavaScript 运行环境，是一个轻量级的高效率的 JavaScript 运行平台。Node.js 使用事件驱动、非阻塞式 I/O 的模型。

Node.js 支持的系统包括 Linux、Windows、Mac OS X，支持 JavaScript 代码在服务器端通过 Node.js 来解释执行。

Node.js 主要应用于以下两个方面。

(1) 一个是用于编写 Web 开发的工具模块，例如，Bower、Gulp、Yeoman 等。

(2) 基于 JavaScript 脚本语言的服务器端开发，Node. js 提供了丰富的 API 来完成 Web 服务器端的开发，实现服务器端逻辑业务层和数据库的访问服务。

Node. js 是模块化的管理构架，通过 NPM 包管理工具来加载管理模块。

25.3.1 Node.js 语法规范

Node. js 是用 JavaScript 在服务器端编写的脚本语言，其运行环境是 V8 引擎，与浏览器端的 JavaScript 引擎有些区别，例如，浏览器端的 window 全局对象，在服务器端就用不上，可以说，Node. js 6. 0 版以后基本支持 90%以上的 ES2015(JavaScript 传统的 JavaScript 版本)，最新版本的 Node. js 也开始逐步支持 ES2016、ES2017 的 JavaScript 版本。根据服务器端的运行环境，Node. js 添加了一些全局对象 global、console 和 process。

(1) global 对象是让定义在其里面的属性全局可见，并且可以忽略 global 的对象名称，而直接引用，代码如下。

```
global.user = "Joe Zhou";
global.password = "12345";
console.log(user + "/" + password);
```

(2) console 是控制台全局对象，最常用的是 console. log()，在控制台输出信息，见上面的代码。

(3) process 是关于 Node. js 进程管理的一个全局对象，当执行"node xxx. js"命令时，相当于启动了一个 Node 进程来运行 xxx. js 代码，同时，process 全局对象也创建了。

```
console.log(process.env);       //用 JSON 格式打印系统环境变量
console.log(process.argv);      //显示当前进程命令，当然是 node.exe
```

25.3.2 Node.js 构建简单的 Web 服务器

通过 Node. js，从 HTTP 底层编写服务器端代码，来创建一个独立的 Web 服务器，完成一个 Web 服务器处理请求(request)和响应(response)功能。所以，基于 Node. js 的 Web 服务器，完全不需要像 Apache Web 等其他服务器的支持，而且，其编程非常简单。例如，下面是一个用 Node. js 开发的最简单的 Web 服务器。见例子 25-1。

```
var http = require("http");
function http_Server(req,res){
    var content = "connection to server!";
    content_Len = content.length;
    res.writeHead(200,{'content_Length':content_Len,
                        'content_Type':'text/plain'});
    res.end(content);
}
http.createServer(http_Server).listen(8000);
console.log("Server is starting at port:8000");
```

例子 25-1:
part4/ch25/httpserver.js

以上代码是通过 require("http")获取一个 http 模块对象,创建一个 http_Server()函数来响应浏览器的请求,通过 res. writeHead()函数构造一个 http 响应头,响应码是 200,定义响应包内容长度和内容类型是普通文本。通过 http 对象创建一个 Web 服务器,并监听 8000 端口。

25.3.3 Node. js 的非阻塞 I/O,异步编程和事件驱动

阻塞 I/O 是耗时比较长的数据输入输出操作,例如,读取文件、访问数据库、访问网络数据、复杂计算等,如果采用同步编程,每一个 I/O 操作都要等待上一个 I/O 操作结束,才能继续执行,这种方式的编程已经无法满足现代网络应用的基本响应要求。那么,异步编程思想是通过多任务操作系统的进程或线程来解决阻塞 I/O 时的等待问题,例如,Java、C++的线程技术,通过把一些比较耗时的阻塞 I/O 计算交给一个线程去做,主控程序可以接着继续执行其他任务,一旦线程完成计算,其结果将通过中断返回给主控程序,这就是现代操作系统的多任务并行处理阻塞 I/O 的思路。

但是 JavaScript 早期是没有线程机制的,其实现异步编程的思想不同,其原理是在被执行的函数定义的参数里面包含一个该函数执行完后要执行的回调函数,传统的计算机语言中,例如 C 语言,其函数定义的参数是普通数据类型,例如字符串、整数等,而 JavaScript 的函数可以看成一个对象,是一种特殊数据类型,可以作为另一个函数的参数。例如,定时器函数就是用了这种异步编程的思想,setTimeout(callback,time)里面有两个参数,一个是定时时间 time,一个是定时时间到后要执行的回调函数 callback()。当 JavaScript 引擎执行到 setTimeout()函数时,它会把 callback()函数放到事件队列中,继续执行下面的代码,直到定时事件发生,才从事件队列中取出 callback()函数执行。异步编程的好处是不用等待某一个代码执行结果,效率明显提高。但是,异步编程如果控制不好也容易出问题,例如,文件的打开和读写。读写必须是文件打开完成后执行,Node. js 也提供同步 API 处理同步编程问题,例如,fs. openSync()同步打开一个文件,fs. readSync()是同步读取文件内容,文件内容没有读取完成不会执行后面的代码。

Node. js 作为 Web 服务器端的程序,需要大量处理各种 Web 的请求和快速的响应,同时,还要在服务器端访问各种文件、数据库资源,而传统 Web 服务器端的多线程编程方法会消耗大量的内存和 CPU 资源,积累的结果是阻塞进程返回结果的时间加大,因而造成系统没有更多资源来处理 Web 请求。所以,Node. js 的核心技术没有采用大量的多线程技术,而是用回调函数的事件栈解决阻塞 IO 的等待问题。所以,Node. js 采用单线程方式,通过事件轮询来处理外部回调函数和服务,是一种事件监听、驱动的编程方式,占用系统资源最小。

但是,由于 Node. js 是单线程运行模式,不适合应用在耗时复杂的数学计算系统。通过非阻塞 I/O 和异步编程技术,更适合大量 Web 访问应用服务和频繁 I/O 访问的系统。

和浏览器端 JavaScript 事件比较,Node. js 服务器端的事件没有像浏览器端鼠标单击事件 onclick 那么直观,基本是隐藏的事件。Node. js 通过核心模块 events 来给一个对象自定义事件、绑定事件和触发事件,例如,http 请求就是一个隐藏事件。在例子 25-1 的代码中,http 的事件回调函数是 http_server(),这个事件处理函数 http. createServer()执行完以后,返回 request 和 response 对象,并成为回调函数 http_server()的参数,来完成 http 的请求

和响应。这里有一个困扰的问题是 req 和 res 参数是封装在 http 对象里面，而外部函数 http_server(req,res)直接使用，似乎违反了变量的作用域。要深入理解这个问题，需要了解 JavaScript 函数的闭包。

25.3.4 JavaScript 函数的闭包与自我调用

JavaScript 的变量的作用域可以是全局或局部的，定义在所有函数最顶层的变量是全局变量，或者在函数内部定义的变量都是局部变量，如果省略 var 也是全局变量，而函数是可以嵌套的，子函数可以访问上一层父函数的变量。如下代码定义了一个全局变量 a 和局部变量 b 和 c，分别分布在父函数 count()和子函数 add()里面，子函数 add 可以访问 a,b,c 所有变量，而 count 不能访问 c 变量。

```
var a = 0;
function count(){
  var b = 0;
  function add()
          {var c = 0;
      b = b + 1;a = a + 1;c = c + 1;}
  add();
}
```

上面的代码中有一个数据安全问题，全局变量 a 除了可以通过 add()计算外，其他函数也可以任意去修改 a 的值，所以，编程方法中应尽量少用全局变量。一般面向对象编程方法是把数据封装到类里面，用 getter、setter 方法访问局部变量。而 JavaScript 早期编程风格是函数式，现在逐渐过渡到面向对象，函数式编程只能用 return 返回内部变量值，但是要返回多个内部变量就比较复杂。解决方法是直接返回一个子函数，再看看下面的代码：

```
var count  = ( function () {
    var a  =  0;
    return function () {
        var b = 0;
        b += 1;
        a += 1;
        }})();
```

函数 count 定义成里面嵌套两个匿名函数，父匿名函数定义一个局部变量 a，及子匿名函数，用来执行内部计算，并被 return 返回给 count 函数对象。count 函数是定义成自我调用方式：count＝(function(){})()，这种方式相当于面向对象的构造函数，其原理是在 count 定义好后，自动执行一次，初始化并创建一个实例对象 count，而且这个 count 对象被初始化成返回的作为计算的子匿名函数，同时，初始化后，父匿名函数的局部变量 a 永远驻留在内存，只要 count 对象不被销毁。这就是 JavaScript 的闭包结构，它使得函数可以拥有私有变量 a，再让一个新创建的函数实例对象 count 去访问 a。这也是用来解决 Node.js 的事件驱动和异步编程结构中，让其他函数可以变相地访问局部变量的问题。

例子 25-2 中，在上面代码加入以下代码来显示 a，b 变量值，可以看到，每次执行 count()，其实是在执行作为计算的子匿名函数。

```
var count = (function () {
  var a = 0;
  return function () {
      var b = 0;
      b += 1;
      a += 1;
document.getElementByld("a").innerHTML = a;
document.getElementByld("b").innerHTML = b;
      }})();
```

例子 25-2：
part4/ch25/clousure/clousure2.html

25.3.5 构造一个静态资源的 Web 服务器

通过 Node.js 的核心模块 http 和 fs 模块，基本可以构建一个完整的 Web 服务器，例子 25-1 中的代码仅仅是响应 http 请求，返回一个字符串，而不是一个完整的 HTML 网页文件，下面的代码是通过加载文件模块 fs，完成 Web 服务器返回一个 HTML 页面。见例子 25-3。

例子 25-3：
part4/ch25/webserver.js

```
var http = require("http");
var fs = require("fs");
function http_Server(req,res){
  fs.readFile('www/index.html',get_File);
   function get_File(err,data){
       if(err){
         res.writeHead(500,{'content_Type':'text/plain'});
         res.end('500 - internal Error!');}
       else {
         res.writeHead(200,{'content_Type':'text/html'});
              res.end(data);}; };
};
http.createServer(http_Server).listen(8000);
console.log("Server is starting at port:8000");
```

首先，在 www 目录项目中创建一个 index.html 静态网页文件，修改例子 25-1 的代码，添加文件处理模块 fs，通过 fs.readFile()读取 www/index.html 文件，这里是异步编程方式，读文件完成产生一个事件，并返回两个结果："err"读文件错误信息和"data"读取的文件内容。然后，执行回调函数 get_File(err,data)处理和发送 http 的响应包。如果找不到资源文件 index.html，向浏览器发送状态码 500，显示"500-internal error!"错误信息，否则，将获取的 index.html 文件内容及 200 状态码发送给浏览器。

25.3.6 Node.js 路由功能

路由就是服务器端解析用户端发出的 http 请求，来分配给相应的处理功能，有点像

Java Web 应用开发框架 Struts 2 的过滤器功能。具体来说是浏览器端通过 URL 向服务器发出资源请求，服务器解析 URL 地址，来决定提供哪些相应服务。

下面通过例子 25-4 来分析 node.js 的路由功能实现。首先，在服务器端的 www 目录下面添加资源 home.html、about.html 和 qq_logo.png，然后，通过浏览器的 URL 来访问这些资源。服务器端代码如下。

例子 25-4:
part4/ch25/webserver1.js

```
function http_Server(req,res){
    var getUrl = req.url;
    var path = url.parse(getUrl).path;
    switch (path) {
      case '/www/home.html':
          serveFiles(res,'www/home.html','text/html');break;
      case '/imgs/qq_logo.png':
          serveFiles(res,'imgs/qq_logo.png','text/png');break;
       case '/www/about.html':
          serveFiles(res,'www/about.html','text/html');break;
      default:
        serveFiles(res,'www/404.html','text/html');break;} };
```

首先，代码 req.url 获取 URL 地址，并通过 URL 模块解析出资源的相对路径 path，再通过 serveFiles()返回浏览器请求的资源文件。

25.3.7 Node.js 的模块化编程

Node.js 采用一种模块化的编程方式，是按照 CommonJS 规范实现的。我们知道，JavaScript 语言原有的官方 API 仅适用于浏览器端应用，CommonJS 规范的提出是为了改变这个现状，让 JavaScript 像一个普通计算机语言，例如，Python、Java 等一样有一个通用的标准开发库，来开发非浏览器端的应用软件。

Node.js 的一个模块就是一个独立文件，拥有单独的作用域，模块结构由以下三个部分组成。

(1) require 模块引用和加载，相当于对象实例化工厂，创建一个实例化模块对象。

(2) exports 模块定义，用于封装对象、方法与属性到模块对象里面。

(3) module 模块对象标识，模块的容器，系统默认 exports＝model.exports。

Node.js 本身自带几个核心模块，大量的功能实现靠第三方模块，用户也可以编写自己的模块和发布自己的模块。核心模块已经编译成二进制文件打包进 Node.js 的安装文件里面，第三方模块可以发布上载到开源代码管理库 github.com，然后在 npmjs.org 中注册这个模块，这样，这个模块就可以用 npm 包管理命令，来发布、安装、更新一个模块。

Node.js 的主要核心模块如下。

(1) http：构建一个 Web 服务器的接口，提供处理 Web 的 HTTP 请求及响应的方法。例如，http.createServer()创建新的 Web 服务器，http.listen()监听指定的端口、响应连接。

(2) util：提供常用的工具。例如，util.inspect()返回一个对象的字符串表示值。

(3) querystring：查询字符串的接口。例如，querystring.stringify()把一个对象序列化

成字符串，querystring.parse()把字符串转换成对象表示。

(4) url：解析和处理 URL。通过 url.parse()，把 URL 解析成对象，通过对象获取 URL 的信息。

(5) fs：通过文件操作接口。例如，fs.readerFile()读取一个文件，fs.writeFile()将数据写入文件。

不管是 Node.js 的核心模块还是第三方模块，都使用函数 require()加载模块，相当于 Java 的 import 指令。由于 Node.js 是一个开源的系统，形成一个基于 Node.js 的开发生态圈，有许多优秀的 Node.js 的第三方开源开发框架，例如，Express 一个流行的 Web 框架和 Derby 一个基于 MVC 的框架。

Node.js 自定义模块也叫包，通过以下几个步骤来创建。

(1) 创建一个目录来存放自定义模块，目录名就是模块名，这里是 calculator。

(2) 创建一个 calcu.js 来封装模块的代码。

(3) 创建一个 package.json 包文件来定义模块的参数。

(4) 创建一个 readme.md 文件来描述模块，相当于模块的说明书。

(5) 在模块目录名下，执行 npm pack 给模块压缩打包成.tgz 的文件格式。

(6) 安装模块到 Node.js 的开发环境。

例子 25-5:
part4/ch25/model.js

例子 25-5 是一个简单计算器的模块化 calculator 的代码，在 calculator 目录下面创建 calcu.js 文件，分别包含加减乘除 4 个函数，并把它们作为一个对象属性添加到全局对象 exports 里面。

```
function add(x,y){return x + y;}
function minus(x,y){return x - y;}
function multiple(x,y){return x * y;}
function divide(x,y){return x/y;}
exports.add = add;
exports.minus = minus;
exports.multiple = multiple;
```

在 calculator 目录下面，创建 package.json 文件，内容如下。

```
{"author":"Joe Zhou",
"name":"calculator",
"version":"0.1.1",
"description":"this is a simple calculator",
"main":"calcu.js",
"reposition":{},
"keywords":[],
"dependencies":{},
"engines":{"node":" * "}
}
```

这个 JSON 文件包含一些属性来描述模块，author 表示作者，name 表示模块名称，version 表示版本，description 表示模块的说明，main 表示模块的主程序，reposition 表示模块发布到互联网的软件仓库上的 URL 地址,keywords 表示模块的关键词,用于 NPM 搜索模块,dependencies 表示模块依赖的第三方模块,engines 表示模块的引擎是 Node. js,“ * ”表示适用于所有 Node. js 版本。

在 calculator 目录下,打开命令行窗口,执行打包命令:

```
npm pack
```

打包成功的话,会在 calculator 目录下生成 calculator-0. 1. 1. tgz 文件。

```
npm install calculator\calculator - 0.1.1.tgz
```

执行安装命令,将构建好的模块安装到 Node. js 开发环境。

默认 Windows 操作系统环境下,用户安装的模块会在 c:\users\Joe Zhou 系统登录的用户名(Joe Zhou)下创建 node_modules 目录,来存放安装到开发环境的用户模块。

创建一个 model. js 来测试用户自定义模块,用 require()加载模块,require()模块加载有两种方式,直接通过模块名“calculator”加载,前提是该模块已经通过“npm install”命令安装到 Node. js 开发环境 node_modules 目录下,或者通过直接加载模块主控程序,本例中是“calculator/calcu. js”,代码如下。

```
//var calcu = require("calculator");
var calcu = require("calculator/calcu.js");
var x = 1,y = 2;
console.log(x + ' + ' + y + ' = ' + calcu.add(x,y));
```

Node. js 的模块化编程中,模块可以是一个中间件,也可以是一个 Web 应用程序;一种用模块方式管理的软件项目开发,通过“npm init”命令,引导填写项目的名称、作者、版本、软件仓库 URL 地址、关键字等项目信息,并自动创建 package. json 文件作为项目管理的参数文件。如果在加载项目时需要第三方模块,使用命令“npm install <模块名> --save”,其中,“--save”选项会自动在开发项目包 package. json 文件里面添加相应的依赖模块,让项目开发管理更简单。

25.4 Web 框架 Express

前面用 Node. js 的自带核心模块构建了一个简单的 Web 服务器来处理 HTTP 的请求和响应,而作为 Web 服务器,常常有一些通用的功能,例如,HTTP 请求的 get、post、put、delete 等的处理方法,响应包头的打包等功能。在 NPM 生态圈里,有大量的第三方模块来完成这些 Web 服务器功能,而 Express 模块是最流行的构建 Web 服务器的应用框架。Express 通过扩展 HTTP 核心模块,提供强大的 Web 路由,构造 RESTful JSON 服务,处理 Session 和 Cookie 功能。

例子 25-6 是通过 Express 模块创建的 Web 服务器,并处理 get 的请求方法。代码如下。

例子 25-6:
part4/ch25/webexpress.js

```
var express = require("express");
var app = express();
app.listen(8000);
console.log("Express Web server is starting at port:8000");
app.get('/',function(req,res)
    {res.send('Hello!, this is from express Web Server.');});
```

25.4.1 Express的路由

Express把Web路由定义分成两部分，一个是HTTP请求的方法method，例如get、post、put、delete等；第二部分是URL的路径path。所以，Express实现路由的语法格式如下：

```
app.<method>(path,[middleware, … ],callback(req,res));
```

其中，<method>是HTTP的方法名称，相当于HTTP请求的事件处理函数；path是从URL解析出来的路径部分；Express有加载中间件middleware函数的功能；callback()是当HTTP请求方法method和path匹配时的回调函数，处理HTTP的请求req和响应res对象。同时，Express提供了app.all()来处理所有HTTP请求，用app.use()处理不匹配的路由，见例子25-7，请看下面路由部分代码。

例子25-7：
part4/ch25/expressroute.js

```
//Route start from here
app.get('/',function(req,res)
        {res.send('Hello!, this is from get().');});
app.get('/home',function(req,res)
        {res.sendFile('www/expresshome.html',{root:__dirname},
        function(err){if (err) {console.log('err');}
        else{console.log('success');}});});
app.post('/login',bodyParser.urlencoded({ extended: false }),
        function(req,res){res.send('Hello!this is from post(). userid:' +
        req.query.id + 'username:' + req.body.username + ':password:'
        + req.body.password);});
app.use('/json',bodyParser.urlencoded({ extended:false }),function(req,res)
        {req.body.id = req.query.id;
        app.set('json spaces',4);
        res.json(req.body);}); });
app.all('*',function(req,res)
        {res.send('Hello!, this is from all().');});
```

虽然路由是事件驱动的，但是代码的顺序会产生不同的路由结果，如果把上面代码中的app.all()放到路由代码的最前面，这样所有的请求都会路由到all()，而不会执行其他的路由。也就是说，Express路由是按代码顺序来放入事件栈的。接收浏览器请求的处理主要是提取参数，参数传递是通过URL方式，例如，URL是“http://localhost:8000/json?id=1”，用 req. query. id 提取值是"1"。post 方式的 HTTP 请求，参数包含在内容里面，提取参数用到中间件 body-parser 模块来解析参数到 req. body 对象里面。处理路由的响应有 res. send()发送文本，res. sendFile()发送静态文件，res. json()以 JSON 格式发送数据。

25.4.2 Express 的中间件

Express 提供一种中间件的框架，中间件是协助 Express 处理 HTTP 请求的第三方模块，路由处理程序都会插入一些中间件来完成某一功能。在 Express 4.0 以后，除 static 静态文件处理和 HTTP 的 get 方法的 URL 参数解析中间件 query 以外，其他中间件需要通过命令 npm install 单独安装并在代码中用 require()加载。

在例子 25-5 中，app. use('/imgs', express. static("imgs"))是利用静态文件中间件的一个例子，表示在 imgs 目录下的文件请求，不需要调用 res. sendFile()，直接返回响应的文件。还有中间件 body-parser，其中，bodyParser. urlencoded({ extended: false })用来解析 HTTP 的 post 方法传递的内容到 req. body 对象。中间件 query 协助完成对 URL 地址"/login?id=1"的解析，可以从 req. query. id 获取传递的 id 参数值。中间件函数除了可以通过 app. use()全局调用外，还可以在 app. < method >()某一个路由函数中，作为参数局部调用。

25.4.3 Express 的模板引擎

在前面的例子中，Express 服务器处理 HTTP 的请求，然后返回给浏览器的数据可以是文本、静态文件或 JSON 格式的字符串。其实，在浏览器端显示的数据可以分成两种，一种是固定的内容，或者称之为静态内容，另外一种是可以动态刷新的内容。那么，静态内容可以是用 HTML+CSS 构建一个静态的文件，也可以称之为模板文件，浏览器只加载一次模板文件，以后的请求都是从服务器获取动态数据，在模板文件的指定位置刷新。Express 提供了不同的模板引擎，模板引擎的任务是配置模板文件，完成动态数据在模板页面的渲染。

这里选择一个和 JSP 标签库类似的支持 Express 的模板引擎 EJS。首先，创建 views 目录用来存放 EJS 的模板文件，并创建一个 HTML 的模板文件 temp. ejs，其中在显示数据的地方使用特别的标签<%= variable %>，variable 就是从服务器端传过来的 JavaScript 变量。在项目目录下创建应用 elstemp. js，代码如下。

```
var express = require('express');
var app = express();
var ejs = require("ejs");
app.listen(8000);
console.log("Express server is starting at:8000");
app.set('views','./views');
app.set('view engine','ejs');
app.get('/',function(req,res){
        res.render('temp.ejs',{'username':'Joe Zhou','password':'12345'}); });
```

例子 25-8:
part4/ch25/ejstemp.js

具体见例子 25-8。首先，通过 npm 安装 EJS 模板，通过 app.set()配置模板引擎，例如，指定模板文件的目录是“./views”，指定模板引擎是 EJS。通过 res.render()在指定的模板文件 temp.ejs 传送 JSON 格式的数据。在服务器端启动服务 node ejstemp.js，浏览器端访问 http://localhost:8000，可以看到数据值渲染到页面上。

25.5 AngularJS 框架

AngularJS 是基于 HTML 5＋JavaScript 的客户端框架，通过请求后端的 RESTful (Representational State Transfer)服务快速开发移动或桌面 Web 应用。

AngularJS 框架采用的是强制性的 MVC 架构，但是和传统的 MVC 架构不同的是，控制层、数据层和显示层都放到了客户端完成，如图 25-2 所示，其优势显而易见，充分利用移动设备强大的硬件功能，减轻服务器端负担，让应用的运行效率接近原生应用。

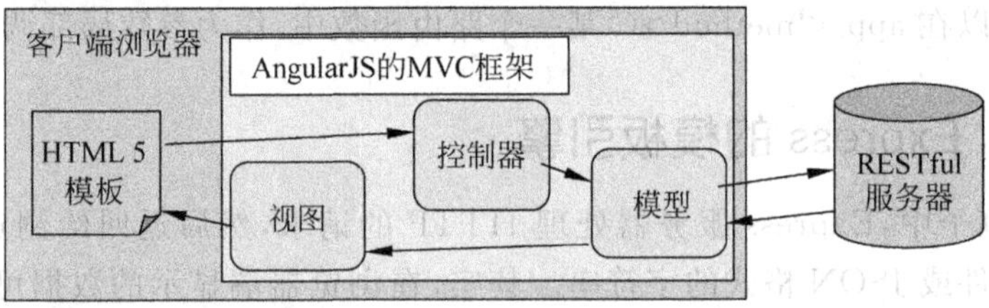

图 25-2 AngularJS 的 MVC 架构

25.5.1 RESTful 架构

RESTful 的字面意思是“表现状态的传递”，是早期 MVC 构架的 representation 表现层或 view 视图层。在 Web 应用中，最重要的一个环节是抓取远程的服务器端数据在客户端的表现层渲染。最早实现这种访问服务的是 SOAP(Simple Object Access Protocol)，是基于 XML 格式，建立在 HTTP 上的简易通信协议，用来进行信息交换。例如，通过 SOAP 服务，Web 应用可以获得天气预报的数据信息。RESTful 服务有点儿类似于 SOAP，但是，RESTful 的实现方式比 SOAP 简单，完全有替代 SOAP 的趋势。

RESTful 的核心思想是“State transfer”，把 HTTP 这种没有状态的互联网协议，通过这些 GET、POST、PUT、DELETE 的 HTTP 方法和 URL 来结合，作为一个 API，来改变互联网资源的状态，从而实现对互联网资源的 CURD(create、update、retrieve 和 delete)操作功能。REST 采用 JSON 格式打包数据，简化了客户端和服务器的实现。

25.5.2 AngularJS 的单页应用

AngularJS 特别适合开发 Web 单页应用(Single Page Application，SPA)，也就是说一个 Web 应用仅有一个 index.html 文件作为网页首页，而没有其他页面的跳转。一个应用的页面内容可以通过 RESTful API 动态地添加、修改和删除。AngularJS 默认采用

Hashbang 模式和 HTML 5 模式(使用 HTML 5 的 history API)来帮助改变 URL 片段及进行历史管理。这两种模式都是通过 hash 码标识更新的部分数据,而不是整个页面更新,并且相应地改变地址栏中的 URL。这个 URL 地址通常会加"#"来表示更新片段记录,用户通过这种方式,也可以分享这个部分更新内容的 URL 地址。

25.5.3 模块化编程和依赖注入

AngularJS 所有的 JavaScript 代码都是以模块化出现的,模块相当于一个容器,将所有对象纳入这个容器来管理。AngularJS 提供了一些基本模块,例如,ng 模块是核心模块,提供了构建 HTML 模板指令的支持,及常用的一些服务,例如 $http、$location、$compile 等。这个模块包含在 angular. min. js 库文件中,ngRoute 模块支持 URL 路由管理,在 angular-route. min. js 库文件中,Resource 模块支持 RESTful 服务的数据查询、更改,在 angular-resource. min. js 库文件中,ngCookie 模块是用来处理和管理 Cookie,在 angular. cookie. min. js 库文件中,还有更多的 AngularJS 模块可以到官网查看。这些需要用到的模块在入口主控 index. html 文件中的< head >标签下引用进来,代码如下。

```
<script src="js/libs/angular.min.js"></script>
<script src="js/libs/angular-route.min.js"></script>
```

AngularJS 的库文件到官网下载带"min"压缩版到本地 js\libs 目录下或直接远程引用。

用户可以定义自己的模块,在 js 目录下,创建 app. js 主控程序,定义一个模块如下。

```
var helloApp = angular.module('helloApp',['ngRoute','helloAppControls']);
```

用 module()函数定义模块,有两个参数,其中一个模块名是"helloApp",也是应用名 ng-app="helloApp",定义在 index. html 文件中。第二个参数是数组,是用来定义应用依赖的模块,有 ngRoute,来自于 angular-route. min. js 库,是路由服务的提供者,所有来自于 AngularJS 官方发布的模块的服务提供者都带有"$"前缀,表示是公有的对象,"$ $"表示私有的对象。另一个依赖模块是"helloControllers",是用户自定义的模块,通过模块实例对象的配置函数 config(),将服务提供者的值注入到模块容器,代码如下。

```
helloApp.config(['$routeProvider','$locationProvider', function($routeProvider,
$locationProvider){…}]);
```

把 $routeProvider 路由服务提供者的服务通过 function($routeProvider, $locationProvider)函数注入到模块容器。也可以把模块定义和服务注册一气呵成地完成,代码如下。

```
var helloApp = angular.module('helloApp',['ngRoute','helloAppControls'])
.config(['$routeProvider','$locationProvider', function($routeProvider, $locationProvider)
{…}]);
```

25.5.4 AngularJS 的指令、视图和模板

由于 AngularJS 是单页应用框架，index.html 就是我们的应用的首页入口，模板是由 HTML 的元素构成的文件，为 AngularJS 应用视图提供数据和 UI 的显示。AngularJS 通过在 HTML 元素中加入指令属性来控制视图模板，所有来自 AngularJS 的属性定义都是以“ng”为前缀命名的，下面 index.html 代码中：

```
<!DOCTYPE html>
<html ng-app="helloApp">
    <head>
        <meta charset="utf-8">
        <title>AngularJS APP</title>
        <!--AngularJS 及其他外部 JS 库,省略-->
        <!--用户的 JS 程序,省略-->
    </head>
    <body>
        <div ng-view></div>
    </body>
</html>
```

分别定义了 AngularJS 应用名 ng-app="helloApp"和模板局部显示区域< div ng-view ></div >。接下来，定义了两个局部模板，分别是 login.html：

```
<div ng-controller="LoginCtrl">
    Username:
      <input type="text" ng-model="user" />
    Password:
      <input type="password" ng-model="password" />
      <button ng-click="showMsg()">修改</button>
    {{message}}
    </div>
```

和 welcome.html，代码如下。

```
<div ng-controller="welcomeCtrl"><h1 ng-bind="user"></h1>欢迎光临!你的密码:
{{password}}</div>
```

25.5.5 作用域、模板和数据模型

AngularJS 数据模型是通过核心模块的 $ scope 作用域对象来实现的，所有的动态数据事先都存放在 $ scope 里面，在视图模板中定义{{expression}}，大括号里面的 expression 是由 $ scope 属性组成的表达式。$ scope 作用域的值也可以通过 ng-model 指令定义在表单元素里面，实现表单数据双向动态链接。非表单元素用 ng-bind 指令定义 $ scope 的值，如上面的代码所示。

$ scope 的值是通过模块的控制器 controller()注入到控制器模块容器里，而控制器又通过 ng-controller 指令绑定到一个 HTML 元素上，通常是< div ng-controller="LoginCtrl"></div >，所以，$ scope 的值的作用范围是有限的，只能在绑定的< div >内有效，如果要把 $ scope 的值传递到别的控制器，要把值封装到全局对象 $ rootScope 中，可以在不同的层< div >传递数据。

25.5.6 Angular 的路由

由于 AngularJS 是单页应用，并且，MVC 架构是在浏览器端完成，所以，它的路由功能也是在浏览器端完成的。页面上部分数据内容的变化通常使用 hash 标记，并通过监听 hashchange 事件来进行视图的切换。另一个方法是用 HTML 5 的 history API，通过 pushState()记录页面变化历史，监听 popstate 事件来进行视图的切换。所有这些都会造成 URL 地址的改变，并记录下来，通过 AngularJS 浏览器端的路由服务过滤 URL 的路径，来切换视图模板，更新相应数据。

路由功能是由 $ routeProvider 服务提供，必须要引用 angular-route-min. js 的库文件，在应用中加载 ngRoute 模块。当路径匹配时，加载视图模板和对应的控制器，在首页 index. html 用 ng-view 指令指定局部模板数据刷新位置。下面是 app. js 主控程序的路由代码。

```
var helloApp = angular.module('helloApp', [ 'ngRoute', 'helloControllers']);
helloApp.config(['$routeProvider', '$locationProvider',
    function($routeProvider, $locationProvider) {
        $routeProvider.
                when('/', {
                    templateUrl: 'partials/login.html',
                    controller: 'LoginCtrl'
                }).when('/welcome', {
                    templateUrl: 'partials/welcome.html',
                    controller: 'WelcomeCtrl'
                });
        $locationProvider.html5Mode(false).hashPrefix('!');
    }]);
```

当路径是“/”时，加载 login. html 局部模板到 index. html 的 ng-view 指令位置，执行控制器 LoginCtrl 来完成数据的刷新。html5Mode(false). hashPrefix('!')表示关闭 HTML 5 的 history API 模式，采用 hash 模式加“!”前缀。所以，当我们输入标准 URL 地址时，自动在路径前面加上“#!”符号。

25.5.7 AngularJS 的控制器

控制器相当于 MVC 架构的“C”业务逻辑控制层，控制器也是模块，由模块的 controller()构造方法创建一个控制器对象，并通过依赖注入一些服务提供者的值。例如，$ scope 作用域提供器的值，控制器需要通过 ng-controller 指令捆绑到一个 HTML 元素上，当 AngularJS 应用在浏览器加载编译时，才创建控制器实例对象，并注入提供器的值。如下代码是声明一个 loginCtrl 控制器,并通过 $ scope 提供器注入了用户名和密码,及通过 ng-model 指令将用户名和密码绑定到表单,实现数据双向传输,并把修改的数据封装到 $ rootScope 全局提供器。

```
var helloControllers = angular.module('helloControllers', []);
helloControllers.controller('LoginCtrl', ['$scope', '$location', '$rootScope',
    function LoginCtrl($scope, $location, $rootScope) {
        $scope.user = "Joe";
        $scope.password = "12345";
        $scope.message = $scope.user + "请修改信息!";
        $scope.changeMsg = function () {
        $rootScope.user = $scope.user;
        $rootScope.password = $scope.password;
        $location.path('/welcome')};
    }]);
```

同时,通过 $ location. path('/welcome'),修改 URL 地址,触发路由导向 welcome. html 局部模板和 welcomeCtrl 控制器。如下是 welcomeCtrl 控制器:

```
helloControllers.controller('WelcomeCtrl', ['$scope', '$location', '$rootScope',
    function WelcomeCtrl($scope, $location, $rootScope) {
        $scope.user = $rootScope.user;
        $scope.password = $rootScope.password;
      //$scope.message = $scope.user + "欢迎光临!你的密码: " + $scope.password;
    }]);
```

将通过全局提供器 $ rootScope 传递过来的用户名密码封装到 $ scope,将 welcomeCtrl 控制器绑定到 welcome. html 局部模板,并显示由 loginCtrl 控制器修改的用户名密码。AngularJS 的演示代码见例子 25-9。

例子 25-9:
part4/ch25/angularjs/angular-server.js

25.6 MongoDB 数据库

由于 AngularJS 的 MVC 开发框架是在浏览器端完成,数据模型的数据来源采用 RESTful API 的 Web 服务方式来完成,RESTful 数据交互的数据包采用的是 JSON 格式,那么,如果数据库端是 MySQL 及其他 SQL 关系型数据库,要构造一个 RESTful 的服务,就比较复杂,因为传统数据库是以表的方式存放数据的。那么,随着 RESTful 服务构架越来越普及,一种基于非 SQL(NoSQL)的数据库诞生了,这些数据库有 Redis、CouchDB 和 MongoDB 等。

MongoDB 简单地说就是可以直接存储数据对象数据库,MongoDB 的数据结构又分成文档(Document)和集合(Collection),文档是一种 JSON 格式的数据对象,集合是一组相同类型的文档,对应于传统关系型数据库概念。MongoDB 的集合相当于表的概念,文档相当于表里面的记录。文档是以 BSON——一种 JSON 的轻量化二进制格式存储。

MongoDB 数据库和其他数据库系统一样需要下载安装，然后启动数据库服务。MongoDB 和 Node. js 结合得很好，MongoDB 数据库管理控制台可以直接执行 JavaScript 代码，并可以存储 JavaScript 的 JSON 对象。

Node. js 有两种方式连接 MongoDB，一个是通过底层 MongoDB 数据库驱动，一个是官方支持的对象文档映射模块 Mongoose，而 Mongoose 模块更容易创建模型。与 MySQL 不同，MongoDB 可以省略数据库和集合的创建过程，也就是说，代码直接使用数据库和集合。

25.6.1 用 MongoDB 驱动连接数据库

创建一个项目目录 mongodb，在目录下安装 MongoDB 驱动：

```
npm install mongodb
```

创建一个 mongdb. js 文件，连接数据库 mydb，返回两个参数 err 和数据库对象实例 db，代码如下。

```
var mongodb = require('mongodb').MongoClient;
var url = 'mongodb://localhost:27017/mydb';
mongodb.connect(url, function(err, db) {
 if(!err){
     console.log("Connected successfully to mongodb");
     db.close();}});
```

(1) 查询数据。首先获取数据库集合 users 的对象实例，通过 find()查询所有文档，并把结果转换成数组。代码如下。

```
var findDoc = function(db,callback){
        db.collection('users').find({}).toArray(function(err,data){
        if(!err)
        console.log("Found:")
        callback(data);
         })};
```

(2) 插入数据。db. conllection()获取集合 users 对象实例，通过 insertmany()插入 myusers 数组，里面包含两个对象。代码如下。

```
var insertDoc = function(db, callback){
     db.collection('users').insertMany(myusers,function
(err,result){
        console.log("Inserted!");
        callback(result);
     })};
```

例子 25-10:
part4/ch25/mongodb/mongodb.js

具体例子见 25-10。

25.6.2 用 Mongoose 模块连接数据库

Mongoose 是 MongoDB 更高一层的数据库应用模块，简化了从 MongoDB 底层驱动写代码的复杂性，还可以通过 Mongoose，定义数据模型（Schema），数据实例对象直接映射到数据库的文档，进行 CRUD 数据操作。具体有三个对象，如下。

（1）Schema：定义数据结构，相当于传统关系型数据库的表结构，不直接操作数据库。

（2）Model：将 Schema 发布生成的 Node. js 的模型，拥有数据属性和对数据库操作的方法。

（3）Entity：由 Model 产生的 Schema 实体，存放具体的数据，数据的变化也会影响数据库，形成映射关系。

通过 Schema 封装到 Module，从 Model 创建一个 Entity 实体对象。

在项目目录 mongodb 下，安装 Mongoose：

```
npm install mongoose
```

创建一个 mydb 数据库连接，Mongoose 还通过数据库连接的事件监听、检查连接情况。

```
var mongoose = require('mongoose');
mongoose.Promise = global.Promise;
var url = 'mongodb://localhost:27017/mydb';
var db = mongoose.connection;
db.openUri(url);
db.on('error', console.error.bind(console, 'connected error!'));
db.once('open', function() {console.log('conected!');})
```

下面的代码创建一个 Schema 并封装到 mongoose. module()，同时也封装成 Node. js 的模块（module. exports）。模块文件 user. js 代码中，User 是一个数据模型，相当于 MongoDB 里的抽象文档，用 JSON 描述数据结构，MongoDB 提供了自己的数据类型。通过 mongoose. model()，把数据模型 User 封装到数据库的 users 集合，产生对象与数据库集合映射关系。封装到 mongoose. model()的好处是 model 对象提供了操作数据库的 CRUD 方法，例如：

（1）创建：model. save()。

（2）查询：model. find()，model. findById(id)，model. findOne()。

（3）更新：model. update()，model. findByIdAndUpdate(id)，model. findOneAndUpdate()。

（4）删除：model. remove()，model. findByIdAndRemove(id)，model. findOneAndRemove()。

```
var mongoose = require('mongoose');
var User = new mongoose.Schema({
    user_id: {type: String, index: {unique: true}},
    username: {type: String},
    password: {type:String, default:'12345'}
```

```
    });
module.exports = mongoose.model('users', User);
```

下面的代码是引用 user 模型，并通过 new User()创建一个实例对象 user1，通过 user1.save()，就可以作为文档保存到数据库集合 users。也可以通过 User.find()查询所有文档。user 对象已经与数据库建立映射关系，通过封装在 user 对象的方法完成数据库的 CRUD 操作。

```
var User = require("./module/user.js");
var user1 = new User({
        user_id:'004',
        username : 'Jerry li',
        password: 'nooon', });
    user1.save(function (err, result) {
        if (err) {console.log("Save Error:" + err);}
        else {console.log("Save Result:" + result);}
    });
    User.find(function (err, result) {
        if (err) {console.log("Find Error:" + err);}
        else {console.log("Find Result:" + result);}
    });
```

例子 25-11:
part4/ch25/mongodb/mongoose.js

具体见例子 25-11。

25.7 MEAN：一个简单的全栈 Web 应用

MEAN(MongoDB, Express, Angular, Node)是一种全栈 JavaScript 开发架构，MongoDB、Express 和 Node.js 组成服务器端开发，AngularJS 实现浏览器端 MVC 架构开发，构成一个完整的 B/S Web 应用开发架构，而且，服务器和浏览器之间，除了静态文件服务(HTML,CSS,JavaScipt,图像等文件)传输外，数据传输是通过 RESTful API 完成的。

25.7.1 RESTful API 设计

RESTful API 由下面的几个部分组成。

(1) HTTP 请求方法：GET、POST、PUT、DELETE 等分别代表查询、创建、修改更新、删除数据的操作。

(2) 域名(domain)，服务器位置，例如：http://localhost/。

(3) URL 路径：域名服务器下的资源位置，例如，/user/1，表示请求 user 的 id 为 1 的数据资源。

(4) 媒体类型：JSON，RESTful API 使用 JSON 作为数据交互的格式。

将上面的部件设计成一个 RESTful API 来完成数据的 CRUD 操作，如表 25-1 所示。

表 25-1 RESTful API 与数据操作 CRUD 的关系

HTTP 方法/URL 路径	数据操作结果	在浏览器端操作函数
GET(/user/joe)(查询)	查询用户名为 joe 的用户	Login()
POST(/user)(创建)	创建一个用户	Register()
PUT(/user)(更新)	更新一个用户	Update()
DELETE(/user/joe)(删除)	删除用户名为 joe 的用户	Remove()

25.7.2 AngularJS 前端设计

我们把前端所有的 AngularJS 代码放在项目目录 mean/public 下，index. html 为首页，/public/partials 为局部模板目录，有用户登录模板 login. html，AngularJS 库文件在 /public/js/lib 下面，public/js 存放 app. js 主控程序和 controllers. js 控制模块。

浏览器地址栏中输入 http://localhost:8000/#! /user，打开数据操作界面如图 25-3 所示。

图 25-3 浏览器端用户操作界面

主控程序 app. js 的代码配置 helloApp 应用，路由“/user”的局部模板是“partials/login. html”，控制器是 userCtrl。代码如下。

```
var helloApp = angular.module('helloApp', [ 'ngRoute', 'helloControllers' ]);
helloApp.config(['$routeProvider', '$locationProvider',
    function($routeProvider, $locationProvider) {
        $routeProvider.
            when('/user', {
                templateUrl: 'partials/login.html',
                controller: 'userCtrl'
            }).when('/welcome', {
                templateUrl: 'partials/welcome.html',
                controller: 'WelcomeCtrl'
            });
        $locationProvider.html5Mode(false).hashPrefix('!');
    }]);
```

用户管理的局部模板在 login. html 文件中通过“ng-model”指令定义了数据接口，“ng-controller”定义了 userCtrl 控制器，“ng-click”定义了单击事件对应在 userCtrl 控制器里面定义的处理函数，及定义{{message}}表达式来显示从服务器端返回的操作信息。代码如下。

```
<div ng-controller="userCtrl">
    Username:
```

```
        < input type = "text" ng - model = "username" />
      Password:
        < input type = "password" ng - model = "password" />
    < hr/>
    < button ng - click = "login()">登录</button>
    < button ng - click = "register()">注册</button>
    < button ng - click = "update()">修改</button>
    < button ng - click = "remove()">删除</button>
    < br/> {{message}}
    </div>
```

控制器代码通过 $http 注入的对象定义了用户登录(login)、注册(register)、修改(update)和删除(remove)RESTful API 的操作接口。并发送 HTTP 请求和处理服务器端的返回响应信息"res. data. message"。代码如下。

```
function userCtrl( $ scope, $ location, $ http){
        var url = 'http://localhost:8000/user/';
        var user = {};
        $ scope. login = function(){
            user = {'username': $ scope. username, 'password': $ scope. password};
            $ http. get(url + $ scope. username). then(function(res){
                $ scope. message = JSON. stringify(res. data. message);
                }, function(err){console. log('err:' + err)});}
        $ scope. register = function(){
            user = {'username': $ scope. username, 'password': $ scope. password};
            $ http. post(url, JSON. stringify(user)). then(function(res){
                $ scope. message = JSON. stringify(res. data. message);
                }, function(err){console. log(err)});};
        $ scope. update = function(){
            user = {'username': $ scope. username, 'password': $ scope. password};
            $ http. put(url, JSON. stringify(user)). then(function(res){
                $ scope. message = JSON. stringify(res. data. message);
                }, function(err){console. log(err)});};
        $ scope. remove = function(){
            user = {'username': $ scope. username, 'password': $ scope. password};
            $ http. delete(url + $ scope. username). then(function(res){
                $ scope. message = JSON. stringify(res. data. message);
                }, function(err){console. log(err)});}};
```

25.7.3 服务器后端设计

首先，通过 models\user. js 文件定义数据模型 User 对象，并与 MongoDB 的数据集合 users 绑定，导出成为 Node. js 模块。user. js 代码如下。

```
var mongoose = require('mongoose');
var User = new mongoose. Schema({
```

```
    username: {type: String, index: {unique: true}},
    password: {type:String, default:'12345'}
    });
module.exports = mongoose.model('Users', User);
```

通过 control\routes.js 定义 RESTful 路由控制器，这里提供了和 AngularJS 控制器相对应的 RESTful API 服务器端接口。首先，要引入数据模型 User = require('../models/user.js')，使用了路由中间件 router=express.Router()来构造服务器端数据访问服务。并通过 module.exports=router 导出成为 Node.js 模块作为路由控制器的中间件。

(1) 注册一个新用户，通过 res.json()把数据操作结果发送一个 JSON 格式的信息返回给浏览器。

```
router.route('/').post(function(req, res) {
  var user = new User(req.body);
  user.save(function(err) {
    if (err) { res.send({ message: 'register failed!' });
      return res.send(err);}
    res.send({ message: 'User Added' });});});
```

(2) 用户登录，在这里定义一个":username"作为路径的参数传递用户名值，通过 req.params.username 获取浏览器端传递过来的用户名，User.find()查询数据库返回两个结果 err 和 user 作为回调函数参数来处理查询结果，user.length!=0 表示查询到用户，res.json()分别返回"登录成功"和"找不到用户"信息。

```
router.route('/:username').get(function(req, res) {
  User.find({username:req.params.username}, function(err, user) {
    if (err) {return res.send(err);}
    if (user.length!= 0){res.json({message:'login success!'});}
    else {res.json({message:'User not found!'})}; });});
```

(3) 更新用户密码信息，首先通过 req.body.username 获得浏览器 HTTP 的 put 方法传递的内容体里面的用户名，User.findOne()查询数据库，返回 err 和 user 结果，如果 user!=null 表示用户存在，user[prop] = req.body[prop]表示用表单传递过来的数据来更新用户信息，并重新保存数据到数据库 user.save()。

```
router.route('/').put(function(req,res){
  User.findOne({ username: req.body.username }, function(err, user) {
    if (err) {return res.send(err);}
    if (user!= null) {
        for (prop in req.body) {
        user[prop] = req.body[prop];};
        user.save(function(err) {
            if (err) {return res.send(err);};
            res.json({ message: 'User updated!' });});
```

```
    } else { res.json({ message: 'User not found!'})}})});
```

（4）删除用户，通过 User. remove()删除条件是用户名＝req. params. username，删除结果会返回 err 和 done。done. result. n 表示删除的用户数，“0”表示没有符合条件的用户。

```
router.route('/:username').delete(function(req, res){
    User.remove({username: req.params.username}, function(err, done) {if (err) {return res.
    send(err);}
    res.json({ message: 'user deleted:' + done.result.n });});});
```

最后是服务器主控程序 mean\server. js 文件，首先通过 express. static()中间件定义静态文件服务，让 public 目录下的 AngularJS 浏览器端代码发送到浏览器。myRoute＝require(". /control/routes. js")；加载用户定义的路由中间件，app. use('/user'，myRoute)让所有路径为“/user”的访问通过 myRoute 路由中间件处理。

```
var express = require('express');
var app = express();
var path = require("path");
var bodyParser = require('body-parser');
var myRoute = require("./control/routes.js");
app.use('/user',myRoute);
app.use(bodyParser.json());
app.use(bodyParser.urlencoded({extended: false}));
app.use("/",express.static(path.join(__dirname,"public")));
var mongoose = require('mongoose');
var db = mongoose.connection;
mongoose.Promise = global.Promise;
db.openUri('mongodb://localhost/mydb');
db.on('error', console.error.bind(console, 'connected error!'));
db.once('open', function() {console.log('conected!');})
app.listen(8000);
```

完整的 MEAN 演示见例子 25-12。

例子 25-12:
part4/ch25/mean/server.js

练习

1. Node. js＋Express 可以构造一个完善的 Web 服务器，来处理 request 和 response 的请求响应。Express 给这两个对象添加了丰富的属性和方法，例如，res 响应对象返回浏览器消息有 res. send()和 res. render()方法，编写代码分析它们的区别。

2. RESTful 的 Web 服务架构已经非常流行，基本可以取代传统的 SOAP Web 服务，而 Web 服务涉及跨域资源共享(Cross-Origin Resouces Sharing)问题，也就是浏览器从处于域名 a. com 的代码来访问域名 b. com 的数据。但是，浏览器为了数据安全，采用的是同源策略(Same Origin Policy,一个页面的请求只能访问在同一个域下面的资源)。cors 的理论是 b. com 通过设置特殊的响应头,让 a. com 的页面访问 b. com 的数据资源。Node. js 提供了一个 cors 模块解决这个问题。修改例子 25-12,安装 cors 模块,实现跨域资源共享。

3. Node. js+Express 环境中,Express 服务器端提供了 res. jsonp()一个简单的跨域返回 JSON 格式数据包方法,首先分析以下 JSONP 的工作原理,在浏览器端有一段请求访问外部域的数据编码如下:

```
<script type="application/javascript"
src="http://server.other.com/Users/joe">
</script>
```

但是,由于同源策略,浏览器无法解析这个从服务器发来的 Json 数据包,把它变成 JavaScript 对象,而 JSONP 的解决方法是在请求 URL 中添加一个解包函数作为参数,可以用这个函数解析一起传递来的数据包。

代码如下,浏览器发出一个跨域数据请求(并带有解包函数 parseJson),数据返回时,浏览器会加载执行 parseJson({"Name:"Joe","Id":1001,"Age":17}); 把数据包转成 JavaScript 对象。

```
<script type="application/javascript" src="http://server.example.com/Users/joe?callback
=parseJson">
</script>
```

在服务器端 Express 使用 JSONP 实现外域传送的 JSON 数据代码如下。

```
app.get('/user',function (req,res,next) {
    res.type('application/json');
    res.jsonp(user);        //user is json object
});
```

在浏览器端可以使用 jQuery 实现跨域访问数据,代码如下。

```
<script src="jquery/jquery.min.js"></script>
<script type="text/javascript">
    $.getJSON('http://server.example.com/Users/joe?callback=?',function (user) {
       console.log(user) ;
```

完善以上代码,实现跨域资源共享。

实训篇

在实训篇里，将介绍 Web 移动开发环境的搭建，浏览器 Web 开发插件的使用，及本书用到的各种开发工具安装，例如 Node. js 和 MongoDB 等。从书本看代码，似乎很容易看懂，但是动手写代码的时候，就会遇到一大堆问题。写代码很简单，很多代码可以从网上复制下来，我们不反对复制代码，因为很多代码是开源的，但是，我们鼓励按自己的思路去修改代码。只有亲自动手做实验，写代码，调试，运行，才能体验成功的乐趣。

在实训阶段，推荐采用团队合作学习方式，因为实训就是模拟企业的开发环境，而软件企业都是以开发团队的形式完成一个软件项目的开发，所以，可以让学生按软件工程的原则成立学习小组，按企业开发模式管理小组，让每个学生感受软件开发的艰苦与快乐。

失败是成功之母

第 26 章

实训准备——团队学习模式

26.1 团队合作学习

在计算机软件行业中，特别强调团队合作精神。很多大型软件项目，如操作系统，都是团队合作开发的结果。在软件工程中，配对编程(Pair Programming)——一个人输入代码，另一个人同时检查语法和结构的错误，也是团队合作的一个成功典范。所以，在本课程的实训环节，鼓励采用团队学习模式。

团队合作学习不仅是解决知识技术的学习，还是一种培养学生建立企业综合素质和职业道德的学习模式，主要体现在下面两个方面。

(1) 团队合作学习可提高学生的综合素质，IT 人才需求已从原先的技术型转向复合型，对综合素质的要求越来越高。以前要求技术好，现在不仅技术要好，还要具备良好的职业素养和心理素质，如外语交流能力、团队合作能力等；不仅要掌握先进的 IT 技术知识，还要懂管理、善沟通。因此，当前社会的人才需求更看中的是学生的情商。而学生通过团队合作学习，可以提高社交和合作能力。

(2) 团队合作学习中引入职业道德教育，在团队合作学习过程中会发现职业道德的冲突问题。例如，团队之间如何和谐相处，小组成员如何互助互爱，如何扮演好职业角色，需要引入职业道德与行为规范教育来指导，这是传统教学模式无法做到的。

26.2 学习小组组成

在软件工程开发中，软件工程管理的主要方面是人员管理，人员管理强调的是团队合作精神，其中的一个重要过程是开发团队的组建，根据人员的性格特点，取长补短来组队。团队的组队按管理模式，可以分为专家型、民主型两种，团队小组的人数一般为 3～6 人比较合适。建立一个专家型小组，也就是挑选出一些编程能力强的同学作为小组的领队专家，再根据软件工程的组队原则，选择不同素质和性格的同学加入小组，还有适当的男女生搭配比例。专家型小组的优点在于技术好的同学可带领技术弱的同学共同进步。另一种组队方式是由学生按照自己的意愿，自由组合学习小组，这样形成的小组可能会造成小组能力之间的差距，学习好的同学喜欢组成一个小组，差的同学被排挤形成其他小组。这种自由组合形成的学习小组，不适合大学课程团队学习的组队方式，不建议采用。

学习小组的建立，还有一个目的就是模拟企业的开发环境，所以，学生在小组成立后，应该根据软件开发行业的市场招聘职位，在项目小组中设置不同的角色职位。例如，数据库设计师、网页设计师、项目经理、软件测试师等，让每一个成员都有机会担当每一个角色，为今后学生选择职业角色明确目标。

26.3 小组管理

前面提到，团队的管理分成专家型小组管理模式和民主型小组管理模式。专家型小组管理模式是指定小组最好的成员作为组长，领导小组整个学习过程的管理。民主型小组管理模式是每周选举不同的小组成员作组长，主持小组的日常工作。小组每周至少开一次会议，确定项目计划和目标，并要求每一次会议都有会议文档记录，教师轮流参加每个小组的会议，会议上听取上一周的工作总结和这周的工作计划。民主型管理模式的优点在于提高每个同学的参与兴趣，培养每个成员的责任心和领导才能，加强团队的凝聚力。

除了人的管理外，小组还要学习项目管理、时间管理等软件工程方面的一些管理方法。团队学习模式可能发生的问题是“三个和尚没水喝”，小组成员相互推诿，不负责任，造成小组管理散漫，小组运行不正常，形同虚设。所以，监督小组的管理非常重要，好的小组管理是“三人行，必有我师”，达到各尽所能，好的管理团队还应该达到最高境界“三个臭皮匠赛过诸葛亮”，成员经常开会讨论，一起解决学习问题，互相帮助，共同进步。

26.4 小组考核

团队合作学习进行的教学项目与传统的以考试为验收标准的项目不同，应通过各种指标来评价小组及个人的学习成果。如采取组内自评、组间互评、教师评价等考核方式。每个小组必须按照软件工程的规范来完成软件工程项目的开发和实验，要求小组提交的一个项目技术文档要有系统需求报告书、UML 建模的系统设计书、软件使用说明书等软件工程文档。小组完成一个课程的项目设计和开发，可以通过答辩形式考核小组的成绩。答辩过程要求对软件原代码进行分析说明，并制作 PPT 幻灯演示介绍软件系统的功能、特点、经验。现场运行，演示系统。同时，每个小组成员还要提交个人工作总结，要具体说明在小组中承担的角色，做了哪些事情，碰到哪些问题，怎样解决的问题。小组答辩中要公开个人的工作总结，避免弄虚作假。具体考核内容如下。

(1) 小组工作日志，例如，开会讨论记录。

(2) 小组的实验代码演示。

(3) 小组提交的实验报告。

(4) 其他软件文档(可行性分析，用户需求，系统设计，原码，测试报告等)。

(5) 小组成员个人小结。

练习

1. 找一个同学或朋友一起做“配对编程(Pair Programming)”，一个人输入代码，另一个人在旁边观察代码结构，感受一下“配对编程”的好处。

2. 如果调试了一天的代码而得不到正确结果，不要再钻牛角尖，找一个同学或朋友帮你看看代码，换一个人，换一种思路，因为你的思路短路了。这样可以更快解决问题。

3. 成立一个移动 Web 应用开发兴趣小组或俱乐部，大家可以互相鼓励共同进步，不要孤军奋战，一个人的代码世界会往往感到很孤独。

4. 团队项目开发必须学习软件版本控制管理(Version Control System，VCS)，这样可以多个成员一起修改、编辑软件，而不需要等待个别的成员修改、编辑结果，提高了团队合作的工作效率。VCS 的工作原理是分布式的方式，所有成员都可以从代码库中取出一个代码文件进行修改，然后提交回代码库，代码库根据需要选择性地合并，形成新的版本。目前比较流行的版本控制工具有 Subversion(SVN)和 Git。这里推荐学习 Git，请到官网 www.git-scm.com/downloads，选择操作系统平台版本下载、安装。Git 提供控制台命令和 GUI 图形化工具。建议学习控制台命令来管理软件版本。要实现团队合作开发，需要把软件代码放到远程代码库服务器或自己在局域网搭建代码库服务器，推荐使用开源代码库 GitHub 系统，到官网 https://github.com 注册一个账号，学习使用 Git 工具将代码提交到 GitHub 代码库，实现团队合作开发。

第 27 章

移动开发环境搭建实验

27.1 实验目的

(1) 学习 Web 开发环境的搭建。

(2) 掌握 Web 代码编辑器的使用,制作一个简单的 hello world 网页。

(3) 设置 Apache 服务器参数,让手机可以通过本地 IP 访问。

(4) 了解浏览器的开发者(Developer)及 Web 扩展工具。

(5) 掌握 Web 开发者工具的基本测试功能。

27.2 实验环境及工具

(1) 安装 Windows 10 64 位操作系统的计算机。

(2) Firefox 浏览器。

(3) Brackets 代码编辑器。

(4) WAMP 服务器。

(5) Android 或 iPhone 手机。

27.3 实验方法

27.3.1 Apache Web 服务器介绍

Web 应用是 B/S 架构,需要浏览器和 Web 服务器两端协同工作。Web 服务器的基本功能是提供 HTTP 通信请求响应服务。Web 服务器的软件很多,我们使用的 Windows 系统就有微软的 IIS Web 服务器,但是,Apache Web 服务器是目前最流行的、开源免费软件。Apache Web 服务器常常与其他应用服务器集成在一起,提供全方位服务。例如,与 Java 语言作为服务器端脚本语言，就是 Tomcat 服务器，早期网站开发最流行的服务器端语言是 PHP，所以有很多公司将 Apache Web 服务器与 PHP 集成。如果要做一个动态网站，需要存储实时的动态数据，就要有数据库服务器一起协同工作。提供数据库服务的软件系统也很多，微软也有自己的 MS SQL Server 关系数据库系统，而最流行的开源数据库是 MySQL。为了简化服务器的搭建，有一些公司提供 Web 服务器的集成系统，而且是免费的，当然最常见的 Web 服务器集成系统是 LAMP(Linux＋Apache＋MySQL＋PHP)，这是 Linux 操作系统下的 Web 集成服务器系统。Windows 操作系统 Web 服务器集成系统也很多，常见的有 WAMP、XAMP 等，这些系统都是 Windows＋Apache＋MySQL＋PHP。我们选择 WAMP 作为 Web 应用开发服务器，虽然移动 Web 应用基本是前端开发，服务器端提供 HTTP 服务基本满足要求，而且是静态资源访问服务，不需要 PHP 脚本语言和 MySQL 数据库支持。

27.3.2 安装 WAMP 服务器

由于 Apache 官网仅提供开源代码，而不提供 Windows 安装版的二进制可执行文件，要直接安装 Apache Web 服务器，需要通过第三方编译好的版本，这里选择 WAMP 3.0.6 64b 版本，可以在 https://sourceforge.net/projects/wampserver/? source=typ_redirect 下载。按照安装向导完成安装，启动 WAMP，在 Windows 的系统任务提示栏中可以看到 WAMP 图标，图标为绿色表示启动正常，红色表示启动失败。

打开浏览器，访问 http://localhost，看到如图 27-1 所示的管理页面表示服务器运行正常。

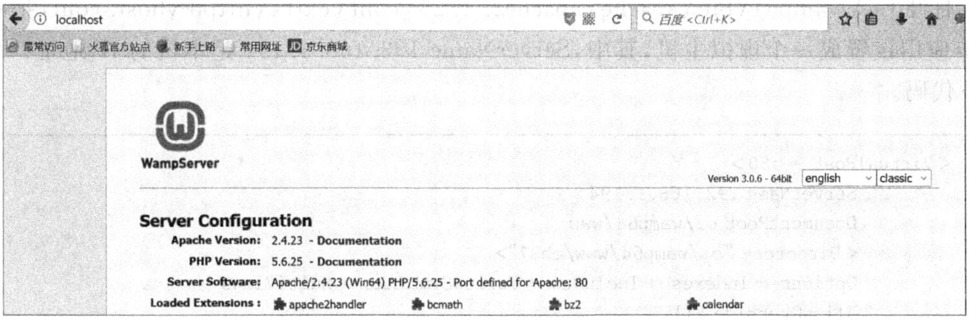

图 27-1 WAMP 浏览器端的管理界面

27.3.3 Web 代码编辑器

Web 代码编辑器有很多选择，例如，Notepad++、Sublime Text 和 Brackets 都是不错的 Web 代码编辑器，都支持 HTML/CSS/JavaScript 的语法加亮和提示功能，方便语法检查和纠错。这里推荐安装 Brackets。到官网 http://brackets.io/下载最新版本安装包，按照安装向导完成安装。创建一个最简单的 HTML 代码 index.html，如下。

```
<!DOCTYPE html>
    <html>
        <head>
```

```
        <title>Hello World</title>
    </head>
    <body>
        <h1>Hello World</h1>
    </body>
</html>
```

WAMP 安装目录\www 是 Web 的根目录，所有的 Web 应用代码都部署在这个目录下面。创建一个新文件夹 ch27，将 index.html 保存到 ch27 目录里面。

通过浏览器访问 http//localhost/ch27/index.html，可以在浏览器端看到"Hello World"。

27.3.4 手机访问 Apache Web 服务器

WAMP 安装目录是 C:\wamp64，其中 C:\wamp64\bin\apache\apache2.4.23\conf\httpd.conf 是 Apache 的主配置文件。在开发环境中，Web 服务器和客户机是在同一台计算机上，所以，浏览器可以通过系统默认的本地 IP 地址 127.0.0.1 或本地域名 localhost 访问 Web 服务器。为了测试，让手机或其他移动设备通过网络连接本地服务器，需要通过真实的机器 IP 地址访问，也就是计算机启动时，由路由器或交换机自动分配的 IP 地址。

为了让网络上的设备可以访问 Apache Web 服务器，需要做一些设置。首先打开 Windows 命令行窗口，输入命令 ipconfig，查看 IPv4 地址为 192.168.1.194。(由路由器的 DHCP 服务器分配的 IP 地址会有不同)

打开 C:\wamp64\bin\apache\apache2.4.23\conf\extra\httpd-vhost.conf，把一个 Web 应用设置成一个虚拟主机，其中，ServerName 192.168.1.194 是本机的 IP 地址。添加以下代码。

```
<VirtualHost *:80>
        ServerName 192.168.1.194
        DocumentRoot c:/wamp64/www
        <Directory "c:/wamp64/www/ch27">
        Options +Indexes +Includes +FollowSymLinks +MultiViews
        AllowOverride All
        Require all granted
        </Directory>
</VirtualHost>
```

保存后重新启动服务器，打开浏览器，访问 192.168.1.194/ch27/index.html，看到"Hello World"表示设置成功。让手机 Wi-Fi 连接到与计算机相同的局域网内，打开手机浏览器，访问同样的 IP 地址，应该得到一样的结果。

27.3.5 用浏览器开发者工具

浏览器的种类很多，Windows 10 就自带有 Internet Explorer 和 Microsoft Edge 浏览器，并且都默认安装了"F12 开发人员工具"，而考虑较好的 Web 应用兼容性问题，Web 开发人员会根据浏览器的排行，用使用最多的浏览器作为测试。同时，开发人员也根据浏览器拥有的丰富开发插件来选择浏览器，我们选择 Mozilla Firefox 和 Google Chrome 浏览器作为主要开发工具。

打开 Firefox 浏览器，访问 http://localhost/ch27/index.html，按 F12 键打开开发者工具，如图 27-2 所示，选择"网络"，刷新访问页面，可以看到所有从服务器加载的资源文件。单击某一文件，可以观察 HTTP 请求和响应头的信息。

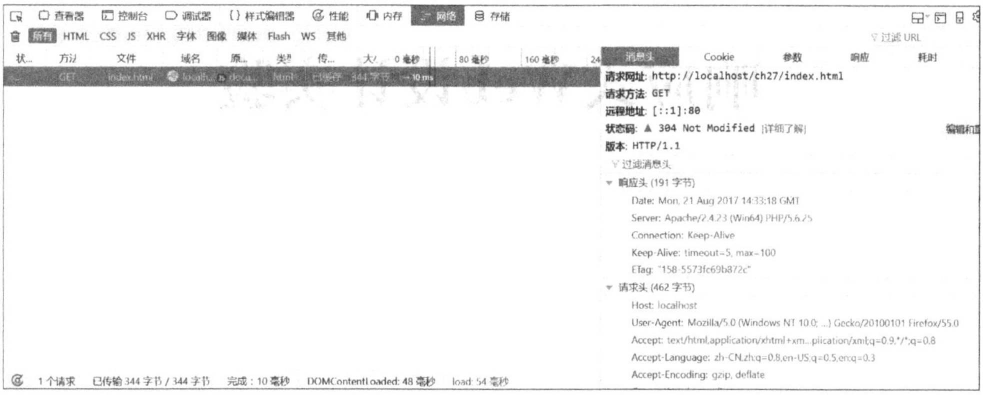

图 27-2　通过开发者工具观察 HTTP 包头信息

通过控制台(Console)来观察运行过程中的错误和警告信息，及通过 console.log()输出的信息。

单击浏览器工具栏最右侧的菜单图标，选择"附加组件"，选择侧边栏分类"网页开发"，可以看到更多的网页开发工具，如图 27-3 所示。

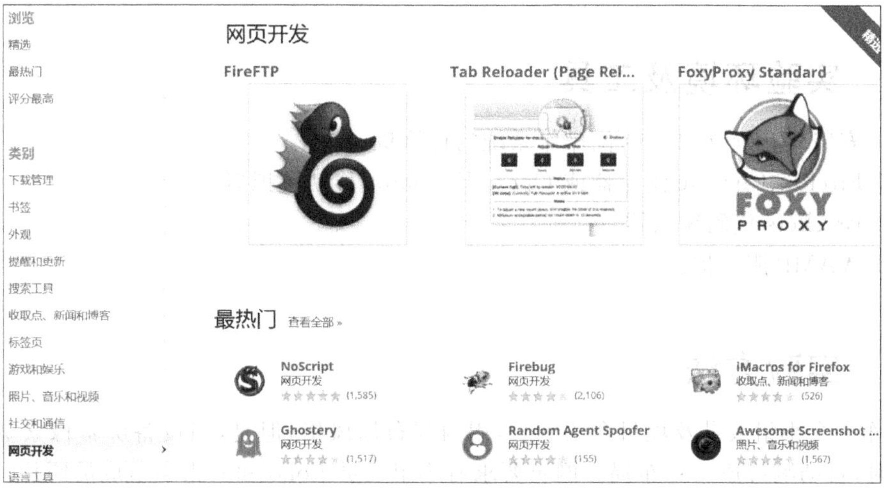

图 27-3　附加组件的各种工具插件

27.4　实验拓展

在 Firefox 浏览器的"附加组件"页面查询 RestClient 组件，安装学习 RestClient 工具的使用。

第 28 章

响应式Web设计实验

28.1 实验目的

（1）了解移动布局三个要素（块元素，字体，图片）。

（2）了解移动布局优化技术@media，@viewport。

（3）学习移动布局测试，浏览器和模拟器的使用。

（4）用以上技术制作一个响应式移动布局的小组介绍首页。

28.2 实验环境及工具

（1）安装 Windows 10 64 位操作系统的计算机。

（2）Firefox、Chrome 浏览器或 Opera Emulator 移动模拟器。

（3）Brackets 代码编辑器。

（4）WAMP 服务器。

28.3 实验方法

制作一个小组成员及项目介绍网页，用两列布局风格，但是，当设备屏幕像素宽度小于 800px 时，自动响应成一列布局。网页要求有小组成员 Logo 和一张小组成员照片。要达到响应式设计效果，代码设计应遵循三个原则：CSS 值的改变、媒体（Media）查询、视窗（Viewport）优化。

28.3.1 Responsive 移动布局 CSS 值改变

布局的改变：桌面网站设计多列布局，而移动网站中应该用流体布局（一列），响应式布局是它可以根据不同移动设备屏幕分辨率大小来动态改变布局。响应式布局要求改变以下三个元素的 CSS 值。

(1) 块元素用百分数(%)代替像素(px)。

(2) 字体大小用 em 替代 px。

(3) 图片用 max-width=100%。

28.3.2 Responsive 移动优化、媒体查询

(1) 在 HTML 页面文件用< link media="…">。

(2) 或者,在 CSS 样式文件中用@media。

28.3.3 Responsive 移动优化、视窗优化

(1) 在 HTML 页面文件中用< meta name="viewport…">。

(2) 或者,在 CSS 样式文件用@viewport。

28.3.4 测试环境搭建与测试效果

(1) 安装 Opera Emulator 移动 Opera 浏览器测试工具,或通过 Chrome 浏览器开发者工具测试效果。

(2) 当屏幕小于 800px 时,观察两列布局切换到一列布局的效果。

第29章

UI外观设计实验

29.1 实验目的

(1) 熟悉 CSS 3 特效技术(圆角,阴影,渐变,透明,背景图,过渡,变换)。

(2) 熟悉< canvas >2D 绘图技术(线,矩形,圆,弧,填充,透明,阴影,渐变,过渡,变换,文字,纹理图案)。

(3) 熟悉@font-face 技术。

29.2 实验环境及工具

(1) 安装 Windows 10 64 位操作系统的计算机。

(2) Firefox 或 Chrome 浏览器。

(3) Brackets 代码编辑器。

(4) WAMP 服务器。

29.3 实验方法

在上一章(第 28 章)代码基础上,用 CSS 3 特效,Canvas 绘图,@font-face 字体三种技术制作一个小组 Logo。要求用 Web Font 字体,用 CSS 3 特效技术,将小组照片用过渡特效打开。互联网上有很多炫酷的按钮和图片特效,所以可先参考别人的代码,实验方法如下。

(1) 在互联网中查找 HTML 5+CSS 3 制作的按钮及源码。

(2) 在互联网中查找照片过渡及变换效果的源码。

(3) 在上一个实验的源码基础上修改添加制作小组网站 Logo 图片,添加按钮,打开网页时,将小组成员的图片用变换效果弹出。

第30章

多媒体音频视频实验

30.1 实验目的

(1) 掌握< video >、< audio >的基本使用规则。
(2) 掌握文件 API 的基本概念。
(3) 掌握拖放 API 的基本概念。
(4) 掌握离线应用。
(5) 将做好的播放器放到小组页面中,并可以实现全屏播放。

30.2 实验环境及工具

(1) 安装 Windows 10 64 位操作系统的计算机。
(2) Firefox 浏览器。
(3) Brackets 代码编辑器。
(4) WAMP 服务器。
(5) Android 或 iPhone 手机。

30.3 实验方法

制作一个基于浏览器的视频播放器,有基本的播放/暂停,停止,后退,快进功能,并且还可以浏览打开本地文件,拖放视频文件播放功能,在离线情况下,播放器应该可以正常运行,并可以打开、播放本地视频。具体方法如下。

(1) 用< video >制作一个浏览器播放器。
(2) 用 File API 打开本地视频文件。
(3) 用拖放 API 完成视频文件拖入播放功能。
(4) 将播放器设置成离线应用。
(5) 将代码放到 Web 服务器运行,测试播放器离线播放效果。

第31章

离线应用实验

31.1 实验目的

（1）掌握离线应用基本原理。
（2）掌握 Manifest 文件的编写。
（3）掌握 Chrome 浏览器开发者工具调试应用。
（4）掌握离线缓存文件的更新，管理。

31.2 实验环境及工具

（1）安装 Windows 10 64 位操作系统的计算机。
（2）Chrome 浏览器或 360 极速浏览器。
（3）Brackets 代码编辑器。
（4）WAMP 服务器。

31.3 实验方法

31.3.1 离线应用缓存事件检查

用第 16 章的 cacheapp.html 作为实验代码，启动 WAMP 服务器，打开 Chrome 浏览器或 360 极速浏览器，访问 http://localhost/ch16/cacheapp.html。打开开发者工具，通过打开 Console 选项卡查看缓存事件记录，如图 31-1 所示。

31.3.2 缓存文件资源检查

打开开发者工具，通过选择 Resources 选项卡查看 Application Cache 的缓存文件记录，如图 31-2 所示。

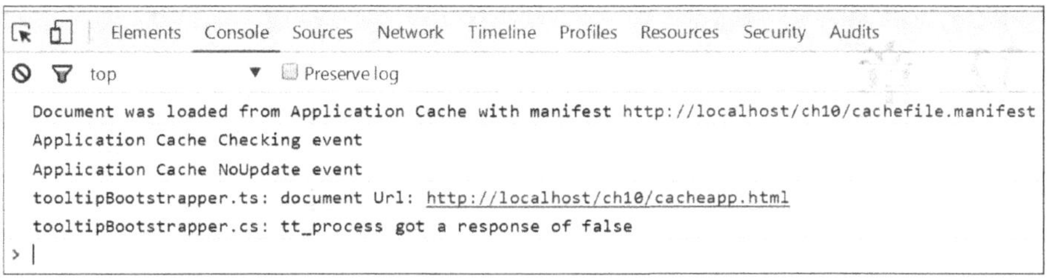

图 31-1 Chrome 浏览器查看缓存事件

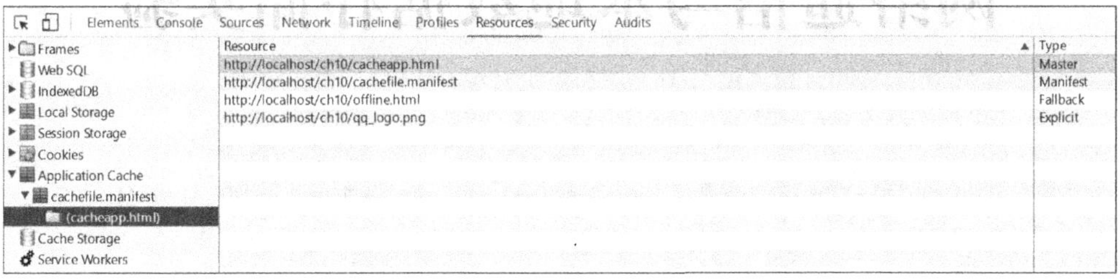

图 31-2 Chrome 浏览器开发者工具查看缓存资源记录

31.3.3 Manifest 文件本地缓存检查

在浏览器新窗口中打开 chrome://appcache-internals，查看 Manifest 被浏览器自动缓存到本地，如图 31-3 所示。

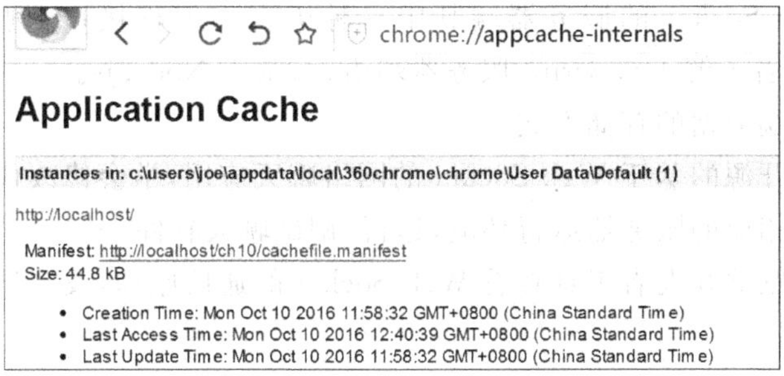

图 31-3 检查 Manifest 文件在浏览器中的本地缓存

31.3.4 清除离线应用缓存

断开 WWW 服务器，重新连接到 cacheapp. html。每一个浏览器都有手动清除本地缓存设置，如图 31-4 所示是 360 极速浏览器的缓存清理设置。

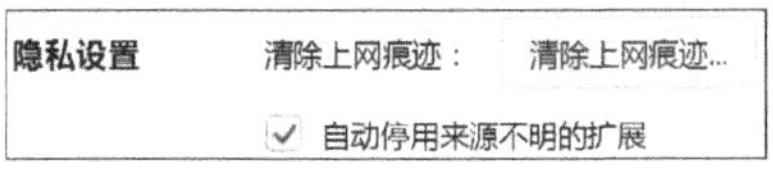

图 31-4 手动清除离线应用缓存

31.4 实验拓展

把 22 章例子 22-1 的摄像头拍照应用变成一个离线应用。

第 32 章

网络通信与本地数据存储实验

32.1 实验目的

(1) 熟悉 Web Socket 的原理。

(2) 了解 HTML 5 Web Socket 的客户端编程接口。

(3) 了解 Web Socket 的服务器端其中一种语言的编程接口，例如 Java 语言，基于 Tomcat 服务器，或者了解 JavaScript 服务器端语言，基于 Node. js。

(4) 掌握客户端数据的存储方式。

(5) 下载一个开源的基于 Web Socket 的网络聊天应用，学会修改代码。

(6) 学会搭建相应的服务器运行环境，运行、调试聊天软件。

(7) 学会用浏览器开发者工具查看 Web Socket 的通信原理，及测试。

32.2 实验环境与工具

(1) 安装 Windows 10 64 位操作系统的计算机。

(2) Node. js。

(3) Git。

(4) Socket. io。

(5) Chrome 浏览器。

(6) Brackets 代码编辑器。

(7) WAMP 服务器。

32.3 实验方法

32.3.1 基于 Node.js+Socket.io 的运行环境搭建

下载安装 Git 版本管理工具，下载官网：https://git-scm.com/download/win。按照安装向导，选择默认安装选项，完成安装。

创建项目目录 websocket，打开 Windows 命令行窗口，用 cd 命令进入 websocket 目录。

通过 Git 工具，下载 Web Socket 聊天演示代码 https://github.com/socketio/chat-example。下载命令如下。

```
git clone https://github.com/socketio/chat-example
```

下载安装 Windows 版的 node.js，安装请参考 35 章。

在 Windows 命令行窗口，进入 chat-example 下载的演示代码目录，通过 NPM 安装 socket.io 模块到本地 node_modules 目录下，命令如下。

```
npm install socket.io
```

启动 Web Socket 服务器，命令如下。

```
node index.js
```

打开 Chrome 浏览器，输入“http://localhost:3000”，在聊天窗口中输入信息，单击 Send 按钮，将聊天信息发送到服务器，又从服务器返回来，打印在网页上。

进一步学习 socket.io 的接口，可以到官网 https://socket.io/get-started/chat/，分析代码。

32.3.2 浏览器开发者工具检查 Web Socket

按 F12 键，打开 Chrome 浏览器的开发者工具，选择 Network 选项卡，刷新聊天网页，可以看到网络资源加载和连接情况，如图 32-1 所示。

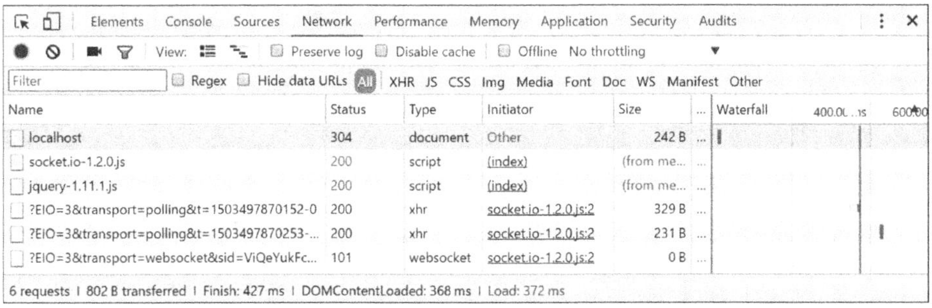

图 32-1　开发者工具观察 Web Socket 信道的建立

其中一个是 Web Socket 的信道连接，这个连接是从 socket. io-1. 2. 0. js 模块发出的，连接地址：ws://localhost：3000/socket. io/？EIO = 3&transport = websocket&sid = ViQeYukFcCz99Q1FAAAE。

状态码是“101”表示 HTTP 101 Switching Protocol（协议切换），服务器应客户端升级协议的请求（Upgrade 请求头）正在进行协议切换。单击链接地址，显示 HTTP 包头信息，如图 32-2 所示。

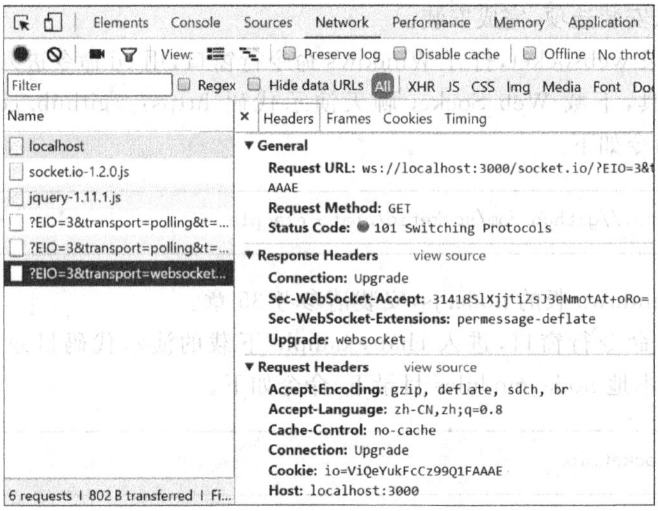

图 32-2　从 HTTP 包头信息观察一个 Web Socket 的连接请求与响应过程

从包头可以看到“Connection：Upgrade”，协议升级，升级的协议为“Upgrade：websocket”。同时，Request URL 地址是“ws://”，表示一个 WebSocket 连接。

32.4　实验拓展

通过本地数据存储技术，给聊天增加聊天历史记录查看。

第33章

地理位置和其他传感器实验

33.1 实验目的

(1) 了解地理位置 API。
(2) 了解 Camera API。
(3) 理解 Canvas API。
(4) 理解 File API。
(5) 了解百度地图接口。
(6) 学习通过手机本地测试应用。

33.2 实验环境与工具

(1) 安装 Windows 10 64 位操作系统的计算机。
(2) Firefox 浏览器、搜狗浏览器。
(3) Brackets 代码编辑器。
(4) WAMP 服务器。
(5) Android 或 iPhone 手机、平板电脑或笔记本电脑。

33.3 实验方法

33.3.1 编写一个应用

编写一个应用,可以拍照并将地理位置信息写在照片里面。主要方法如下。
(1) 通过 navigator. geolocation 对象的 getCurrentPosition()获取地理位置信息。
(2) 通过百度、高德等地图接口,显示拍照地点的地图链接。例如,百度地图调用接口:

window. location＝"http://api. map. baidu. com/marker?location＝" ＋lat＋","＋lon＋"; (lat＝latitude,lon＝longitude)。

(3) 通过 navigator. devices. getUserMedia()获取视频信息 video。具体见 22 章例子 22-1，或参考：https://developer. mozilla. org/zh-CN/docs/Web/API/MediaDevices/getUserMedia。

(4) 通过画布的 drawImage(video，0，0，640，480),将视频变成图片。

(5) 通过 Canvas 画布的文本输出函数写地理位置信息。

(6) 通过 File API 保存照片。

33.3.2 测试

测试地理位置信息,不同运行环境会得到不同结果,如果在 PC 上做测试,浏览器会通过 IP 地址来获取位置信息,精度不高,而且一些浏览器,如 Opera 和 Chrome 需要通过 https：//www. googleapis. com 谷歌服务器获取 IP 位置信息,由于中国无法访问谷歌服务器,所以会产生错误信息。如果要在 PC 上测试,选择中国本土的浏览器,例如搜狗浏览器,会得到不错的结果,建议用有 GPS 功能的手机测试,并且成功率会更高。还有一个值得注意的问题是一些浏览器强制采用 https 安全协议访问地理位置息,而搭建 https 安全协议的服务器比较复杂,建议选择不同的浏览器做测试,目前搜狗浏览器比较完好地解决上述问题。关于摄像头接口测试,建议在有摄像头的笔记本电脑、平板电脑或手机上测试。以上测试过程,必须将代码放到 Web 服务器上。

第 34 章

游 戏 实 验

34.1 实验目的

（1）下载开源的 JSMatchismo-master 游戏代码。

（2）根据游戏规则读懂、分析游戏源代码。

（3）安装、运行游戏。

34.2 实验环境与工具

（1）安装 Windows 10 64 位操作系统的计算机。

（2）Firefox 浏览器。

（3）Brackets 代码编辑器。

34.3 实验方法

斯坦福大学的在线课程编程游戏样板代码的下载地址为：https://github.com/zchan0/Matchismo。解压，直接打开浏览器，本地运行。

34.3.1 游戏规则

每次翻转扣一分，每次不匹配扣三分，花色或数字匹配增加三分。

34.3.2 源码分析

阅读源码，解释一些关键技术，也可以通过 Firefox 浏览器开发者工具的"查看器"查看 HTML 元素和 CSS 之间的关系，通过"调试器"查看和调试运行中的 JavaScript 代码，"样式编辑器"窗口 CSS 文件。

第35章

PhoneGap制作Hybrid App实验

35.1 实验要求

(1) 学会安装 Java SE JDK,设置系统环境变量。

(2) 学会安装 Node.js。

(3) 通过 NPM 安装 PhoneGap 和 Cordova。

(4) 学习 PhoneGap/Cordova 创建 App 项目。

(5) 在浏览器中调试运行项目。

(6) 安装 Android SDK 或 Android Studio 工具,相应开发插件和 Android 模拟器。

(7) 编译 App 项目,并在 Android SDK 模拟器下运行,调试。

(8) 将第 23 章写好的相机代码转换成 Android 原生应用。

(9) 在手机端运行调试应用。

35.2 实验环境与工具

(1) 安装 Windows 10 64 位操作系统的计算机。

(2) Firefox 浏览器。

(3) Brackets 代码编辑器。

(4) Java SE SDK 开发包。

(5) Node.js。

(6) Android SDK 或 Android Studio。

(7) Android 或 iPhone 手机。

35.3 实验方法

35.3.1 Java SDK 开发环境的安装

PhoneGap/Cordava 框架的 Hybrid 混合 App 开发需要用到 Java SDK 开发包，所以，我们的实验环境搭建就从这里开始。首先，从官网 https://www.java.com/en/download/windows-64bit.jsp 下载最新版的 Windows 操作系统安装包，我们选择 1.8.0 版本。按照向导安装好后，配置系统环境变量如下。

(1) JAVA_HOME=[安装目录]。

(2) CLASSPATH 变量中加入“;%JAVA_HOME%\jre\lib\rt.jar; %JAVA_HOME%\lib\tools.jar; %JAVA_HOME%\lib\dt.jar”。

(3) PATH 变量中加入“;%JAVA_HOME%\bin。

打开 Windows 命令行窗口，输入“java -version”，可以看到版本号，表示安装配置正确。

35.3.2 Node.js 下载安装

从官网 https://nodejs.org/en/download/下载 Node.js 的 Windows Installer 版本，按照安装向导安装后有两个程序，一个是 Node.js，是 JavaScript 即时运行窗口，另一个是 Command Prompt 命令行窗口，是用于 Node.js 的管理命令执行窗口，例如 npm 包模块管理命令。

打开 Node.js 的 Command Prompt 命令行窗口，输入“node -v”，可以看到版本号，表示安装正确。

JavaScript 代码通过 node 解释器执行。打开 Windows 命令行，执行 node 命令后回车，出现：“>”提示符后，可以输入 JavaScript 代码，并实时执行，如图 35-1 所示。

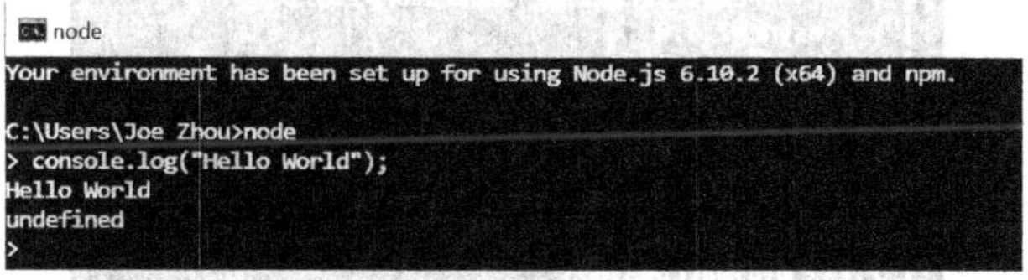

图 35-1 node 解释器

要退出解释器，按 Ctrl+D 组合键。

35.3.3 安装 Cordova 和 PhoneGap

打开 Node.js 命令行窗口，先安装 Cordova，命令如下，@latest 表示安装最新版本。

```
npm install -g cordova@latest
```

安装命令的执行结果如图 35-2 所示。

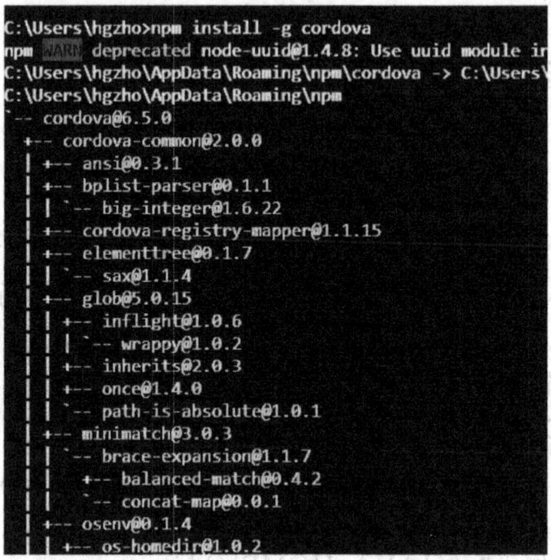

图 35-2 Cordova 安装过程

再安装最新版本的 PhoneGap 命令：

```
npm install -g phonegap@latest
```

安装结果如图 35-3 所示。

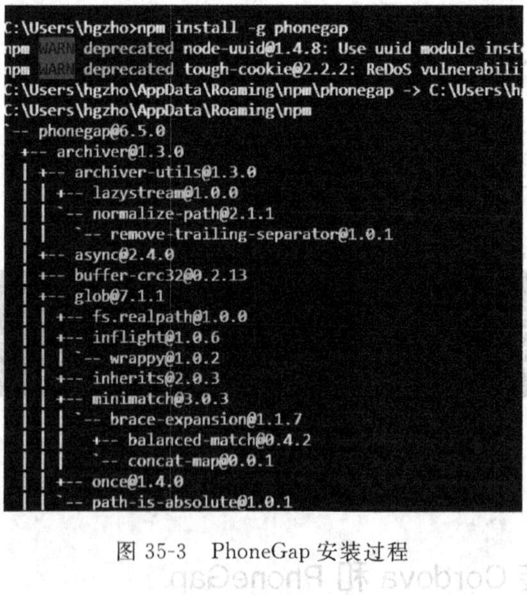

图 35-3 PhoneGap 安装过程

在 Node.js 命令行窗口中执行：phonegap -v 或 cordova -v，可以看到 PhoneGap 和 Cordova 的版本提示信息。PhoneGap 和 Cordova 的版本号都是一样的。

35.3.4 创建 helloworld 应用

打开 Windows 命令行窗口，创建一个 PhoneGap 的项目目录，执行“md phonegaps”命令，进入项目目录“cd phonegaps”，创建一个 helloworld 项目，输入：

```
phonegap create myapp
```

在 phonegaps 目录下会生成一个项目目录为 myapp。通过 PhoneGap 和 Cordova 创建的项目，文件目录结构略有区别，分别见图 35-4 和图 35-5。

图 35-4　PhoneGap 创建的项目结构

图 35-5　Cordova 创建的项目结构

项目的共同点是有一个配置文件 config. xml，www 目录下面是我们的所有开发的代码文件，项目必须有一个默认的首页文件 index. html，从项目文件结构可以看到，PhoneGap 和 Cordova 创建的项目。PhoneGap 添加了自己的一些扩展。platforms 目录是项目添加支持的移动操作系统平台存放相应文件的地方，一个应用可以由用户添加不同的应用平台支持。

35.3.5　添加应用平台

用“cd”命令进入创建的项目目录，添加 Android 应用平台，就是为应用添加支持该平台的所有插件，命令如下：

```
phonegap platform add android
```

执行完后可以在项目目录 platforms 下看到添加了 android 目录，里面添加了相应 Android 文件支持。为了调试需要，也要添加一个浏览器平台，命令如下：

```
phonegap platform add browser
```

35.3.6 在浏览器端调试 App 应用

在创建的目录下面，执行命令：

```
phonegap run browser
```

相当于启动一个 Web 服务器，并自动打开一个默认浏览器，hello world 项目的浏览器界面如图 35-6 所示。

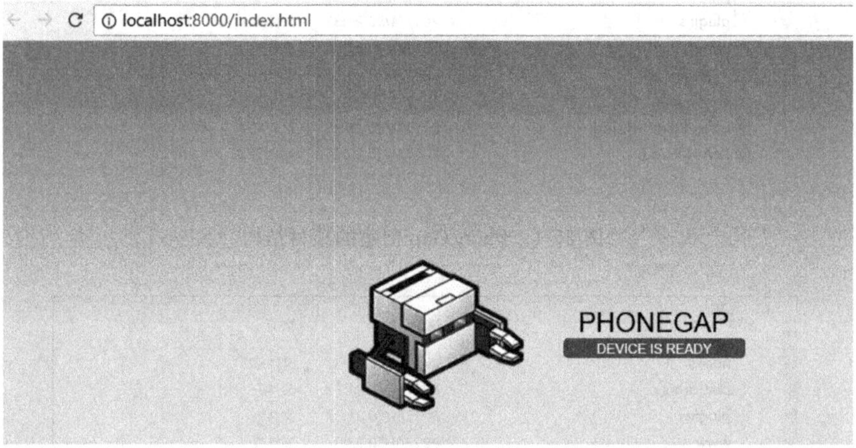

图 35-6 运行在浏览器端的 hello world 项目

访问的 URL 地址为 http://localhost:8000/index.html，要关闭 Web 服务器，在命令行窗口中按 Ctrl+C 组合键，终止 Web 服务器。

如果要编译打包成 Android 的 APK 应用，还需要安装 Android SDK 开发包。

35.3.7 安装 Android SDK 开发工具包

安装 Android Stand-alone SDK Tools 基本上可以完成 PhoneGap 的打包编译要求，没有必要安装 Android Studio 工具。不同的 Cordova 版本支持不同的 Android 版本。这里安装的是 Cordova 6.50 版，可以支持 Android 的 API-levels 16～25，相当于 Android 4.11～7.11 的版本。Android SDK tool 安装好以后有两个工具，一个是 SDK Manager，用来安装管理不同版本的 Android API 开发包，一个是 ADV Manager，用来管理设置 Android 模拟机。

安装好的 Android SDK 要设置系统环境变量：

(1) ANDROID_HOME=[Android SDK 安装目录]。

(2) Path=;%ANDROID_HOME%\tools;%ANDROID_HOME%\platform-tools。

SDK Manager 安装相应的系统映像文件和编译支持插件。打开 SDK Manager，在 Tools 选项下面，选择所有 Android SDK tools，Android SDK platform-tools，Android SDK build-tools 安装。

这里准备安装 Android 6.0 模拟器，所以，在 Android 6.0(API 23)下面，选择 SDK

Platform 和 Intel x86 Atom_64 System Image(系统映像文件),如图 35-7 所示。

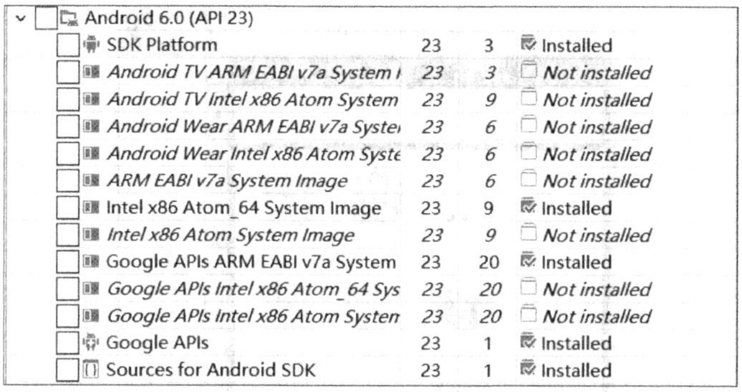

图 35-7　Android 6.0 系统映像文件安装

在 Extras 选项下面,选择所有的安装包,最后一个选项是 Intel x86 Emulator Accelerator(HAXM Installer),这是为 Android 模拟器针对 Intel CPU 的加速的驱动,必须安装,并且这里要求实验开发环境是 Windows 系统,CPU 是 Intel 系列。如果实验环境不是 Intel 系列 CPU,或者 CPU 不兼容 HAXM 驱动,可以安装 ARM System Image 系统映像文件,但是,模拟器的速度是当前机器 10x 倍以下的速度,所以建议不用。

35.3.8　通过 AVD Manager 安装一个模拟器

我们可以安装不同版本的 Android 模拟器,但是,必须在 SDK Manager 工具下事先下载安装相应的系统映像文件。这里是安装 Android 6.0 的模拟器。单击 Create 按钮,创建一个模拟器,并输入下面的参数,如图 35-8 所示。

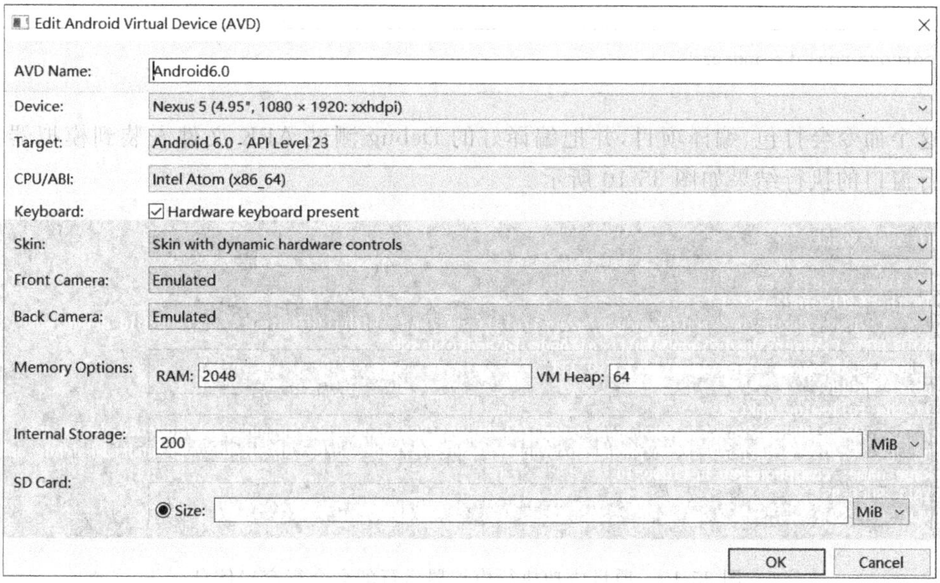

图 35-8　Android 6.0 模拟器的创建设置

单击 Start 按钮启动模拟器，可以看到一个 Android 的屏幕和工具栏，如图 35-9 所示。

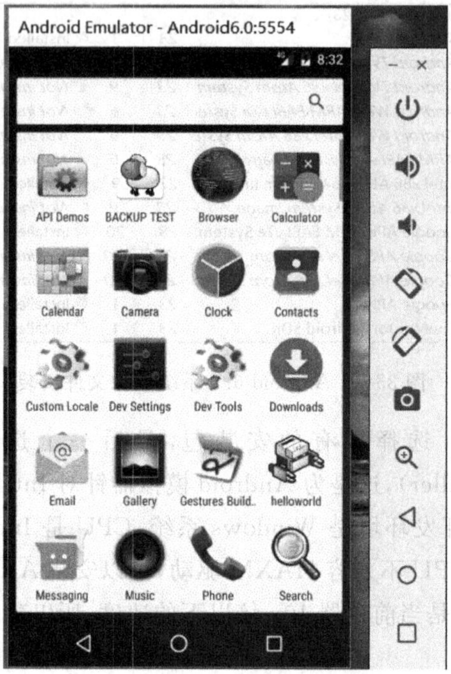

图 35-9　模拟器的界面

35.3.9　在模拟器上运行 helloworld 项目

打开 Windows 命令行窗口，执行下面的命令：

```
cordova emulate android
```

这个命令会打包、编译项目，并把编译好的 Debug 测试 APK 文件安装到模拟器执行。命令行窗口的执行结果如图 35-10 所示。

```
BUILD SUCCESSFUL

Total time: 24.038 secs
Built the following apk(s):
        C:/Users/hgzho/Desktop/phonegap/myapp1/platforms/android/build/outputs/apk/android-debug.apk
ANDROID_HOME=C:\Users\hgzho\AppData\Local\Android\android-sdk
JAVA_HOME=C:\Program Files\Java\jdk1.8.0_111
Skipping build...
Built the following apk(s):
        C:/Users/hgzho/Desktop/phonegap/myapp1/platforms/android/build/outputs/apk/android-debug.apk
Using apk: C:/Users/hgzho/Desktop/phonegap/myapp1/platforms/android/build/outputs/apk/android-debug.apk
Package name: com.phonegap.helloworld
INSTALL SUCCESS
LAUNCH SUCCESS
```

图 35-10　项目成功执行模拟器运行的命令行窗口信息

helloworld 项目在模拟器中的运行效果如图 35-11 所示。

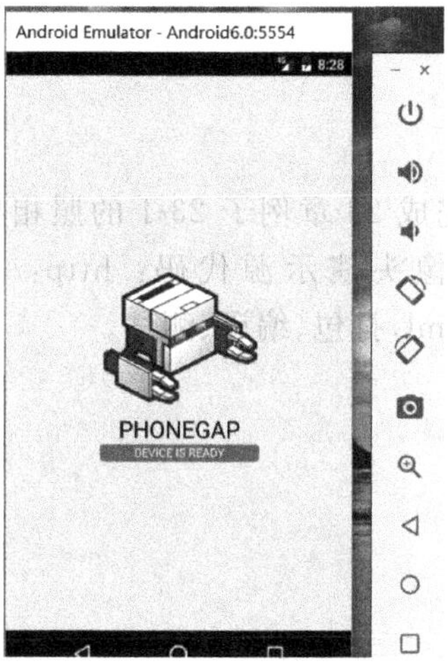

图 35-11 helloworld 项目运行在模拟器上

35.3.10 在手机环境下运行 helloworld 项目

手机通过 USB 连接到开发计算机上，在计算机上的 Windows 命令行窗口下执行命令：

```
phonegap run android
```

正常情况下，会打包编译，并把 APK 文件安装到连接的手机上，如果自动安装失败，可以把项目生成的 APK 文件(在项目目录下 myapp\platforms\android\build\outputs\apk\android-debug.apk)手动复制到手机的 download 文件夹下，通过手机的文件管理器，找到 android-debug.apk，单击安装到手机，并启动，可以查看手机的运行效果，如图 35-12 所示。

图 35-12 在手机上运行 helloworld 项目应用的效果

35.4 实验拓展

按照上面的实验方法,请完成23章例子23-1的照相机应用项目的打包、编译、测试。或到PhoneGap官网,下载摄像头演示源代码: http://docs.phonegap.com/en/edge/cordova_camera_camera.md.html,打包、编译、测试。

第36章

全栈Web开发实验

36.1 实验目的

(1) 学习 Node.js 的安装,用 Node.js 编写一个最简单的 HTTP 服务器代码。

(2) 通过浏览器测试观察 HTTP 的请求、响应信息,理解 Node.js 的工作原理。

(3) 学习编写一个简单的 AngularJS 框架应用,学会编写模板、模块、路由、控制器代码。

(4) 学习 MongoDB 数据库安装使用。

36.2 实验环境与工具

(1) 安装 Windows 10 64 位操作系统的计算机。

(2) 后端框架 Node.js。

(3) 前端框架 AngularJS。

(4) NoSQL 数据库 MongoDB。

(5) Brackets 代码编辑器。

36.3 实验方法

36.3.1 安装运行 Node.js 解释器

通过 Node.js 官网(https://nodejs.org)或中文官网(http://nodejs.cn/)下载 Node.js 最新版本。所有的模块/包管理是由 Node.js 的包管理器 npm 下载安装,这些模块/包是开源的,也是全球最大的开源库生态系统。具体安装见第 35 章内容。

36.3.2 一个最简单的 HTTP 服务器

编写一个最简单的 HTTP 服务器代码 webserver.js，打开 Windows 命令行，通过“cd”命令进入到 webserver.js 所在目录，执行命令：

```
node webserver.js
```

可以看到服务器已经启动，如图 36-1 所示。

图 36-1 HTTP 服务器启动

打开 IE 浏览器，在地址栏中输入“http://localhost:8000”，并打开开发者工具的 Network 项，查看 HTTP 的请求和响应头，如图 36-2 所示。

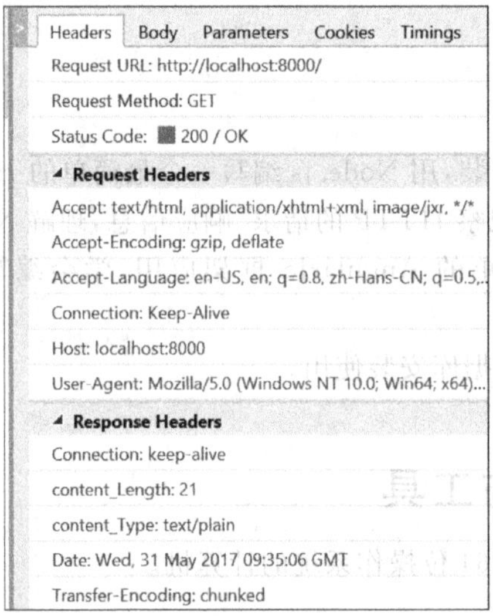

图 36-2 浏览器端检查 HTTP 请求和响应头

36.3.3 一个简单的 AngularJS 框架应用

创建一个项目目录 angularjs，在其项目下创建以下目录：css、html、images 和 js。

打开 https://code.angularjs.org/，下载 AngularJS 库文件 angular-1.5.8.zip，里面包含所有的模块。在 html 目录下创建 index.html，

36.3.4 MongoDB 数据库安装

通过官网 https://www.mongodb.com/download-center#community 下载最新版本，或者到 http://dl.mongodb.org/dl/win32/x86_64 选择不同版本下载。我们选择版本 3.4 Windows 安装 64 位版。

安装好后，进行系统环境变量设置：

(1) 将安装目录 C:\Program Files\MongoDB\Server\3.4 添加到系统环境变量 MONGODB_HOME 里。

(2) 添加"%MONGODB_HOME%\bin"到 path 系统环境变量里。

这样我们就可以在任何目录下面执行 mongodb 的命令。

数据库目录结构设置如下。

(1) 创建数据库存放目录：C:\mongodb\data\db。

(2) 创建日志目录：C:\mongodb\data\logs。

启动数据库，打开 Windows 命令行 cmd.exe，输入下面的命令。

```
mongod --dbpath "C:\mongodb\data\db" --logpath "C:\ mongodb\logs\mongodb.log"
```

由于这个命令太长，可以把参数存放到配置文件 mongodb.config 中，文件内容如下。

```
dbpath = C:\mongodb\data\db
logpath = C:\mongodb\data\logs\mongodb.log
```

启动命令变成：

```
mongod --config c:\mongodb\mongo.config
```

启动后的信息可以看到"I CONTROL…"。启动后，Windows 命令行窗口处于等待状态(没有提示符出现了)，但不可以把这个窗口关闭，可以缩小到系统任务栏保留。

或者，还可以以 Windows 服务进程方式启动，让 MongoDB 在后台运行，这样，运行的窗口可以关闭。命令如下。

```
mongod --dbpath "C:\mongodb\data" --logpath "C:\ mongodb\ logs\mongo.log" --install --servicename mongodb
```

36.3.5 MongoDB 的后台管理

(1) 打开 Windows 命令行窗口，执行 mongo 命令，进入数据库命令操作控制台窗口，提示符是">"(前面没有文件目录了)，可以输入 MongoDB 的数据库操作命令。控制台除了 MongoDB 的命令外，还可以执行 JavaScript 代码。如图 36-3 所示是控制台启动的界面。

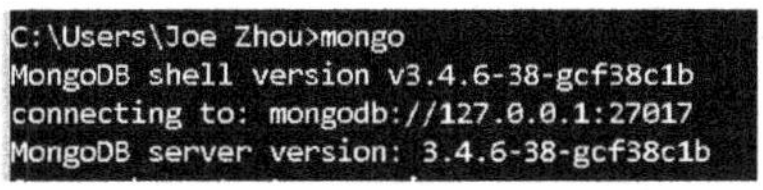

C:\Users\Joe Zhou>mongo
MongoDB shell version v3.4.6-38-gcf38c1b
connecting to: mongodb://127.0.0.1:27017
MongoDB server version: 3.4.6-38-gcf38c1b

图 36-3　MongoDB 数据库管理命令窗口

连接的数据库地址是 mongodb://127.0.0.1:27017，也可以通过浏览器地址访问：http://127.0.0.1:27017，浏览器会返回下面的信息。

```
It looks like you are trying to access MongoDB over HTTP on the native driver port.
```

(2) 创建数据库 mydb,如果没有就创建,有就切换到数据库,同时生成一个默认的数据库实例对象 db,命令如下。

```
use mydb
```

(3) 创建一个集合 users,相当于传统数据库的表,命令如下。

```
db.createCollection("users")
```

(4) 插入一个文档(Document)到集合 users,这里是直接写入一个 JSON 格式的对象,如果集合不存在,它会自动创建,并完成插入,代码如下。

```
db.users.insert({user_id:'001',name:'joe zhou',password:'12345'})
```

(5) 查询数据,代码如下,可以在{}中指定查询的键/值对,一个或多个,如果为空,则查询所有文档。

```
db.users.find({})
```

每次插入数据时,如果没有"_id"属性定义,MongoDB 会自动为对象生成此属性和生成一个值。查询结果如下。

```
{ "_id" : ObjectId("598338cc331fb61a90d81b3f"), "user_id" : "001", "name" : "joe zhou",
"password" : "12345" }
{ "_id" : ObjectId("5983399f331fb61a90d81b40"), "user_id" : "002", "name" : "Mark zhang",
"password" : "11111" }
```

(6) 删除数据,{}里面可以指定一个键/值对来匹配要删除的文档,如果为空,则删除所有文档数据。

```
db.users.remove({})
```

(7) 停止 MongoDB 数据库服务,先切换到 admin 数据库:

```
use admin
```

执行关闭数据库服务命令:

```
db.shutdownServer()
```

(8) 退出数据库管理控制台,执行 exit 命令。

36.4 实验拓展

在第 25 章全栈开发 MEAN 代码中，在 AngularJS 前端使用了 $ http 对象来完成 RESTful API 的接口，是一种在 HTTP 底层的实现。其实，AngularJS 还提供 $ resource 对象专门为 RESTful 设计的高层实现。请用 $ resource 服务重写 MEAN 的代码。在本地机调试成功后，可以尝试部署应用到支持 Node. js 和 MongoDB 的云平台，例如，Heroku、Windows Azure、NodeJitsu，这些平台都提供免费试用。

附　　录

参考文献

[1]　[美] Jennifer Kyrnin. HTML5 移动应用开发入门经典[M]. 林星，译. 北京：人民邮电出版社，2013.

[2]　[美] Tberesa Neil. 移动应用 UI 设计模式[M]. 王军锋，郭偎，武艳芳，译. 北京：人民邮电出版社，2013.

[3]　董霙，黄悦，李砼，祁特，黄珊. PhoneGap 实战[M]. 北京：机械工业出版社，2013.

[4]　[美] Cameron Banga，JoshWeinhold. 移动交互设计精髓：数据完美的移动用户界面[M]. 傅小贞，张颖鋆，译. 北京：电子工业出版社，2015.

[5]　[荷兰] peter-Paul Koch. 移动 Web 手册[M]. 奇舞团，译. 北京：电子工业出版社，2015.

[6]　[美] Benjamin Lagrone. 响应式 Web 设计：HTML5 和 CSS3 实践指南[M]. 黄博文，饶勋荣，译. 北京：机械工业出版社，2014.

[7]　[美] Lyza Danger Gardner，Jason Grigsby. 深入浅出 Mobile Web[M]. 林琪，刘晓兵，译. 北京：中国电力出版社，2013.

[8]　邱鹏，陈吉，潘晓明. 移动 App 测试实战[M]. 北京：机械工业出版社，2015.

[9]　[美] Ethan Brown. Node 与 Express 开发[M]. 吴海星，苏文，译. 北京：人民邮电出版社，2015.

[10]　[美] Marc Wandschneider. Node. js 实战[M]. 姚立，彭森材，译. 北京：机械工业出版社，2014.

[11]　[美] Brad Dayley. Node. js＋MongoDB＋AngularJS Web 开发[M]. 卢涛，李颖，译. 北京：电子工业出版社，2015. 6.

[12]　[美] Williamson，K. AngularJS 学习手册[M]. 安道，译. 北京：中国电力出版社，2015.

[13]　[美] Azat Mardanov. JavaScript 快速全栈开发[M]. 胡波，译. 北京：人民邮电出版社，2015.

学习网站

HTML 在线学习：http://www. w3school. com. cn/html/index. asp

CSS 在线学习：http://www. w3school. com. cn/css/index. asp

HTML 5 在线学习：http://www. w3school. com. cn/html 5/index. asp

CSS3 在线学习：http://www. w3school. com. cn/css3/index. asp

PhoneGap 中国社区：http://bbs. phonegapcn. com/

BootStrap 中文网：http://www. bootcss. com/

菜鸟驿站：http://www. runoob. com/

术语解释

1　DPI(Dots Per Inch)，每英寸点数，是打印机、扫描仪、鼠标等设备精度的量度单位，是指数字化影像每一英寸长度中，输出、取样、定位或显示点的数目。DPI 值越高，表明打印机的打印精度越高，扫描更精细，鼠标定位更准。

2　CDN(Content Delivery Network，内容分发网络)是在用户和服务器之间增加 Cache 层。

通过访问离客户端最近的缓存服务器,可以加快服务速度。

3 Open Web Standard:由开放式 Web 平台(Open Web Platform)结合多项技术标准联盟的 W3C 标准。

4 WAI-ARIA(Web Accessibility Initiative-Accessible Rich Internet Applications,无障碍网页增强):主要针对的是视觉、听力、行动不便的残疾人,网页浏览需通过辅助设备,如屏幕阅读器、屏幕阅读机转换成声音或者输出盲文。

5 SEO(Search Engine Optimization),搜索引擎优化,是通过搜索引擎的搜索规则来优化网页的内容、结构和关键词等方式,让搜索引擎更容易分析理解我们的网站,提高网站搜索排名,同时,也能让用户更容易发现我们的网站,达到网站推广营销目的。

6 OpenGL(Open Graphics Library)是一个绘图技术标准,跨编程语言、跨平台、与硬件无关的图型库编程接口的规范(包括 2D、3D),OpenGL ES (OpenGL for Embedded Systems) 是 OpenGL 图形 API 的子集,主要用来开发嵌入式设备和移动设备的图形接口,最新版本是 OpenGL ES 3.0。

7 Base64 编码,是一种将二进制数据包按 8b 为一个字节转换成字符串数据包的编码方式,字符串数据包由 64 个字符(英文大小写、数字和+、/)以及用作后缀等号组成。主要目的是解决二进制数据包转换成看见的字符串的方式传输,解决网络设备在数据交换过程中,处理非字符编码不一致问题。

8 Data-URL,是将文件流转换成 Base64 编码,打包成看见的字符串数据包,让 HTML 页面的元素可以直接加载并识别的数据格式,而不需要从服务器请求下载。例如,< img >元素要加载图片源,可以预先将图片文件转换成 Base64 编码,再按照 Data-URL 的数据格式,直接赋值给 src 属性,< img src = " data: image/gif; base64, ERDKwreowrjk232ew23edWERD = = " />,这样,就不用访问服务器下载图片,直接显示图片。当然,这种方式,要求图片相对小,否则,转换出来的 Base64 编码太长,破坏网页的可读性。

9 DOMString,是指 JavaScript 默认的 UTF-16 字符串编码,是一个字符串对象。

10 same-origin policy(同源策略):是浏览器的一个安全策略,浏览器的一个页面脚本要访问另一个页面的数据,必须要求另一个页面是来自于同一个域,这个域包括:域名+端口号+URI。这个安全策略防止恶意代码从一个页面去访问或篡改另一个不同域的页面。

11 SDK(Software Development Kit,软件开发工具包)是针对某一特定的软件包、软件框架、硬件平台、操作系统等建立应用软件的开发工具。

12 JSX 是一种静态类型的、面向对象的编程语言,允许用户像写 Java 一样通过 class 定义类,JSX 编译器最终将 JSX 语言编译成 JS 代码,并可以运行于现代浏览器中。

13 MVVM(Model-View-ViewModel)是在 MVC(Model-View-Control)模式上改进的新开发模式,其原理是把视图(界面)和数据进行解耦独立开来,MVC 把 view 层的数据变化通过事件传给控制层 Control,而 MVVM 不同的是采用 ViewModel 来完成数据与视图的双向绑定动态更新,替代了 MVC 的 Control 层。

致　谢

在这里，我非常感谢南宁学院及其应用技术大学的办学理念，给我提供了良好的学术研究和教学环境，让我用应用技术大学理念构思这本书的写作。也感谢信息工程学院同事的支持，让我有机会教授这门新的课程。同时也感谢我的妻子孙晓燕，我的大部分时间都是埋头写作，没有太多时间与她分享生活快乐的时光。但是，她的理解、宽容和支持，才能完成这本书的写作，让我们一起分享这本书出版的快乐。还有我南京大学同学朱庆华教授，一直得到他的鼓励和帮助，并在百忙中为这本书做序，同时也祝贺他荣获 2017 年度长江学者特聘教授称号。最后，感谢清华大学出版社闫红梅和薛阳编辑的辛勤工作，及给予与这本书出版的帮助和支持。